내 아이의 미래를 위한
부모 인문학 수업

한 그루의 나무가 모여 푸른 숲을 이루듯이
청림의 책들은 삶을 풍요롭게 합니다.

내 아이의 미래를 위한

부모 인문학 수업

김종원 지음

개정판 서문

프랑스 혁명기 이후의 공립 중등 교육 기관인 '콜레주college'에서는 아이들의 수준을 다음 3단계로 나눠서 구분했다. 가장 낮은 수준의 학생은 '문법반'으로, 다음은 '인문학반'으로, 마지막 가장 높은 수준의 아이들은 '철학반'으로 구성했다. 숨을 고르고 다시 한번 살펴보자. '문법반'과 '인문학반', 그리고 '철학반' 이름이 시사하는 의미가 매우 크다고 생각하지 않는가? 참 근사하다는 생각을 지울 수가 없다. 그저 이름이 좋기 때문만은 아니다.

아이와의 관계와 교육도 마찬가지다. '문법반'이란 '이미 존재하는 세상의 정의를 배우는 과정'이라고 볼 수 있다. 그 과정을 통해서 우리는 비로소 '인문학반'에 접근할 수 있는데, 이 수준에서는 '자기만의 시선으로 세상을 바라보는 법'을 배울 수 있다. 제목에서 이미 언급한 것처럼 《부모 인문학 수업》은 바로 그 과정을 돕는 책이었다. 실제로 많은 부모님께서 책을 통해 아이를 바라보는 시선을 새롭게 할 수 있었으며 동시에 교육관을 바로잡을 수 있었다고 전해주셨다. 그럼 인문학적인 삶을 시작한 우리가 이제 가야 할 곳은 어디일까?

바로 '철학반'이다. 여기에서 우리는 이런 질문을 하나 던질 필요가 있다.

"왜 철학반이 가장 높은 수준에 있는 걸까?"

"철학은 내 삶과 아이 교육에 어떤 영향을 미치는 걸까?"

철학을 해야 하는 이유와 가치는 명확하다. 철학이 있는 부모는 결코 흔들리지 않아서 자신이 사랑하는 사람들의 손을 꽉 잡아줄 수 있다. 아이의 든든한 지원군이 될 수 있는 것이다. 우리는 왜 자꾸만 흔들리는 걸까? 누가 좋은 학원을 발견했다는 소식에, 영어 점수가 떨어졌다는 소식에, 교육 정책이 바뀐다는 소식에, 우리가 자꾸 흔들리는 이유는 뭘까? 물론 그런 소식에 아예 무관심한 것도 좋은 것은 아니다. 그러나 이것 하나는 분명히 하고 넘어가야 한다.

"중심을 잡고 바라보고 있는가? 흔들리는 상태로 바라보고 있는가?"

아이를 가장 사랑하는 수많은 부모님께 이번에 내가 전하고 싶은 것은 바로, 어떤 바람에도 흔들리지 않고 가장 가치 있는 단 하나를 향해 달려갈 수 있게 돕는 '자기 철학의 발견'이다.《아이를 위한 하루 한 줄 인문학》에서 적용한 방식처럼, 이번 개정판에는 부모의 철학이 될 수 있는 글을 부록으로 추가했다. 지난 20년 동안 내가 직접 사색해서 실천하고, 수백 번 넘는 강연과 일상에서 적용하며 실제적 효과를 얻은 문장이라

더욱더 귀하다고 볼 수 있다. 그 글을 매일 필사하고 낭독하며 여러분은 책에서 읽고 실천한 내용을 자기 삶의 철학으로 만들 수 있게 될 것이다.

배움의 과정은 크게 3단계로 구분할 수 있다. 하나는 분야를 가리지 않고 넓게 배우는 것이고, 또 하나는 질문과 답을 반복하는 것이며, 마지막으로 모든 것을 깊이 생각해서 '나만의 깨달음'을 얻는 것이다. 그게 바로 우리가 추구할 자기 삶의 철학이다. 매일 하나의 질문을 내면에 담고 살아보자. 하루를 보내며 마주치는 온갖 사물과 사람 그리고 모든 상황을 그 하나의 질문을 통해 바라보고 사색하며 우리는 변치 않는 나만의 진리를 찾을 수 있다.

"부모와 아이는 영원히 늙지 않는다. 서로를 깊이 사랑하면 늙지 않기 때문이다. 영원히 서로에게서 새롭게 태어나기 때문이다."

김종원

프롤로그

무엇으로도 자녀교육 문제가 풀리지 않는 부모를 위해

하루는 후배 작가가 찾아와 조언을 구했다.

"작가님, 이번에 인문학 강연을 시작하려고 하는데요. 참 난감하네요. '인문고전 강연'이라고 해야 할지 '인문학 강연'이라고 해야 할지, 그것도 아니면 '고전 강연'이라고 해야 할지 모르겠습니다."

나는 웃으며 이렇게 응수했다.

"그것도 구분 못하는 사람이 어떻게 인문학 강연을 한다는 거야?" 실제로 많은 사람이 '인문학'과 '고전' 사이에서 방황하며 '인문고전' 또는 '인문학' 내지는 '고전'이라고 부르기도 한다. 그들이 단어 사이에서 방황하는 이유는 글과 강연으로만 인문학을 접했기 때문이다. 인문학을 삶으로 실천하는 사람은 '인문학'에 이미 '고전classics'이 들어가 있음을 안다.

'고전'이라는 단어에 얽힌 흥미로운 사실이 하나 있다. 고대 로마에서 고전이라는 단어는 '로마의 1등급 시민'을 의미하는 라틴어 classicus

에 기원을 두고 있었는데, 1등급 시민이 되기 위해서는 다음 두 가지 조건을 갖춰야만 했다.

- 가장 많은 재산 보유
- 가장 많은 세금 납부

한마디로 당시 '고전'이라는 단어는 사회적 책임을 다하는 부자를 구분하는 기준이었다. 그런데 고대 후기에 와서 로마의 수필가 겔리우스Aulus Gellius에 의해 의미가 조금 바뀌었다. '로마의 1등급 지성인'이라는 뜻으로 사용하기 시작한 것이다. 단 로마에서는 단순하게 많이 아는 사람보다는 조금 알더라도 그것을 제대로 실천하는 사람을 지성인이라고 불렀다. 1등급 지성인이 되기 위해서는 많이 배우고 그것을 삶에서 실천해야 했다.

인문학의 목표는 '인간을 향한 끝없는 사랑'이다. 이는 '배움을 포기하지 않는 자세'이기도 하다. 그게 바로 '배운 것을 실천하는 삶'을 의미하는 '고전'이라는 단어가 인문학에 포함되는 이유다.

한 줄로 정리하자면, 인문학이란 '인간이 도달할 수 있는 최고의 가치'를 말한다.

그 가치를 평생에 걸쳐 가장 완벽하게 실천했던 사람 중 한 명을 소개한다. 러시아 문학 평론가인 얀코 라브린Janko Lavrin 교수는 위대한 작가이자 사상가의 삶을 살았던 그를 이렇게 평가했다.

"우리는 '그'에 관한 책만으로도 도서관 하나를 꽉 채울 수 있을 것이다. 볼테르Francois-Marie A.Voltaire와 괴테Johann Wolfgang von Goethe 이래로 그토록 오랜 기간에 걸쳐 그런 명성을 누린 작가는 없었다."

과연 여기에서 그는 누구를 말하는 걸까? 답은 '톨스토이Leo Tolstoy'다.

톨스토이는 '대문호'라는 호칭이 어울리는 몇 안 되는 작가이자, 러시아에서 그의 사상은 '톨스토이즘'이라고 불릴 정도로 존경받는 사상가다.

"도대체 무엇이 그를 이토록 위대하게 만든 걸까?"

많은 사람이 그를 대가의 자리에 앉힌 근본적인 힘을 연구했지만, 아직 뚜렷한 답을 찾지 못했다. 나도 마찬가지로 그가 쓴 책과, 누군가 그에 대해 쓴 책을 모두 읽어봤지만 허사였다. 그렇게 5년 가까이 답을 찾으며 방황하다가 우연히 그의 어린 시절 이야기에서 내 눈과 두뇌를 강하게 잡아당긴 문장을 발견했다.

하루는 어린 톨스토이가 그림을 그리고 있었다.

"톨스토이, 뭘 그리고 있니?"

주변 어른이 하나둘 몰려오며 묻더니, 그림을 보며 크게 웃었다. 빨간색으로 토끼를 그려놓은 것을 보았기 때문이다.

"얘야, 세상에 빨간 토끼가 어디 있니?"

그러자 톨스토이는 당당한 표정으로 이렇게 답했다.

"세상에는 없지만 제 그림 속에는 있어요."

나는 어린 톨스토이의 멋진 응수를 머릿속에서 되풀이하며 깊고 넓은 영감을 느꼈다. 별것 아닌 것 같지만 어린 톨스토이의 생각은 우리에게 굉장히 많은 영감을 선사한다.

그림 그리는 아이를 유심히 관찰한 적이 있는가?

아이는 자주 쓰는 색을 번갈아 사용한다. 그래서 반 이상의 크레용이 거의 쓰이지 않아 종이와 닿아 생긴 상처가 없다. 그런데 대다수 부모가 이런 사실을 모르거나, 알아도 대수롭지 않게 생각한다. 하지만 톨스토이의 삶은 우리에게 이렇게 조언한다.

"아이가 쓰이지 않는 색을 가엾게 생각할 수 있게 교육하라. 그 아이는 성인이 돼서 버림받는 사람을 안아줄 것이고, 소외받는 사람의 아픔을 함께 느낄 것이다."

그런 마음을 가진 아이만이 용기를 내 다른 색을 쓴다. 그 용기는 삶으로 번져나가 아이를 위대한 성인의 길로 안내할 것이다. 혹시 당신의 자녀가 늘 같은 색만 사용하거나, 빨간 토끼를 그리고 싶은데 타인의 시선 때문에 행동으로 옮기지 않는다면 이렇게 질문해보라.

"남이 쓰지 않는 색으로 그리면 어떤 그림이 될까?"

다른 색으로 그림을 그릴 수 있는 아이가 다른 길을 선택하고 다른 꿈을 꿀 수 있다. 톨스토이를 위대한 작가이자 사상가로 성장시킨 근본적인 힘이 바로 거기에서 시작되었다.

'보이지 않는 것을 보이게 하는 사람'
'세상에 없던 것을 창조하는 사람'
'아무도 걷지 않는 길을 걷는 사람'

이런 사람들은 자기 눈에만 보이는 그것을 모든 사람이 볼 수 있게 만든다. 그보다 멋진 일이 또 있을까!

한국의 거의 대다수 성인은 '지금은 사회에서 인정을 받으며 열심히 일하지만 경기 침체가 오면 바로 어려워질 수도 있다'는 불안한 마음으로 살고 있다. 더 큰 문제는 아이들이다. 사는 게 힘들수록 부모는 아이에게 더 많은 것을 요구한다. 아이와 자기의 미래가 불안하기 때문이다. 부모는 경기 침체로 모두가 힘들어도 자기 아이만은 오히려 그 상황에서 스스로 기회를 만들어내는 사람이 되길 바란다.

《부모 인문학 수업》의 필요성과 힘이 바로 여기에 있다.

이 책에서 소개하는 수많은 인문학 대가는 다양한 분야에서 놀라운 업적을 남겼다. 바꿔 말해 무슨 일을 맡겨도 사람이 도달할 수 있는 최고의 수준을 보여준 이들이다. 나는 지난 10년 동안 그들이 어떤 방법으로 교육을 받았는지 연구했고, 그 내용을 어떤 부모라도 삶에서 쉽게 실천할 수 있고 어떤 게으른 아이에게도 지적인 도전의식을 불러일으킬 수 있도록 대중화하는 작업을 반복했다.

학습법 과정이 훌륭할수록 결과가 완전해진다

'인문학 공부법'은 지난 수천 년 동안 세계의 가장 뛰어난 정치가, 철학자, 과학자, 예술가가 스스로 지성을 훈련하는 데 이용한 방식으로 이미 그 효과가 입증되었다. 하지만 나는 거기에서 한 걸음 더 나갔다. 그들의 방식만 나열하는 데 그치지 않고, 그들처럼 될 수 있는 구체적인 방법까지 제시했다. 인문학 공부의 본질은 '어떻게 하면 그들처럼 사물을 관찰하고 생각하고 조합할 수 있을까?'에 대한 답을 얻는 데 있기 때문이다. 그들이 쓴 책과 연구결과는 그저 그들이 생각한 결과물의 합일 뿐이다. 그들의 책은 좋은 내용을 담은 지혜의 산삼이지만 우리가 아무리 읽어도 그 책처럼 살 수 없는 이유는 지금까지 그들처럼 살아본 일이 한 번도 없었기 때문이다. 조금 더 자세하게 말하면 그들처럼 생각할 수도 생각한 적도 없기 때문이다. 그들의 책을 읽고 그들처럼 살기를 바라는 건 겨우 글을 읽을 줄 아는 초등학생이 법전을 몇 번 읽고 법정에 서는 변호사로 살기를 바라는 것과 같다. 법전을 읽는다고 누구나 변호사가 될 수 있는 건 아니다. 거기까지 가기 위해서는 수많은 단계가 필요하다.

그들은 삶으로 책을 쓴 사람들이다. 스스로에게 다음과 같은 질문을 던져보라.

"내 삶이 책이 될 수 있을까?"

많은 부모가 아이에게 책을 권한다. 사실, 어떤 배경 지식도 없이 그저 읽으라고 던져준다. 그런데 과연 독해가 가능할까? 아이는 그저 기계처럼 글자를 읽을 뿐이다. 당신이 원하는 게 그것인가? 그렇다면 소중한 아이를 생각할 줄 모르는 사람으로 키우는 것과 다름없다. 한 줄을 읽어도 스스로 생각할 수 있도록 교육해야 한다. 그게 진짜 독서이자 인문학의 시작이다.

언젠가 고등학교에 다니는 자녀를 둔 학부모가 100명 정도 모인 강연에서 "다시 결혼 전으로 돌아갈 수 있다면 무엇을 가장 하고 싶은가?"라고 물은 적이 있다.

사실 내가 예상했던 답이 몇 개 있었다.

'결혼하기 전에 저만의 시간을 조금 더 가질 겁니다.'

'꿈꿨던 일을 제대로 해보고 싶죠.'

'결혼 때문에 일을 포기하는 어리석은 짓은 하지 않겠어요.'

이런 답을 피해갈 수 없으리라 생각했다. 물론 10퍼센트 정도는 예상 답을 내놨다. 하지만 절대 다수가 전혀 예상치 못한 답을 했다.

"이번에는 결혼해서 아이를 정말 제대로 키워보고 싶어요."

학부모의 표정은 어느 때보다 진지했다. 자신을 위한 시간이 아닌, 아이를 키우는 데 더 많은 시간을 할애하고 싶다는 그들의 말이 감동스럽긴 했지만, 냉정하게 따져보면 스스로 '내 아이를 제대로 키우지 못했다'는 사실을 인정하는 것이라 안타까웠다.

지금 당신은 아이를 어떤 방식으로 교육하고 있는가?

'아이가 아직 어려서 별생각이 없습니다'라고 하지 마라.

아이를 정말 사랑하고 있다면 세상에 사소한 시작은 없다는 사실을 기억해야 한다. 심혈을 기울여 완벽하게 구상한 계획도 첫 단추를 제대로 채우지 못하면, 아무리 남은 단추를 완벽하게 채워도 전체적인 모양이 망가진다.

'첫 단추가 옷의 전체적인 모양을 좌우한다!'

다시 말해 '첫 단추가 아이 삶의 전체 모양을 결정한다!'

"걱정하지 마. 시작은 조금 어긋났지만, 남은 과정에 전력을 다하면 괜찮을 거야."

이런 말은 정말 슬픈 자기 위로다. 시작이 완벽해야 끝도 완벽할 수 있다.

부모의 가장 큰 고민은 결국 아이들의 학업 성적이다. 우리가 자녀 교육의 좋은 모델로 삼고 있는 프랑스 역시 마찬가지인데, 일간지《르 피가로Le Figaro》에 실렸던 매우 흥미로운 기사를 소개해 본다. "무엇이 학생들의 학업 성적에 가장 큰 영향을 미치는가?"에 대한 실험 결과였는데, 결과는 예상 밖이었다. 공부에 투자한 시간의 합도, 읽은 책의 숫자와 종류도, 아이큐도 아니었다. 놀랍게도 학업 성적에 가장 큰 영향을 미친 것은,《부모 인문학 수업》에서 강조하는 철학, 고전, 예술 등 인문학을 대하는 '부모의 자세와 기초 소양'이었다.

뛰어난 아이가 탄생하는 데에는 반드시 그럴 만한 이유가 있는데, 부모가 그 이유의 8할 이상을 차지한다. '공부는 평생 하는 거'라고 말만 하고, 당신의 눈과 귀는 늘 드라마에 푹 빠져 있지는 않은지 돌아보라. 돌아봐야 할 사람은 바로 부모 자신이다. 미국의 작가인 로버트 풀검은 "아이들이 말을 안 듣는다고 걱정하지 말고, 아이들이 항상 당신을 지켜보고 있다는 것을 걱정하라"고 말했다. 그의 말은 누군가에게는 불행이겠지만, 아이에게 더 나은 내일을 보여주고 싶은 마음이 간절한 부모에게는 아주 든든한 희망으로 느껴질 것이다. 《부모 인문학 수업》은 그 희망을 현실화하는 데 큰 힘이 되어줄 것이다.

이번 책은 다음 두 질문에 대한 답이다.

"어떻게 하면 내 아이가 수준 높은 인생을 살게 할 수 있을까?"

"수준 높은 아이로 키우려면 부모는 무엇을 배워야 하는가?"

《부모 인문학 수업》의 궁극적인 목적은 아이가 지식을 익혀 지혜로운 인격체로 성장하게 하는 것이다. '생각을 바꾸면 질문이 바뀐다. 수준 높은 질문은 우리를 더 나은 현실로 인도해갈 것이다.'

우리는 아이를 기르며 부모가 되는 게 아니라, 진실한 사람으로 거듭난다. 그러므로 사람이 사람을 만나는 일이라고 생각하고 아이를 대하라. 실패하지 않을 것이다.

차례

나는 고독하다
나는 자유롭다
나는 나 자신의 주인이다

- 임마누엘 칸트

1부

수신

修身

중심이 바로 선
기품 있는 아이

1장

나를 지키는 힘은 어디에서 오는가

모든 것을 다 가진 괴테에게 부족한 단 하나

1830년 3월 16일 화요일 아침.

독일을 대표하는 지성 괴테의 아들 아우구스트가 괴테의 제자 에커만Johann Peter Eckermann에게 찾아와 이렇게 말한다.

"드디어 오랫동안 생각해오던 이탈리아 여행을 결심했습니다. 아버지에게 필요한 경비도 승인받았습니다. 다만 당신과 함께 떠나고 싶습니다."

에커만은 바로 승낙했고, 둘은 행복한 표정으로 여행 준비와 관련하여 이런저런 이야기를 나눈다.

그리고 점심 무렵 에커만이 마침 괴테의 집 앞을 지나가는데, 창가에 있던 괴테가 그에게 눈짓을 보낸다. '무슨 일일까?'

에커만은 서둘러 그의 방으로 올라간다. 괴테는 에커만을 보자마자 기쁜 목소리로 이렇게 외친다.

"아들이 드디어 결정했어! 이번 여행은 정말 바람직하네. 게다가 자네가 함께 간다니 이보다 기쁠 수 있겠나."

당시 아우구스트는 마흔한 살이었고, 에커만은 세 살 아래인 서른여덟 살이었다. 아들 교육에 많은 시간과 정열을 쏟았던 괴테는 굉장히 오랫동안 아들이 젊은 시절 자신이 떠났던 여정을 따라 이탈리아를 경험하기를 바랐다. 아들도 자신처럼 지적인 거장이 되기를 원했던 것이다. 그래서 아들에게 여행지마다 편지를 쓰게 하는 등 할 수 있는 모든 방법을 동원했다.

하지만 괴테의 바람은 이루어지지 않았다.

아우구스트에게도 로마 여행은 아버지의 바람을 이뤄주고 새로운 길을 모색해볼 좋은 기회였다. 하지만 무리였다. 로마에 도착해서도 아우구스트는 지적 거인의 아들로 산다는 압박감에서 비롯된 알코올 중독에서 빠져나오지 못했기 때문이다. 결국 그는 별다른 것을 남기지 못한 채 모든 여행을 마치고 바이마르의 집으로 돌아오는 도중, 로마의 한 여관에서 사망했다.

괴테는 여덟 살에 이미 라틴어, 그리스어, 프랑스어, 이탈리아어, 영어, 히브리어까지 무려 여섯 개 국어를 자유롭게 구사할 수 있었다. 게다가 보통 사람이 범접하기 힘든 각종 지식을 쌓았고, 승마와 펜싱 등 수준 높은 취미 활동까지 했다.

그 중심에 부모님이 있었다. 어린 괴테가 몸이 아파 수업을 받지 못하면 나중에 어떻게 해서라도 반드시 보충수업을 받게 할 정도로 아들 교육에 열성적이었다. 오죽하면 아버지가 아침마다 창문으로 학교 가는 것을 지켜보았다고 해서 어린 괴테가 그 창문을 '스파이 창문'이라고까지 불렀을까.

또 괴테의 어머니는 당시로서는 특별하다고 할 정도의 지적인 여성이었다. 독서량도 상당했고 특히 탁월한 예술 감각을 가졌다. 괴테는 아버지의 이성적인 머리와 어머니의 감성적인 가슴을 이어받아 대문호로 성장했다.

그렇게 그는 부모의 교육을 통해 얻은 지적인 재능으로 자기의 의지로 시작한 거의 모든 분야에서 천재적인 능력을 보여주었지만, 이뤄내지 못한 게 딱 하나 있다. 바로 자녀교육이다. 괴테는 부모가 자기에게 했던 것처럼 온갖 열정을 다해 아들을 교육했다. 하지만 앞서 말했던 것처럼 그의 아들 교육은 안타깝게도 실패로 끝났다. 천재 괴테를 키워낸 교육 방식이 후대에서는 알코올 중독자를 만드는 교육으로 전락한 것이다.

교육은 통할 수도 있고 통하지 않을 수도 있다. 아이의 기질과 성향이 모두 다르기 때문에 선대와 같은 교육 방식으로는 자녀를 부모가 원하는 대로 기를 수 없다.

하지만 좋은 방법이 하나 있다. 그전에 먼저 괴테와 아들 아우구스트의 공통점을 분석해보자.

- 귀족은 아니었지만 넉넉한 중산층 집안에서 자랐다.
- 어려서부터 문학과 예술을 가까이 접했다.
- 아버지가 선택한 일을 직업으로 삼기 위해 노력했다.
- 부모의 배려 아래 당대의 위대한 문인들과 교류했다.
- 다양한 분야의 책을 읽었으며, 여러 외국어를 구사했다.

부모의 천재교육으로 대문호가 된 괴테 역시 아들 교육에 열성적이었지만 그 뜻을 이루지 못한 결정적인 세 가지 이유가 있다.

1. 아이를 향한 빗나간 사랑

그는 아들을 위해서라면 무엇이든 시도한 부모였다. 하지만 그 방향이 올바르지 않은 경우가 많았다. 많은 청년이 피를 흘리며 싸우는 전쟁터에 보내지 않기 위해 윗사람에게 청탁해 아들을 입대 명단에서 빼는 등 사회적 책임을 다해야 하는 지성인의 의무를 외면했다.

2. 아들을 배려하지 않은 사랑

자녀교육의 성공을 결정하는 건 사실 부모의 수준이다. 괴테도 마찬가지로 수준 높은 부모에게서 수준 높은 교육을 통해 독일을 대표하는 지성인의 삶을 살 수 있었다. 하지만 놀랍게도 아우구스트의 어머니인 크리스티아네 불피우스는 읽지도, 쓰지도 못하는 문맹자였다. 어떤 이들은 신분을 뛰어넘은 위대한 사랑이었다고 평가하지만 교육의 관점에서 볼 때 그 결혼은 이기적인 선택이었다.

3. 가치관 교육의 실패

위의 두 가지 내용을 관통하는 가장 중요한 부분이다. 교육은 말이 아니라 실천으로 완성된다. 그게 바로 삶으로 알려주는 가치관 교육이다. 하지만 괴테는 부모로서 아들에게 실망스러운 모습을 보여주었다. 바로 '부모에 대한 사랑의 부재'다. 괴테는 스물일곱 살에 바이마르로 떠난 이후 프랑크푸르트에 사는 어머니를 단 세 번만 방문할 정도로 부모에게 무관심했다. 괴테 전문가 프리덴탈Richard Friedenthal은《괴테 생애와 시대》에 이렇게 썼다.

“친척에 대한 괴테의 무관심은 심각했다. 가족을 소중히 생각하지도, 친척을 배려하지도 않았다. 자신의 지적인 목표를 위해서는 자주 여행을 다니곤 했지만, 그의 어머니는 자기 삶의 마지막 11년 동안 아들을 보지 못한 채 살아야 했다.”

아우구스트는 분명 괴테에 버금가는 위대한 대문호가 될 충분한 교육을 받았지만, 앞의 세 가지 이유로 모든 것이 허사로 돌아갔다. 가족과 친척을 소중히 하지 않고 오직 자기만 생각하는 마음이 아우구스트의 가치관 형성에 부정적인 영향을 미친 것이다.

아우구스트의 삶은 우리에게 이렇게 조언한다.

“만약 당신이 아이를 훌륭하게 키우고 싶다면, 부모 그늘에서만 빛나는 아이보다는 세상이라는 넓은 곳에서 태양보다 빛나는 아이가 되게 하라. 밝은 빛 안에서도 유독 빛나서 누구도 그냥 지나칠 수 없는 찬란한 사람으로 키워라.”

자식을 사랑하지 않는 부모는 없다. 그래서 모든 아이는 부모의 그늘에서 빛난다. 문제는 태양 앞에 섰을 때다. 세기의 지성 괴테도 실패한 자녀교육에 성공하기 위해서는, 아이가 누구보다 빛나는 삶을 살게 하기 위해서는 어떤 마음가짐과 방법으로 접근해야 할까?

왜 수신제가치국평천하인가

한국 사람이라면 '수신제가치국평천하修身齊家治國平天下'를 다들 알 것이다. '몸과 마음을 닦아 수양하고 집안을 가지런히 한 다음에야 나라를 다스리고 천하를 평정한다'라는 의미로 공자의 손자인 자사子思가 지은《대학》에 나오는 글이다.

많은 학자와 작가가 인문학의 기본은 결국 '수신제가치국평천하'라며 그 의미를 강조한다. 그들은 입을 모아 몸과 마음을 닦은 사람만이 집안을 돌볼 수 있고, 그 후 나라를 다스리며 자기 뜻을 천하에 전할 수 있다고 말하는데, 나는 생각이 조금 다르다. '수신'과 '제가', '치국'을 이룬 사람만이 '평천하' 단계에 도달할 수 있는 게 아니라, 모두 동시에 하나로 이루어져야 한다. '수신제가치국평천하'는 어느 하나도 홀로 설 수 없다.

앞서 확인했지만, 괴테도 마찬가지였다. 그는 부모에게 천재교육을 받아 대문호로 성장했지만 정작 자식 교육에서는 무참하게 실패했다. 모든 게 완벽했지만 '제가'에 소홀했기 때문이다. 또 '수신'을 제대로 못해서 최고의 자리에서 내려오기도 하고 '치국'을 완벽하게 하지 못해 '평천하'의 뜻을 펼치지 못하는 사람도 있다.

자녀교육은 더욱 '수신제가치국평천하'의 동시성이 중요하다. 자녀와 부모가 모두 몸과 마음을 닦아 수양하고, 집안을 가지런히 다스릴 수 있어야 한다. 자녀 홀로 수신과 평천하를 하는 게 아니라, 자녀와 부모가 함께 세상의 중심에 바로 서야 한다. 그게 바로 이 책이 지향하는 길로, 어떤 상황에서도 절대 흔들리지 않는 튼튼하고 위대한 가정을 만드는 것이 이 책의 목표다.

'수신제가치국평천하'가 중요한 또 하나의 이유는 인간에게 가장 소중한 자원인 시간을 낭비하지 않게 해주기 때문이다. 추운 겨울에는 당연히 보일러를 작동시켜야 한다. 하지만 삶을 낭비하는 사람은 오랫동안 보일러를 작동시킨 결과 바닥이 너무 뜨거워져 창문을 열어 실내 온도를 낮추는 비효율적인 상황을 맞이하게 된다. '수신'을 '보일러'라고 가정하면 '제가'는 '창문'이다. 그리고 '수신'과 '제가'를 제대로 하지 못해 손해를 보는 건 '치국평천하'라는 당신의 삶이다. 보일러를 제대로 조절하지 못한 대가로 창문을 열게 되고, 그런 쓸데없는 행동을 반복하며 아까운 당신의 삶이 의미 없이 사라진다.

하지만 다음에 제시하는 다섯 가지 방법을 실천하면 필요 이상으로 기름 값을 내면서 창문까지 열어야 하는 비효율적인 삶에서 벗어나 누구보다 효율적으로 살아가게 될 것이다. 이 책에서 제시하는 모든 인문학 공부법의 기본 원칙과도 같은 것이니, 최대한 세심하게 읽고 삶에서 실천해야 한다.

1. 필요와 욕심을 구분하라

현명한 선택은 삶의 중심을 잡아주는 역할을 한다. 그런 삶을 살기 위해서는 무언가를 선택할 때마다 "이게 정말 필요한 것인가?"라는 질문을 던져야 한다. 바로 답이 나오지 않으면 욕심일 가능성이 높다. 목이 마른 사람에게 "물이 필요한가?"라고 물으면 질문이 끝나기도 전에 "정말 필요합니다"라는 답이 나온다. 하지만 욕심은 대답하는 속도를 느리게 한다. 절실하지 않기 때문이다. 가장 절실할 때 그것을 하라. 그게 욕심에서 벗어나는 가장 좋은 방법이다.

2. 최적화된 일상을 만들어라

우리가 가진 것 중 일상이야말로 가장 값지다. 빛나는 보석도, 뜨거운 청춘도, 뛰어난 재능도 일상이라는 무대가 존재하지 않으면 제빛을 낼 수 없다. 최대한 일상이 나를 중심으로 돌아가게 만들어야 하는데, 그런 삶을 완성하려면 다음 3번을 확실하게 이해해야 한다.

3. 원칙을 분명히 하라

원칙이 없는 사람의 일상은 불행하다. 원칙이 있는 사람의 명령을 받아 그것을 하며 일상을 보내기 때문이다. 결국 그가 하는 모든 말과 행동은 타인을 위한 것이기에 아무리 열심히 일해도 자기 삶에 변화를 가져올 수 없다. 가장 최악의 시간 낭비인 셈이다. 원칙에 대한 강한 믿음도 중요하다. 그래야 세상의 유혹에 흔들리지 않기에 조금의 낭비도 하지 않는 최적화된 일상을 보낼 수 있다.

4. 나를 돌아보라

세상에서 가장 쓸데없는 행동이 내가 아닌 타인의 행동을 비난하는 일이다. 일단 누군가를 비난하기 위해서는 시간을 내서 지켜봐야 한다. 정말 많은 에너지가 필요한 일이지만, 정작 자기에게 어떤 도움도 되지 않는다. 비난의 끝은 언제나 '분노'라는 감정이기 때문이다. 차라리 자신을 돌아보는 데 그 시간을 써라. 세상의 잘못에 쓸데없이 분노하지 말고, 세상을 향한 칼을 자기에게 돌려라. 가장 예리한 생각의 날로 반복되는 일상에 무뎌진 당신의 감수성과 이성을 깨워라.

5. 모든 것을 사랑하라

결국 사랑이다. 살아 숨 쉬는 것이든, 숨 쉬지 않는 것이든 아낌없이 사랑하라. 오직 사랑만이 우리 삶을 풍요롭게 한다. 사랑하는 사람의 모든 말과 행동에는 낭비가 있을 수 없기 때문이다.

나폴레옹Napoléon은 이렇게 말했다.

"지금의 불행은 언젠가 잘못 보낸 시간의 복수다."

일상을 가볍게 여기지 마라. '수신제가치국평천하'는 결국 나와 내 아이가 보낸 하루의 합으로 완성된다. 하루를 시작할 때마다 필요와 욕심을 구분하고, 원칙을 분명히 해서 최적화된 일상을 만들고, 타인보다 나를 비판하는 자세로 모든 것을 사랑하라.

그럼에도 내 삶이 초라하게 느껴진다면 '처음부터 사소한 인생은 없다'는 사실을 기억하라. 주어진 시간을 사소하게 소비한 대가로 사소한 인생을 살게 될 뿐이다.

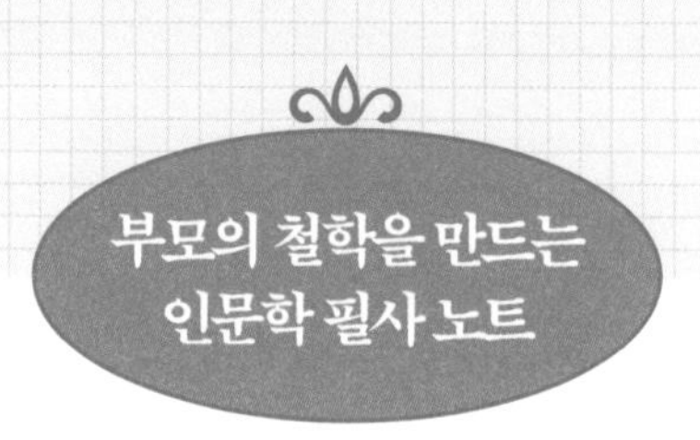

1. 부모의 순간, 가장 적절한 때를 파악하는 일

가르치는 건 사랑을 보여주는 길이고,
배우는 건 사랑을 받아들이는 일입니다.
또한, 나는 모든 교육의 종착역은
'진실한 변화'라는 사실을 알고 있습니다.
무엇보다 가장 먼저 해야 할 일은,
아이가 자기 내면을 바라보게 하는 것입니다.
그 안에서 모든 기적이 탄생하니까요.

부모 교육 포인트

아이는 너무 많이 들으면 하나도 기억하지 못하고, 너무 많은 것을 보면 하나도 분명하게 볼 수가 없습니다. 무감각한 아이, 영감을 느끼지 못하는 아이는 결국 너무 많이 들려주고 보여주고 가르친 결과인 셈입니다. 아이의 감각을 지속적으로 자극한다는 것은 반드시 깨달아야 할 순간을 제대로 모른다는 증거라고 볼 수 있어요. 가장 적절한 순간을 발견하고 싶다면, 때때로 다가가 조용히 바라보세요.

명문가의 조건

지인 중에 4년 내내 장학금을 받으며 뛰어난 성적으로 명문대를 졸업한 사람이 있다. 많은 이들이 그의 미래는 누구보다 밝을 것으로 여겼다. 그도 기대에 부응하듯 대기업에 취직했고, 승승장구하며 최연소 부장에 올랐다. 그런데 얼마 전 그가 뇌물 수수 비리로 불명예 퇴직을 했다는 놀라운 소식을 들었다. 그의 입에서 나온 말은 더 충격적이었다.

"다들 이렇게 살잖아. 좋은 게 좋은 거 아닌가?"

또 나이별로 요금에 차등을 두는 식당에 갈 때마다 보는 광경이 하나 있다. 한 가족이 식당 입구 구석에 빙 둘러섰다. 먼저 부모가 굉장히 단호한 표정으로 말한다.

"너, 꼭 기억해! 너는 여섯 살이야!"

"네…."

"다시 똑바로 말해봐, 몇 살이라고?"

"여섯 살이요!"

일곱 살부터 성인 요금을 받기에 아이에게 '여섯 살이라고 대답하라'고 시키는 것이다.

아이 나이를 속여 싸게 음식을 즐기는 데 성공한 부모에게 묻는다.

"당신의 아이가 나이를 속여 할인을 받아 행복한가?"

만약 행복하다면 또 묻고 싶다.

"그 짧은 거짓된 순간이 아이의 일생에 미치는 영향에 대해서 고민해 본 적이 있는가?"

눈에 보이지도 않는 미세한 흙이 쌓여 인생이라는 거대한 산을 이룬다. 돈도 물론 중요하다. 하지만 아이의 일생을 두고 생각하면 지금 당신이 아낀 돈은 모래 한 알처럼 극히 사소하다.

이렇게 응수할지도 모르겠다.

"에이, 그게 뭐 대수라고. 다들 이러고 살잖아요."

그럼 지금 당신의 응수와 앞에 소개한 뇌물 수수 비리로 퇴직한 사람의 변명을 비교해보라. 세상에 '다들 이러고 산다'라는 말처럼 비겁한 변명은 없다.

1910년 12월 30일, 압록강.

뼛속까지 파고드는 혹한의 날씨를 뚫고 50여 명의 무리가 배를 타고 어딘가로 이동한다. 얼마나 시간이 흘렀을까? 무리를 이끌며 무사히 강을 건넌 한 남자가 뱃사공에게 뱃삯보다 두 배나 많은 돈을 건네주며 이렇게 말한다.

"일본 경찰이나 헌병에게 쫓기는 독립투사가 돈이 없어 강을 헤엄쳐

건너려 하거든 나를 생각해서 그를 배에 태워 건네주시오."

듣기만 해도 기품이 넘쳐흐르는 이 말을 남긴 사람은 백사 이항복의 10대 손인 우당 이회영이다. 백사 이래 9대조를 제외하고는 모두가 정승, 판서, 참판을 지낸 손꼽히는 명문가의 일원이었고, 둘째 이석영은 무려 양평에서 서울 가는 길까지 자기 땅이 아닌 곳이 없었다는 대부호였다.

나는 단연코 그의 집안이 한국 최고의 명문가라고 생각한다. 그 이유는 8대를 이어 벼슬을 했고 막대한 재산을 쌓았기 때문이 아니라, 일제 강제 합병이 이루어지자 실제 가치 2조 원 이상의 재산을 모두 처분해 만주로 떠나 독립운동에 뛰어들었기 때문이다. 그 시절, 많은 부호가 자기만 생각하며 살았지만 이들은 다른 삶을 선택했다.

쉬운 선택은 아니었다. 신흥무관학교를 설립해 3,500명의 독립군을 배출하는 등 20년이 넘게 독립운동에 매진하는 동안, 그가 가져간 군자금은 바닥을 드러냈다. 그래서 하루가 아니라 일주일에 세끼를 먹으며 살아야 했지만, 가난도 그의 애국심을 꺾지는 못했다. 결국 일생을 일본군에게 쫓기며 엄청난 고통을 받아야만 했고 여섯 형제 중 다섯 형제와 대다수 가족은 조국으로 돌아오지 못한 채 굶주림과 병, 고문으로 세상을 떠났다.

여기서 하나 묻고 싶다.

"당신의 통장에 2조 원이 있고, 지금 조국에 전쟁이 일어났다면 가장 먼저 어떤 행동을 하겠는가?"

'그래, 조국을 위해 내 모든 걸 바치자'라며 모든 돈을 나라를 위해 쓰며 전장으로 뛰어나갈 것인가, 아니면 '왜 하필 지금이야! 이런 망할 놈의 세상'이라고 분노하며 돈을 챙겨 도망갈 궁리를 할 것인가? 이회영은 일말의 고민 없이 독립운동을 결심했고, 형제에게 이렇게 말했다.

"나는 정말 슬프다. 세상 사람은 우리 가족이 공신功臣의 후예라고 하는데, 우리 형제가 당당한 명문 호족으로서 차라리 대의가 있는 곳에서 죽을지언정 왜적 치하에서 노예가 되어 생명을 구차히 도모한다면 이는 어찌 짐승과 다르겠는가?"

그의 굳은 마음이 느껴지는가? 그럼 하나 더 묻는다.

"당신의 아이가 나라에 빚을 진 사람이 되길 바라는가, 나라가 빚을 진 사람이 되길 바라는가."

명문가를 만드는 건 '지식'이나 '돈', '명예'가 아니라 '도덕적인 일상'에 있다. 부모와 자식이 함께 가진 전부를 투자하면 삶을 바꿀 수 있다. 명문가는 그런 일상이 쌓여 만들어진다. 그게 바로 이회영 선생이 남긴 소중한 가르침이다.

• • •

어떤 상황에서도 올바른 길을 선택하는 아이

'학교폭력 감소세 속 초등생은 늘어.'

'무서운 초등 동급생, 학교폭력 최다 가해자.'

폭력을 행사하는 초등학생이 점점 많아지고 있다. 자기 말을 듣지 않는다고 가방에 있는 가위를 꺼내 친구를 위협하는 초등학생의 사례에 부모는 긴장할 수밖에 없다. 그들은 더 이상 우리가 상상하는 귀여운 아이가 아니다.

학교폭력이 고등학생에서 중학생으로, 중학생에서 초등생으로 빠르게 내려온 원인은 뭘까? 아이를 올바른 길로 인도하려면 어떻게 해야 할까?

나는 가장 효율적인 해결책으로 '역사적인 사건에서 배우기'를 추천한다. 자연스럽게 역사도 알게 되고, 올바른 길을 선택하는 아이로도 키울 수 있다.

영국의 역사학자 에드워드 카Edward Hallett Carr는 이렇게 말했다. "역사란 과거와 현재의 끊임없는 대화다."

그는 그 이유를 다음 세 가지로 들었다.

- 역사는 '진실'이 아니라 '기록'이다.
- 하나의 진실을 어떻게 기록하고 해석하느냐에 따라 후대에 받아들여지는 사실이 달라진다.
- 고대사, 그중에서도 패망한 왕조의 기록은 매우 적기에 부족한 사료를 누가 어떻게 해석하느냐에 따라 전혀 다르게 인식된다.

위의 조언을 가슴에 담았다면 아래 글을 읽어보라.

2012년 개봉한 007 영화 최신 시리즈인 〈스카이폴〉을 본 사람이라면 대니얼 크레이그가 화려한 액션을 선보였던 섬을 기억할 것이다. 영화 속 '데드 시티'의 배경은 바로 일본 나가사키 현에 위치한 '하시마 섬'이라는 곳이다. 최근에는 영화 〈군함도〉로 국내외에 더 많이 알려지게 되었다.

예약을 하지 않으면 갈 수 없을 정도로 관광객이 많이 찾는 하시마 섬은 파도가 거칠어서 접근이 쉽지 않다. 그래서 섬에 진입할 수 있는 날에는 안내원이 마이크를 잡고 이렇게 말한다.

"여러분은 운이 좋으십니다. 이렇게 날이 좋아 하시마 섬에 들어갈 수 있기 때문이죠."

방문할 수 있다는 사실에 감사해야 할 정도로 구경하기 힘든 일본 근

대화의 상징이라는 이 섬에는 과연 어떤 비밀이 숨겨져 있을까?

- 일본 최초의 콘크리트 아파트가 있었다.
- 학교, 상점, 병원, 극장 등이 있었다.
- 인구 밀도가 도쿄의 아홉 배에 달할 정도로 많은 사람이 살았는데, 야구장 2개 정도의 작은 섬에 5,000명 이상이 있었던 것이다.

그런데 우리가 잘 모르는, 그들이 적극적으로 알리지 않는 또 하나의 사실이 있다. 바로 하시마 섬의 지하 탄광에서 일하던 대다수 노동자가 강제 징용된 조선인이었다는 것이다. 그리고 800여 명의 조선인 중 122명이 진폐증과 배고픔으로 사망했다. 일본에게는 근대화의 상징인 '위대한 섬'이지만, 강제 징용된 조선인에게는 '지옥의 섬' 그 이상도 이하도 아니었다. 더욱 안타까운 사실은 작업 통로가 좁아 대부분 몸집이 작은 중학생 정도 소년이 강제 징용되었다는 점이다.

그곳에서 아이들은 인간 이하의 삶을 살았다. 다다미 한 장 크기(182×91센티미터)에 일고여덟 명씩 강제 수용돼 2교대로 12시간씩 일하는 중노동에 시달렸다. 일할 때도 일을 하지 않을 때도 아이들의 삶은 고달팠다. 그 고통을 견디지 못해 자살하거나 탈출하다가 익사한 아이도 많았다.

하지만 일본 정부는 '탄광 작업 과정'과 '징용 노동자의 존재'에 대한 어두운 역사는 철저히 감춘 채 '일본 산업화의 상징'만 부각하며 세계문화유산 등재를 시도했다. 이때 대상 기간을 1850~1910년으로 한정했는데, 이 역시 전쟁이 한창이던 1916년 후 그들이 벌인 잔혹한 일을 숨기기 위함이었다. 결국 2015년 7월 하시마 섬은 메이지 시대 유산이라는 이유로 유네스코 세계문화유산으로 등재되고 말았다.

하지만 우리의 기록은 분명히 다르다. 호화 아파트 고층부에서는 일본인이 기름진 음식과 술을 마시며 삶을 즐겼지만 강제로 끌려온 한국 소년들은 그 아래의 좁고 어두운 탄광에서 부모의 이름을 외치며 눈물을 흘렸다.

얼마나 두렵고, 외롭고, 아팠을까.

- 어두컴컴한 해저 탄광, 열네 살 한국 소년들이 최고 기온 45도 갱도에서 허리도 펴지 못한 채 굶주리며 석탄을 캐야 했다.
- 너무 더워 속옷 하나만 입고 작업했는데, 흐르는 땀을 닦기 위한 수건이나 깨끗한 물도 없었다.
- 석탄이 묻은 손으로 눈 주위 땀을 닦다 보니 앞이 조금씩 보이지 않게 되고, 나중에는 아예 시력을 잃기도 했다.
- 탄광 내에서 질식사하거나 갱도가 무너져 압사하는 일도 비일비재했다.

일본 아이가 웃으며 지상 운동장에서 신나게 뛰어놀 때, 조선의 아이들은 지하 1,000미터 아래 갱도에서 강제 노역을 해야 했다. 작업하는 내내 지하에서는 이런 소리가 끊이지 않았다고 한다.

"배가 고파 죽겠다!"

"죽겠어, 다리에 쥐가 났어!"

고통에 못 이겨 탄광 벽에 이런 낙서를 남기기도 했다.

"고향에 가고 싶어요."

"배가 고파요."

"엄마가 보고 싶어요."

더 안타까운 사실은 1945년 8월 9일 나가사키에 원자폭탄이 투하되면서 일본이 패망했지만, 그들은 이조차 모른 채 급히 나가사키로 보내져 방사능에 오염된 도시를 청소해야 했다는 것이다.

아이는 자기 또래 선조가 어딘지도 모르는 섬에서 혹독한 시간을 보낸 이야기를 들으며 많은 생각을 하게 될 것이다. 이런 역사적인 사건을 알려주면서, 주제와 관련하여 다음 세 가지 사항을 자연스럽게 경험하게 하며 올바른 길을 선택하고 걷는다는 것이 무엇인지 아이가 생각하게 해보자.

1. 가장 가까운 곳에서 찾아본다

최근 일본의 먹을거리가 인기를 끌면서 다양한 일본 요리가 한국에 소개되었다. 그중 일본 후쿠오카의 모츠나베(일본식 곱창전골)도 한국인의 입맛을 사로잡고 있는데 아이에게 이런 기본적인 사항을 알려준 다음 "혹시 모츠나베 요리의 기원을 알고 있니?"라고 질문하라. 이 질문을 통해 아이는 이야기에 더욱 집중할 수 있다. 이후 더 자세한 내용을 알려주며 아이의 호기심을 자극하라.

"모츠나베의 역사는 생각보다 길지 않단다. 충격적이지만 모츠나베는 일제강점기 당시 후쿠오카 현의 탄광촌으로 강제 징용된 조선인이 허기를 달래고자 당시 일본인은 먹지 않고 버렸던 소, 돼지의 부산물과 구하기 쉬운 채소 등을 넣고 끓여 먹은 데서 유래한 음식이란다."

몰랐던 역사적인 사실에 아이는 충격에 빠질 것이다. 아이와 함께 직접 음식을 즐기며 이야기를 나누는 것도 좋은 방법이다. 이렇게 우리의 삶 주변에 우리가 모르고 지나치는 것들이 존재한다는 사실을 알게 되면서 세상을 바라보는 시선이 곧고 견고해질 것이다.

2. 보이지 않는 것을 보게 한다

내가 하시마 섬에 얽힌 잔혹한 역사를 언급한 이유는 일본을 증오하고, 그들의 과거 만행을 비난하기 위함이 아니다. '아는 것'과 '모르는 것'의 차이가 얼마나 큰지를 깨닫게 하기 위함이다.

"탄광에서 일하는 사람은 보통 사람보다 목소리가 큰 이유를 알고 있니?"

아이에게 이렇게 한번 물어보라. 왜 그런지 답은 의외로 간단하다. 위험할 때 최대한 소리를 질러 타인에게 알려야 하기 때문이다. 그들에게 소리의 크기는 '죽느냐 사느냐' 문제다. 아마 답을 맞힐 아이가 많지 않을 것이다. 직접 경험해보지 않았다면 어른에게도 쉽지 않은 문제이기 때문이다. 하지만 하시마 섬에 대해 자세한 설명을 들은 아이는 답을 맞힐 확률이 높다. 감정이입을 통해 좁은 통로에서 일하는 사람의 고통과 두려움을 느껴봤기 때문이다. 우리는 역사를 배우는 것만으로도 그간 보이지 않았던 것을 볼 힘을 가질 수 있다.

3. 늘 '올바른 길'을 질문하게 한다

참 신기하게도 어느 나라든 마찬가지인데 부와 권력을 가진 사람은 각종 비리와 범죄를 빈번하게 저지른다. 어떻게 하면 부와 권력을 손에 될 수 있는지 잘 알기 때문이다. 하지만 안타깝게도 '바르게 사는 법'에 대해서는 극도로 무지하다. 한 번도 '바르게 사는 법'을 고민한 적이 없기 때문이다.

내 아이가 방황하지 않고 올바른 길을 끝까지 걷기를 바란다면 아이 스스로 '어떻게 하면 바르게 살 수 있을까?'라는 질문을 달고 살게 해야 한다. 하시마 섬 이야기를 하면서 아이와 바르게 사는 방법을 진지하게 묻고 답하는 시간을 가져보라.

앞서 말했지만, 다양한 관점에서 진실을 발견하는 안목을 기르는 데 중요한 역할을 하기에 다시 이 말을 강조한다.

'역사는 진실이 아니라 기록이다.'

힘이 센 사람에 의해 기록되었기에 최대한 다양한 관점에서 해석해야 진실을 바라볼 힘을 기를 수 있다. 그 힘은 아이가 어떤 상황에서도 올바른 길을 선택하도록 돕는다.

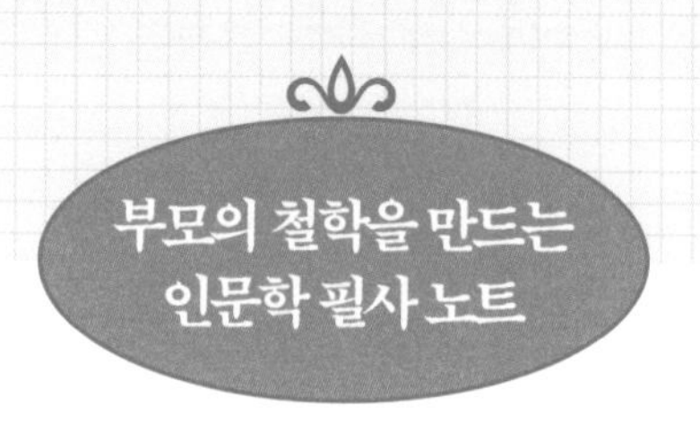

2. 부모의 지성, 자신과 가정을 세우는 가장 근사한 힘

아이의 시야를 부모의 시야보다 좁히는 것은 쉽지만,
반대로 아이의 시야를 부모의 시야보다
넓히는 것은 불가능합니다.
아무리 가르쳐도 아이는 부모의 안목과 견문
그리고 세계를 인식하는 범위를 뛰어넘을 수 없습니다.
그게 바로 부모가 나아져야 하는 이유입니다.
부모가 세계를 인식하는 수준이,
곧 아이가 세계를 인식하는 수준입니다.

부모 교육 포인트

우리는 인생에서 가장 필요한 것을 찾아 늘 멀리 떠날 궁리를 하면서 살지만, 가장 먼 곳에서 다시 집으로 돌아와서야 소중한 것이 가까이 있었다는 사실을 깨닫습니다. 매일 만나는 소중한 사람들과 풍경, 사랑하는 가족과 나를 지켜주는 일상, 거기에 가장 소중한 것들이 모두 모여 있어요. 생각할 수 있는 시간을 내세요. 그리고 독서할 수 있는 여유를 찾으세요. 또한, 글을 쓸 수 있는 때를 놓치지 마세요.

방황하지 않고 자기 길을 걷는 아이의 비밀

인문학 대가의 삶은 사람에 대한 세심한 관찰로 이루어져 있다. 주변에서 일어나는 거의 모든 일과 아무도 알아차리지 못하는 일까지 관찰한다. 그리고 그들은 관찰한 말과 생각, 행동, 마음가짐, 꿈, 목표 등을 분석해 서로 연결한 후 연구한다. 그러면 관찰한 사람의 오늘과 내일이 보인다.

'지금은 가난하지만 큰 부자를 꿈꾸는 사람'
'좋은 일을 하지만, 정치가가 되기 위한 포석으로 그 일을 하는 사람'
'지금은 보잘것없어 보이지만 위대한 작가를 꿈꾸는 사람'

그런데 문제는 많은 사람이 원하는 방향이 아닌 반대 방향으로 살고 있다는 사실이다. 부자를 꿈꾸지만 가난을 향해, 존경받는 기업가를 꿈꾸지만 돈만 밝히는 사기꾼을 향해, 위대한 작가를 꿈꾸지만 그저 그런 작가를 향해 하루하루를 산다. 그들이 자주 쓰는 단어와 문장, 생각, 마음가짐이 그것을 증명한다.

인류가 살았던 모든 세월 동안 의심의 여지없이 공식화된 원칙이 하나 있다.

"내 생각과 마음가짐이 결국 내가 자주 쓰는 단어와 문장이 되고, 그 단어와 문장은 자주 쓰는 말을 이루며, 말이 쌓여 내 삶이 된다."

삶은 끝없이 버려지는 것이기에 '소비'의 범주에서 벗어날 수 없다. 하지만 버리는 것보다 많은 것을 얻게 된다면 우리는 그 사람에게 '창조자'라는 이름을 붙여줄 수 있다. 위대한 인문학 대가에게는 삶에서 방황하지 않고 올곧이 자기 길을 걷는 아주 특별한 방법이 하나 있다.

바로 흔들리는 삶을 바로잡아주는 '사색훈'이다.

기업에 사훈이 있는 것처럼, 그들에게는 목숨과도 같은 사색훈이 있다. 그 사색훈을 하루에 한 번 이상 꺼내 보는 이유는 매일 자각하지 않으면 세상의 유혹에 빠져 가야 할 길이 아닌 반대의 길을 가게 될 확률이 높아지기 때문이다.

독일 철학자 쇼펜하우어Arthur Schopenhauer는 《소품과 부록》에서 사색훈을 언급했다.

"글 쓰는 사람에는 두 종류가 있다. 하나는 뭔가를 나누고 싶어서 쓰는 사람이고, 다른 하나는 돈이 필요해서 쓰는 사람이다. 돈 때문에 책을 쓰는 사람은 '생각이 있어서 쓰는 것이 아니라 쓰기 위해 생각'한다."

쇼펜하우어가 깊은 사색을 바탕으로 한 글을 쓸 수 있었던 건, 그에게 '세상 사람과 무언가를 나누고 싶다'라는 사색훈이 있었기 때문이다.

니체Friedrich Wilhelm Nietzsche의 사색훈을 살펴보자.

"나는 책을 쓰려고 작정한 인간의 책은 더 이상 읽고 싶지 않다. 사상이 뜻밖에 책이 되어버린 것만을 읽고 싶을 뿐이다."

또 이렇게 이야기했다.

"생각이 글을 요구해야 한다. 내 책은 수많은 생각이 요구한 것들의 합이다."

정신분석학의 창시자 프로이트Sigmund Freud에게도 사색훈이 있었다. 먼저 그의 삶을 살펴보면, 어릴 때부터 외국어를 집중적으로 공부했는데 놀라운 건 라틴어의 어미 변화나 고대 그리스어 문법이 그의 방 벽에 가득 적혀 있었다는 사실이다. 모두 어머니의 작품이었다. 열 살도 되지 않은 아들에게 그 어려운 것을 가르치기 위해서는 자주 보게 하는 방법이 최고라고 생각했기 때문이다. 어머니의 기대대로 프로이트는 방 안을 빙빙 돌면서 때로는 벽을 두드리며 문법을 외웠다. 그 결과 프로이트는 라틴어, 그리스어로 읽고 쓰기에 전혀 불편함을 느끼지 않았고 영어, 프랑스어, 이탈리아어, 독일어도 자유자재로 구사했다. 그리고 약혼녀에게 매주 두 번 이상 연애편지를 보냈는데 짧은 것은 편지지 네 장, 긴 것은 스물일곱 장이나 되었다고 한다. 이때의 문장력이 바탕이 되어 1932년에는 '괴테문학상'을 받을 정도로 문학성까지 인정받았다.

프로이트가 네 살 되던 해, 가족은 경제적인 이유로 빈으로 이주했다. 모든 가족이 좁은 방에 옹기종기 모여 있어야 했고 촛불 하나만 밝혀야 했을 정도로 힘든 나날의 연속이었다. 하지만 어머니는 아들 프로이트만큼은 독방에서 기름등잔을 켤 수 있게 해주었는데, 많은 기대를 걸고 교육을 시켜 위대한 사람으로 만들겠다는 굳은 다짐을 했기 때문이다.

노년에 프로이트는 나치의 탄압으로 숱한 고난을 경험했지만, 그럼에도 나치를 이겨내기 위해서는 그들이 쓰는 언어에 익숙해지는 게 무엇보다 중요하다고 말하기도 했다.

"그들을 이기기 위해서는 일단 그들이 쓰는 언어를 알아야 한다. 그래야 세상에 내 주장을 당당히 펼치고, 싸울 수 있기 때문이다. 내가 해야 할 것은 하지 않고 단순하게 그저 세상 탓만 하는 것은 '나는 움직이기 싫으니 세상이 나를 위해 변화해야 한다'고 외치는 것과 다르지 않다."

이것이 바로 프로이트의 사색훈이었다. 그는 사색훈을 올바로 세웠기에 모든 힘든 시기를 이겨내고 세상의 중심에 설 수 있었다.

세상에 위대한 족적을 남긴 인문학 대가들, 활동 영역은 달랐지만 그들의 사색훈이 지향하는 바는 같았다.

'남을 속이지 말고 정직하게 내 길을 걷자.'

그들은 뛰어난 기획자였기에 세상의 사랑을 받는 책을 쓸 수 있었다. 물론 그들에게도 간혹 '이번에는 진짜 팔리는 책을 써볼까?'라는 마음이 차오를 때가 있었을 것이다. 하지만 사색훈이 그들을 본래 목표로 돌려놓았다. 독자에게 겁을 주는 자극적인 기획과 내용으로 쉽게 적당히 써서 베스트셀러를 양산할 수도 있지만 '남을 속이지 말고 정직하게 내 길을 걷자'라는 사색훈의 힘으로 그저 그런 삶 앞에서 방황하지 않고 자신을 지킬 수 있었다.

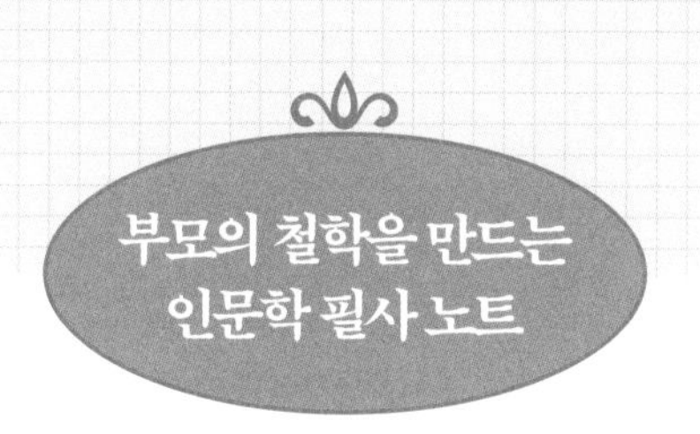

3. 부모의 시선, 아이 스스로 나아지는 일상을 허락하기

주변에 있는 모든 것에 신경을 집중하면서
천천히 산책을 하면서 우리는,
지금까지 미처 발견하지 못했던 소중한 것들이
가까이에 있었다는 사실을 알게 되죠.
마찬가지로 아이들에게 억지로
교훈을 가공해서 줄 필요는 없습니다.
그저 바라보며 찾으면 되는 것이니까요.
더 바라보면 더 깊이 볼 수 있습니다.

부모 교육 포인트

아이들에게 이름을 준 사람은 부모이지만, 그 이름에 의미를 부여하는 사람은 아이들 자신입니다. 아이 혼자 공간을 즐길 수 있도록 가만히 두세요. 그 공간에서 자신을 사랑하는 방법을 스스로 배우고, 무언가 하나를 오랫동안 관찰하는 기쁨을 맛보고, 모든 시도 속에서 스스로 성장하는 순간을 즐기게 될 것입니다.

2장

아이 혼자 있는 시간의 힘

어디서부터 '간섭'이고 어디까지가 '개입'인가

아이와 함께 자연으로 나갔을 때 이런 경험을 해보지 않았는가? 차에서 내리자마자 아이는 어딘가로 달려가 고개를 숙이고 한참 무언가를 관찰한다. 그러다 갑자기 고개를 들고 부모에게 달려와 자신이 관찰한 것에 대해 거침없이 이야기한다.

당신은 이 상황을 어떻게 받아들였는가? 우리는 여기서 교육에 대한 놀라운 영감을 하나 얻을 수 있다.

'진정한 배움이란 그저 알고 있는 데 그치는 게 아니라, 알게 된 것을 누군가에게 설명해줄 단계에 이르는 것이다.'

부모가 볼 때는 그냥 수다를 떠는 것처럼 보이지만, 아이는 '고도의 몰입'과 '치열한 관찰'을 통해 자연에서 배운 것을 설명해주는 것이다. 당연히 부모의 반응이 중요하다. 성의 없이 내뱉는 "그래?", "알았어!" 등의 단답형 대답은 불붙은 아이의 지적 욕망에 찬물을 들이붓는 것과 같다.

적절한 질문을 통해 아이의 호기심과 자신감을 동시에 자극해야 한다. 아이가 열정적인 눈으로 하는 이야기는 듣지도 않고 더러워진 소매만 보며 "이 녀석! 도대체 뭘 한 거야, 당장 물티슈 가져와"라고 쏘아붙이면 아이가 배운 건 지식으로 쌓이지 않고 휴지통으로 들어간다. 물론 그래도 포기하지 않고 이야기를 계속하는 아이도 있다. 하지만 부모의 한마디면 모든 대화는 끝난다.

"마지막 경고야. 그만하라고 했지. 시끄럽다!"

이렇게 우리는 자주 아이 교육에 '개입'해야 할 때를 놓치곤 한다. 세상에는 '당신의 자녀를 공부 천재로 만들어 드리겠습니다'라고 유혹하는 수많은 교육 프로그램이 있다. 공부 천재 대신 '스피치 천재', '음악 천재', '창의력 천재' 등 각종 문구가 어색하지 않을 정도로 자녀교육을 위한 다양한 프로그램이 운영된다. 요즘에는 선행교육이 대유행이어서 초등학생이 중학교에 가야 배울 수 있는 것을 미리 공부할 정도다.

하지만 가장 중요한 교육은 철저하게 외면받고 있다.

바로 "네 생각은 어떠니?"라고 묻는 '생각 교육'이다. 참 이상하게도 대한민국에서 그 엄청난 교육을 받는 아이가 "네 생각은 어떠니?"라는 질문에는 묵묵부답이거나 뉴스나 책, 연예인에게서 보고 들은 말을 마치 자기 생각처럼 말한다. 물론 인용도 필요하다. 하지만 언제나 중심에는 자기 생각이 있어야 한다. 인용한 문장이 아무리 빛나도 그 중심에 내가 없으면 곧 사라진다. 요즘 아이가 좋은 환경에서 다양한 교육을 받으면서도, 정작 스스로 생각할 힘을 기르지 못하는 이유는 부모가 너무 심하게 아이 삶에 간섭하기 때문이다. 그래서 아이는 혼자 무언가를 할 시간을 갖지 못한다. 생각하지 않는 아이가 된다.

어디서부터 '간섭'이고, 어디까지가 '개입'인가?

많은 부모가 정확한 지점을 찾지 못하고 언제나 후회한다. 때로는 너무 깊이 관여해 아이의 단독성을 훼손하고, 때로는 너무 멀리 떨어져 있어 아이의 창의성을 죽이기도 한다. 부모의 모든 말과 행동이 아이에게 '간섭'이 아닌 '개입'으로 느껴지게 하기 위해서는 어떻게 해야 할까?

그 답을 찾고 싶다면 시집《기탄잘리》로 노벨문학상을 수상한 인도의 사상가 타고르Rabindranath Tagore의 삶을 주의 깊게 관찰할 필요가 있다. 그는 세계적 사상가이자 철학자이며 음악, 미술 등에 조예가 깊은 예술가였다.

타고르는 이렇게 말했다.

"인간 정신은 지식을 갖추는 데 소용되는 것을 획득함으로써가 아니라, 타인의 생각을 소유함으로써가 아니라, 자신만의 판단 기준을 세우고 자신만의 생각을 생산함으로써 비로소 참된 자유를 얻는다."

이 말을 세심하게 분석해보면 그가 소중하게 생각하는 두 가지 원칙을 발견할 수 있다.

- 인간 정신은 무엇보다 소중하다.
- 스스로 생각할 수 있는 사람만이 자유를 얻는다.

타고르가 소중하게 생각하는 두 가지 원칙을 보며 우리는 그가 부모의 '적절한 개입'으로 교육받았다는 사실을 알 수 있다. 부모의 '지나친 간섭' 속에서 자랐다면 그는 결코 인간 정신을 소중하게 생각하지 않았을 것이다.

그의 삶을 제대로 살펴보자.

- 인도 카스트 제도에서 가장 높은 브라만 계급으로 태어났다.
- 모든 사람이 부러워하는 몇 대로 이어지는 대부호 집안이었다.
- 그의 가문은 위대한 지식인을 많이 배출해 지역 문예 부흥에 크게 공헌했다.

결정적으로 그에게는 멋진 아버지가 있었다. 타고르의 아버지 데벤드라나트 타고르Debendranath Tagore는 위대한 성자를 뜻하는 '마하르시Maharshi' 칭호를 얻을 정도로 존경받는 지식인이었다. 한마디로 말해, 공부에 재능이 없어도 반드시 공부를 해야만 하는 고귀한 가정에서 태어난 것이다.

하지만 안타깝게도 타고르는 정규교육에 흥미를 느끼지 못했다. 아들의 성향을 파악한 아버지는 공부만 시키려는 계획을 접고, 주변 사람을 깜짝 놀라게 할 위대한 결심을 한다. 열한 살의 타고르와 함께 무려 4개월 동안의 히말라야 여행을 떠난 것이다.

4월의 히말라야, 해발 2,000미터 고지의 작은 마을은 그 지방 특유의 삼나무로 울창했고 처음 보는 꽃으로 가득했을 것이다. 그곳에서 열한 살 소년은 처음 보는 대자연의 신비로움에 반해 연신 감탄사를 내뱉고 자연의 아름다움을 최대한 만끽했을 것이다.

아버지가 아들과 함께 떠난 여행에서 목표로 삼은 것은 단 하나였다고 한다.

'타고르가 혼자 있는 시간의 위대한 힘을 스스로 느끼게 하자.'

타고르는 혼자 있는 시간 동안 무엇을 했을까?

- 매일 아침 산책하며 대자연의 한가운데서 우주의 신비와 무한한 상상력을 즐겼다.
- 아침 일찍 일어나 인도 고대 언어인 산스크리트어와 영어로 된 문학 작품을 읽었다.
- 밤하늘에 별이 빛나기 시작하면 아버지의 음성으로 신비한 우주 이야기를 들었다.

어린 타고르는 아버지의 바람대로 이 여행의 목표인 혼자 있는 시간의 위대한 힘을 느꼈다. 아버지의 계획이 완벽하게 성공한 것이다. 물론 계획만 완벽하다고 모든 일이 생각대로 풀리는 것은 아니다. 마음 자세도 중요하다. 아버지는 다음 세 가지 마음 자세로 간섭이 아닌 개입 수준에서 적절하게 아이를 교육했다.

1. 충분히 혼자 있게 한다

세상은 '아이에게 사회성을 길러주어야 한다'고 주장하지만 인문학 대가의 삶은 우리에게 "순서가 바뀌었다, 혼자 있는 시간을 견디고 즐길 줄 아는 힘을 기르는 게 우선이다"라고 충고한다. 사회성은 혼자 설 수 있는 아이라면 저절로 길러지는 이자와 같은 능력이다. 바꿔 말해 우리는 지금 입금은 하지도 않은 채 이자를 바라는 셈이다.

게다가 모든 창조는 혼자 있을 때 이뤄진다. 혼자 있는 아이만이 감정의 눈을 뜰 수 있기 때문이다. 세상과 멀어지면 귀와 눈이 열린다. 보이지 않았던 것을 보고 들리지 않았던 소리를 듣게 된다. 철저하게 혼자 있는 아이는 이전과는 다른 생각과 창조를 해나간다. 타고르의 아버지가 아들과 함께 아무도 없는 히말라야로 떠난 이유도 바로 거기에 있다.

2. 아이의 단독성을 훼손하지 않는다

아버지는 아들이 공부를 해서 위대한 사람이 되기를 바랐다. 하지만 학교에 적응하지 못하는 것을 본 후, 빠르게 마음을 달리 먹고 여행을 떠나기로 결심했다. 아이를 자기와 동등한 하나의 인격체로 봤기 때문에 할 수 있는 선택이었다. 그 결과 타고르는 문학과 미술, 두 분야에서 최고의 위치에 올랐다. 또 실천하는 지성인의 삶을 살았고, 위대한 스승이란 뜻의 '구르데브Gurudeb'로 칭송되며 지금까지 인도인의 존경을 받고 있다.

만약 그가 한국의 부모가 그러는 것처럼 계속 공부만 강요받았다면 어땠을까? 우리가 알고 있는 타고르는 세상에 존재하지 않았을 것이다. 많은 부모가 착각하는 것 중 하나가 '아이에게 책을 읽어주면 반드시 좋은 영향을 줄 수 있다'라는 생각이다. 물론 아이에게 책 읽어주기는 좋은 교육법이다. 하지만 아이의 지식과 인격의 발달, 재능의 발견에 더 많은 영향을 주고 싶다면 아이가 독서를 주도하게 해야 한다. 타고르의 아버지는 히말라야에서 아들에게 다양한 교육을 시켰지만, 그 모든 것은 거의 아이 주도로 이루어졌다. 우리는 거기에 주목해야 한다. 중요한 건, 자기 주도로 혼자 앉아 책을 읽는 것이다.

3. 혼자 있는 위대한 힘을 깨닫게 한다

타고르는 훗날 아버지와 함께한 넉 달을 이렇게 회상했다.

"나를 시인이자 사상가, 교육가로 성장시킨 원동력이 됐다. 아버지에 대한 무한한 존경과 신뢰, 대자연에서 호흡한 경이로움, 아버지로부터 흡수한 지식에의 열정, 종교에 대한 이해와 인간에 대한 배려 등을 모두 이 여행에서 배웠다."

그는 히말라야에서 매일 아침 산책을 했다고 한다. 그 시간에는 누구에게도 방해받지 않고 오직 스스로에게만 집중하며, 주어진 순간을 완벽하게 즐겼다.

러시아 작곡가 차이콥스키Pyotr Ilyich Tchaikovsky 역시 마찬가지였는데 그는 하루 중 2시간을 산책 시간으로 정해두고 목숨을 걸고 지켰다고 한다. 왜 차이콥스키는 산책에 그토록 집착했을까?

차이콥스키는 산책하며 경험하는 발상의 발전 과정을 이렇게 말했다.

"모든 것이 전혀 예기치 않은 상황에서 기적처럼 떠오른다. 토양이 좋다면, 다시 말해 내가 작곡하기 알맞은 분위기에 있다면, 그 씨앗은 상상조차 할 수 없을 정도로 강력하게 뿌리를 내리고 땅을 뚫고 나와 잎과 가지를 뻗고 마침내 꽃을 피운다. 그 과정에는 온갖 어려움이 존재한다. 먼저 씨앗이 있어야 하고, 그 씨앗이 좋은 환경에 있어야 한다. 또 이후의 모든 과정이 자연스레 진행되어야 함은 물론이다. 아, 그 황홀한 순간을 어떻게 설명해야 할까? 내면의 모든 것이 흔들리고 몸부림치며, 악상이 꼬리를 물며 이어져 개략적으로 적어두기도 힘들 지경이다."

차이콥스키는 산책을 하며 미치도록 자신을 기쁘게 하는 영감을 만날 수 있었다고 고백했다. 수많은 대가가 산책을 한 이유는 그럴 만한 가치가 있기 때문이었다. 타고르는 매일 산책을 하며 시인과 사상가, 교육가로 성장할 힘을 얻었다.

타고르의 아버지는 우리에게 이런 가르침을 남겨준다.

'아이에게 너무 많은 책을 읽어주면 스스로 생각할 시간을 잃게 되고, 너무 많은 것을 보여주면 오히려 아무것도 볼 수 없다. 아이의 삶에 빈 공간을 만들어줘야 한다. 모든 공간을 부모가 다 채우려 하지 마라.'

혼자 남아 생각하고 움직이는 시간을 만들어주고, 빈 공간을 스스로 채워나가는 아이로 자라게 하라. 풀리지 않는 수학 문제를 푸는 것처럼, 바로 앞에 있는 사소한 문제를 스스로 풀게 하라.

너 자신이 되어라,
네가 누군지 기억하라

길을 잃어본 적이 있는가? 길이 아닌 곳에서 온몸으로 아파한 적이 있는가?

많은 사람이 길 위에서 방황하는 것을 두려워한다. 그래서 길을 알려줄 누군가를 찾고, 조언을 구한다. 하지만 그런 누군가의 조언으로 걷는 길은 자기 삶에 도움이 되지 않는다.

인문학 대가는 우리에게 이렇게 조언한다.

"제대로 길을 잃어보라. 길이 아닌 곳에서 이게 길인 것처럼 걸어보라."

얼마 전 나는 사람이 잘 드나들지 않는 섬으로 길을 떠났다. 그때 나는 처음으로 결심했다. '그래, 길을 잃어도 좋다는 생각으로 한번 걸어보자.' 심하게 눈보라가 쳐서 앞이 잘 보이지 않았지만 그래도 나는 걸었다. 내 발걸음이 향하는 곳이 어디인지 알 수 없었지만, 중요한 건 내가 선택한 길을 내가 걷고 있다는 사실이라고 생각했다. 걷는 도중 단 한 사람도 만나지 못했지만 이상하게도 희열이 느껴졌다. 세상에 나만 알고 있는 길 하나를 발견했다는 기쁨이랄까? 몸은 지쳤고, 물도 마시지 못해 갈증이 심했지만 그간 가졌던 삶에 대한 갈증은 말끔히 사라졌다. 나는 비로소 내 삶을 살고 있다는 생각이 들었다. 그 희열과 기쁜 마음이 지금도 잊히지 않는다.

온몸으로 자기의 길을 걸어본 사람은 누구나 공감할 것이다. 지켜보는 사람은 굉장히 고단해 보인다고 여길지 모르지만, 그들은 기쁜 마음으로 그 길을 걷는다. 미친 사람처럼 자기의 일에 몰입하는 사람과 자신만의 길을 걷는 사람들은 지치지 않는다. 오히려 가지 못하게 막는다면 답답함을 느낄 것이다.

나 자신이 되어, 나만 갈 수 있는 길을 걷는 사람이 누리는 특권이다.

이사를 자주 다니게 하는 직업에는 뭐가 있을까?

대개 직업 군인이나 일정한 거처를 두지 않고 지방 도시를 여기저기 옮겨 다니는 자영업자를 떠올릴 것이다. 하지만 그들 못지않게 이사를 자주 가는 직업이 하나 있는데, 놀랍게도 철학자다. 이들이 이사를 많이 한 유일한 이유는 철저하게 조용히 사색하기를 원했기 때문이다.

아버지에게 천재교육을 받고 성장한 존 스튜어트 밀John Stuart Mill도 마찬가지였다. 그는 옆집 개가 짖는 소리 때문에 잠을 못 잘 정도로 소음에 예민하게 반응했다. '얼마나 소음에 민감하면 개 짖는 소리 때문에 잠을 못 자는 거지?'라며 의아해하는 사람이 많을 것이다. 밀은 해가 뜨자마자 주인을 찾아가 강력하게 항의했다.

"개가 짖는 바람에 한숨도 자지 못했습니다!"

개 주인은 기가 막혀 하며 이렇게 응수했다.

"뭐라고요? 이것 보시오, 어젯밤 우리 개는 딱 두 번 짖었어요."

밀이 나직한 목소리로 놀라운 한마디를 던졌다.

"알고 있소, 바로 그래서 잠을 이루지 못한 거요. 다음에 또 언제 짖을까 그것을 기다리다 보니 날이 새더군요."

혼자 있는 시간을 방해하는 사람이 나타나면 민원을 제기하는 등 소음에 적극적으로 대처했던 철학자도 있었다. 그래서 평생 자주 이사를 다녔던 그 철학자는 59세 때 방 여덟 개와 정원이 딸린 아름다운 저택으로 옮기며 이렇게 말했다.

"제발 이게 마지막 이사면 좋겠다."

문제는 소음이었다.

새벽 5시. 잠에서 깨어 이제 막 혼자 있는 시간을 즐기려는 찰나, 찬송가 소리가 들렸다. 근처 교도소에서 청소를 마친 죄수들이 찬송가를 합창한 것이었다. 화가 난 그는 죄수의 찬송가 합창을 금지해달라고 민원을 제기했다. 이 사람의 이름이 바로 독일의 위대한 철학자 칸트Immanuel Kant다. 당시 그는 고통스러운 마음을 이기지 못하고 자신의 책《판단력 비판》에 이 일을 언급하기도 했다. 강가 근처에 살았던 적도 있던 그는 뱃고동 소리 때문에 이사를 했는데 새 집에서 창문을 열었을 때 이웃 양계장에서 나는 닭 울음소리 때문에 또다시 바로 이삿짐을 싸기도 했다. 수탉이 어찌나 울어대는지 차라리 그 수탉을 모두 사서 없애려 했을 정도로 조용한 시간을 중요하게 생각했다.

쇼펜하우어의 일화도 만만치 않다.

그는 숨소리만 들릴 정도로 조용한 가운데 독서와 사색을 반복했는데, 옆집 여자들의 수다가 끊이지 않았다고 한다. 몇 번이고 찾아가 부탁

했지만 수다는 계속되었고, 결국 화를 이기지 못한 그는 싸움을 걸고 말았다. 그러다 상대 여자를 밀쳤고, 넘어져 다친 그녀가 고소해 그는 벌금과 함께 해마다 일정 보상금을 지불해야 했다. 쇼펜하우어 또한 소음에 대한 논문까지 쓸 정도로 소리에 민감했다.

데카르트René Descartes는 손님이 너무 많이 찾아와서 열여덟 번이나 이사를 했고, 니체도 수차례 이사를 다녔다고 한다. 결국 시끄러운 소음에 지친 그는 스위스와 이탈리아 등 외국의 조용한 요양지를 찾아 떠나기도 했다.

누구나 천재가 되고 싶다는 생각을 하며 산다. 더구나 아이를 둔 부모라면 겉으로는 부정하는 사람도 속으로는 '내 아이를 천재로 키우고 싶다'라는 생각을 하는 게 사실이다. 하지만 천재란 그렇게 거창한 단어가 아니다. 천재는 현실에 맞서 싸우는 사람이다. 그들은 현실을 사는 사람과 전혀 다른 차원의 생각을 하기에 필연적으로 홀로의 시간을 소중하게 생각할 수밖에 없다. 통계에 갇혀 있지 않고, 오히려 통계를 벗어난 삶을 산다. 세상의 어떤 이론과 통계도 그들을 가둘 수 없다. 그들은 오직 자신 안에서만 존재한다.

그 모든 힘의 중심에 혼자 있는 시간이 존재한다.

아이가 소음에서 벗어나게 하라. 지금 아이는 수많은 소음에 고통받고 있다. 소음에 빠져 지내는 사람은 그 정도를 알 수 없다. 평소 보던 대로 텔레비전을 켜두고 3미터 물러나 화면은 보지 말고 소리만 들어보라. 아마 머리가 어지러울 정도의 엄청난 소음이 들릴 것이다. 이 사람 저 사람의 소리가 얽히고설킨 예능 프로그램, 온갖 자극적인 소리가 가득한 드라마 등, 지금까지 얼마나 심각한 소음 속에서 살았는지 알게 될 것이다. 중요한 건, 그 안에는 진짜 내가 없다는 사실이다.

진정한 자신을 만나기 위해서는 혼자 있어야 한다. 모든 사람이 천재라고 부르는 이들이 그랬던 것처럼, 내 아이가 혼자 있는 시간이 주는 달콤함을 즐기게 해야 한다. 물론 그저 혼자 놔둔다고 저절로 아이가 그 시간을 즐길 수 있는 것은 아니다. 나는 생각의 대가를 연구하며 두 가지 방법을 찾아냈다.

1. 하루 30분 빈둥거리게 하라

학교 정규 수업이 끝나도 아이는 집이 아닌 학원으로 가야 한다. 영어, 수학, 피아노, 태권도 등 수많은 학원을 돌아서 집에 오면 저녁 8시. 이런 모습을 보면, 마치 훗날 야근하는 직장인이 되기 위한 예행연습을 하는 것 같아 마음이 아프다. 그렇게 늦게까지 공부해 결국 그들은 야근하는 직장인의 삶을 살게 된다. 물론 그마저도 좋은 대학을 나와 취직까지 모든 게 잘 풀린다면 말이다.

혼자 있는 시간을 주면 아이가 빈둥거린다고 생각할 수도 있다. 하지만 빈둥거릴 시간을 충분히 갖지 못한 아이는 나중에 정말 할 일이 없어 빈둥거리며 살게 된다. 초등학생이 반드시 해야 할 가장 멋진 공부는 빈둥거리는 거다. 하루 30분 정도는 아무것도 시키지 말고, 혼자 알아서 빈둥거리게 하라. 처음에는 아이가 뭘 해야 할지 몰라 부모에게 뭔가 명령받기를 바랄 것이다.

"저, 뭐해야 해요? 뭘 해야 할지 모르겠어요."

얼마나 슬픈 질문인가. 그런데 어른도 마찬가지다. 자유시간을 주면 어디에서 무엇을 해야 할지 몰라 고민만으로 주어진 시간을 다 보낸다.

어릴 때부터 부모의 철저한 통제를 받으며 컸기 때문에 나타나는 부작용이다. 그렇게 살지 않게 하려면 하루 30분은 반드시 빈둥거리는 시간을 허용하라. 처음에는 방황하겠지만 그게 반복되면 스스로 무언가를 찾아 즐기는 아이가 될 것이다. 다리가 아플 때가 아닌 영감이 나올 때 산책을 멈추는 것처럼, 식사 세끼가 아니라 생각 세끼가 해결되는 순간 비로소 하루가 끝난다는 사실을 기억하라.

2. 정기적으로 모의 면접을 하라

아이를 아주 가만 놔둘 수는 없다. 아이의 빈둥거림이 방향성을 잃지 않기를 바란다면, 정기적으로 모의 면접을 해보는 것도 좋다.

아무리 긴 글을 써도 제목이나 사진만으로 내용이 예상되는 사람이 있다. 그건 내가 '예언가'라서가 아니라 그의 '성향을 알기 때문'이다. 어떤 식으로 어떤 자료를 찾아서 주장을 이어갈지 눈에 보인다. 나는 그게 참 슬픈 일이라고 생각한다. 모든 상황을 자기 성향대로 갖다 맞추는 행동은 위험하다. 자기 발전에도 좋을 게 없다. 세상은 변하고 사람도 변하지만, 그의 눈에는 모든 게 늘 그대로이기 때문이다. '의견을 예상할 수 없는 사람'이 되어야 한다. 결론을 이미 정해놓고 사는 것은 얼마나 불행한가? 성향으로 세상을 바라보지 않고 있는 그대로 보는 사람만이 예상할 수 없고, 더 많은 세상을 흡수한다. 하지만 사람은 결국 환경의 지배를 받는다. 쉽게 벗어나기 힘들다. 반대로 생각하면 주어진 환경에서 벗어나면 새로운 환경을 스스로 만들어나갈 수 있다. 그래서 모의 면접이 큰 도움이 된다.

아이에게 먼저 장래희망을 물어보라. 만약 '과학자'라는 대답을 했다면, 부모가 면접관 역할을 하면서 아이에게 이런 방식으로 질문을 이어 나가라.

"왜 과학자가 되고 싶나요?"

"과학자가 되기 위해서 무슨 노력을 하고 있습니까?"

"그 노력이 과학자가 되는 데 어떤 도움을 준다고 생각하나요?"

단 3개의 질문으로도 아이 스스로 자신을 돌아보게 할 수 있다. 부족한 부분이 무엇이고, 추구하는 가치가 무엇인지 정확하게 정리할 수 있기 때문이다. 사람은 안주하면 결국 환경에 굴복당한다. 혼자 있는 시간을 더 강력하게 활용하고 싶다면, 정기적으로 희망과 꿈을 떠올리고 그것을 이루도록 자신을 돌아봐야 한다. 한 달에 한 번 정도 아이와 함께 면접 놀이를 하며 일상에서 벗어날 힘을 길러주어라.

1년 정도 면접 놀이를 지속한 후에는 역할을 바꾸는 것도 좋다. 아이에게 질문하는 힘을 길러주기 때문이다. 교육은 결국 동반성장이다. 아이와 함께 주어진 환경에서 벗어나는 연습을 하라.

두 차례나 노벨평화상 후보에 올랐던 사상가 함석헌은 〈그대는 골방을 가졌는가?〉라는 시에서 이렇게 말했다.

이 세상의 소리가 들리지 않는
이 세상의 냄새가 들어오지 않는
은밀한 골방을 그대는 가졌는가?

학교에서는 아이에게 상식을 가르친다. 하지만 그것만으로는 부족하다. 상식에서 벗어난 자만이 새로운 것을 창조할 수 있기 때문이다. 상식만 배운 아이는 상식에서 벗어난 자의 말을 듣고 살게 될 것이다.

"상식에서 벗어나려면 현실에서 벗어나야 한다."

다시 말해, 자기 자신에게로 돌아가야 한다. 철저하게 혼자가 되어야 한다. 그것만이 비상식적인 무언가를 만날 수 있는 최선의 방법이다. 스스로 선택한 것을 즐기며 홀로 시간을 보낸다는 것, 상식에서 벗어나기 위해 그것보다 좋은 방법은 없다.

진정한 자신을 만나기 위해서는 혼자 있어야 한다. 모든 사람이 천재라고 부르는 이들이 그랬던 것처럼, 내 아이가 혼자 있는 시간이 주는 달콤함을 즐기게 하라.

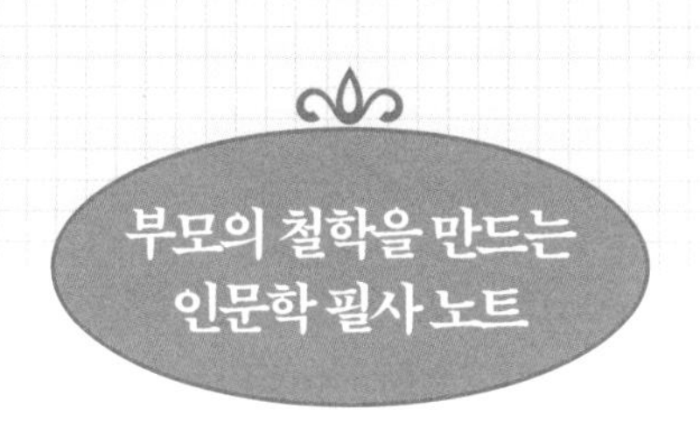

4. 부모의 손님, 아이에게 보내는 가장 기품 있는 언어

부모가 추구하는 방향이
아이가 생각하는 것과 일치하면
'사랑'이라고 말할 수 있지만,
서로 추구하는 방향이 다를 때는
'집착'이라고 부를 수밖에 없습니다.
같은 마음도 방향이 다르면,
사랑이 아닌 집착이 되기도 합니다.

부모 교육 포인트

아이는 당신이라는 세계로 찾아온 손님입니다. 그러므로 어떤 기대나 희망을 품기에 앞서, 귀한 손님을 대하듯 예절을 갖고 대해야 합니다. 태도가 그렇게 바뀌면 비로소 당신은 어떤 차별이나 비교도 없이 있는 그대로의 아이를 바라보게 되죠. 경쟁심을 자극해서 아이를 억지로 움직이게 하려고 하지 않고, 외부의 사람들을 동원해서 성취감을 느끼도록 하는 어리석은 시도도 하지 않게 됩니다.

혼자 있는 시간을 빛나게 할 의식 수준 단련법

사람에게는 '의식 수준'이라는 게 있다.

지난 8년 동안 굉장히 많은 관심을 갖고 연구했는데, 최근에는 우리가 아는 거의 모든 존경할 만한 사람이 실제로 매일 의식 수준을 끌어올리기 위해 노력했다는 사실을 발견했다. 그들은 '의식 수준이 한 사람의 인생을 결정한다'는 위대한 사실을 알고 있었다.

여기서 내가 지금 말하는 의식 수준은 사는 수준이나 환경의 수준이 아니다. 생각하고 행동하는 수준이다. 단어가 모여 책이 되는 것처럼, 생각하고 행동하는 작은 수준이 모여 삶을 이룬다. 산에 함부로 쓰레기를 버리거나 바닥에 침을 뱉는 습관을 지닌 사람은 결국 자기 수준 이상의 삶을 살 수 없다. 아무리 노력해도 기회를 만나지 못하는 이유도 마찬가지로 기회를 만날 수준이 되지 않았기 때문이다.

다산 정약용은 자식들에게 이런 충고를 남겼다.

"세상에 비스듬히 드러눕고 옆으로 삐딱하게 서고, 아무렇게나 지껄이고, 눈알을 이리저리 굴리면서도 경건한 마음을 가질 수 있는 사람은 없다. 때문에 몸을 움직이는 것, 말을 하는 것, 얼굴빛을 바르게 하는 것, 이 세 가지가 학문을 하는 데 있어 가장 우선적으로 마음을 기울여야 할 곳이다. 이 세 가지도 못하면서 다른 일에 힘쓴다면 비록 하늘의 이치를 통달하고 재주가 있고 다른 사람보다 뛰어난 식견을 가졌다 할지라도 결국은 발꿈치를 땅에 붙이고 바로 설 수 없게 되어 어긋난 말씨, 잘못된 행동, 도적질, 대악大惡, 이단異端이나 잡술雜術 등으로 흘러 걷잡을 수 없게 될 것이다."

하지만 아무리 이런 편지를 써도 자식들이 삶의 태도를 바꾸지 않자, 그는 다음의 세 가지를 실천하며 살라고 꾸짖었다.

- 너희의 몸과 행실을 바르게 잡아주어 효제를 숭상하고 화목하는 일에 습관 들게 하며, 경사를 연구하고 시례를 담론하면서 3,000~4,000권의 책을 서가에 진열하고, 1년 정도 먹을 양식을 걱정하지 않도록 밭에 화훼, 약초 등을 심어 잘 어울리게 하여 그것들이 무성하게 자라는 것을 구경하면서 즐거워해야 할 것이다.
- 마루에 올라 방에 들면 거문고 하나 놓여 있고, 주안상이 차려져 있으며, 투호 하나와 붓과 벼루, 책상, 도서들이 품위 있고 깨끗하게 놓여 있어 흡족할 만할 때, 마침 반가운 손님이 찾아와 닭 한 마리에 생선회 안주 삼아 탁주 한 잔에 맛있는 풋나물을 즐겁게 먹으며 어울려 고금의 일을 논의하면서 흥겹게 산다면 비록 폐족이라 하더라도 안목 있는 사람이 부러워할 것이다.

- 이렇게 한두 해 세월이 흐르다 보면 반드시 중흥의 여망이 비칠 것이다. 한 번만으로는 부족하다. 이런 생활을 최소한 1년 이상은 해야 비로소 습관이 되고 생활이 되어 삶을 바꾼다.

또한 현실에 안주하려는 자식들에게 "현실과 대결하면서 살아라!" 라고 강조하였다.

"요즘 세상에서 벼슬에 나아가는 길이란 과거 하나만이 있을 뿐이다. 그런 까닭에 정암 조광조, 퇴계 이황 등 여러 선생도 모두 과거를 통하여 벼슬에 나갔으니 그 길을 통하지 않고는 끝내 임금을 섬길 방도가 없음을 알겠다. 모든 것을 다 잃고 먼 지방으로 와서 사는 사람은 영달榮達할 뜻은 없이 오직 먹고살아가는 일에만 힘쓰고 있다. (중략) 비록 편안히 농사짓고 물 마시며 살아가면서 자손이 번성하게 되더라도 무슨 이익이 있겠는가? 우선 과거를 통한 벼슬살이에 마음을 두고, 그 외의 것을 사모하는 마음은 먹지 말도록 하라."

그리고 그는 삶을 바꿀 다음의 여섯 가지 생활 수칙을 남겼다.

첫째, 진심으로 독서하라

내가 몇 년 전부터 독서에 대하여 깨달은 바가 큰데 마구잡이로 그냥 읽기만 한다면 하루에 100번, 1,000번을 읽어도 읽지 않는 것과 다를 바가 없다. 무릇 독서하는 도중에 의미를 모르는 글자를 만나면 그때마다 널리 고찰하고 세밀하게 연구하여 그 근본 뿌리를 파헤쳐 글 전체를 이해할 수 있어야 한다. 날마다 이런 식으로 책을 읽는다면 수백 가지의 책을 함께 보는 것과 같다. 이렇게 읽어야 책의 내용을 훤히 꿰뚫어 알 수 있으니 이 점을 깊이 명심하라.

둘째, 늘 배고픈 상태를 유지하라

학자란 궁한 후에야 비로소 저술할 수 있다는 것을 이제야 알겠구나. 매우 총명한 선비가 지극히 곤궁한 지경에 놓여 종일 홀로 지내며 사람이 떠드는 소리라든가 수레가 지나가는 시끄러운 소리가 들리지 않는 고요한 시각에야 경전이나 예에 관한 정밀한 의미를 비로소 연구해낼 수 있지 않겠느냐.

셋째, 언제나 호연지기를 잊지 마라

무릇 하늘이나 사람에게 부끄러운 짓을 아예 저지르지 않는다면, 자연히 마음이 넓어지고 몸이 안정되어 호연지기浩然之氣가 저절로 우러나올 것이다. 만약 포목 몇 자, 동전 몇 닢 정도의 사소한 것에 잠깐이라도 양심을 저버린 일이 있다면 이것이 기상을 쭈그러들게 하여 정신적으로 위축을 받게 되니, 너희는 정말로 주의하여라.

넷째, 늘 입을 조심하라

거듭 당부하는 건 말을 조심하라는 것이다. 전체적으로 완전해도 구멍 하나만 새면 깨진 항아리와 같듯이, 모든 말을 미덥게 하다가도 한마디 거짓말을 하면 도깨비처럼 되는 것이니 너희는 정말로 조심하여라. 말을 실속 없이 과장되게 하는 사람은 남이 믿어주질 않으며, 더구나 어려움에 처한 사람은 더욱 마땅히 말을 적게 해야 한다.

다섯째, 게으름을 경계하라

큰 흉년이 들어 굶어 죽는 백성들이 많아 혹 하늘을 원망하는 사람도 있는데 내가 보기에 굶어 죽는 사람은 거의가 게으른 사람들이더구나. 하늘은 게으른 사람을 싫어해서 벌을 내려 죽이려는 것이다.

여섯째, 늘 자신을 돌아봐라

새해를 맞으면 반드시 그 마음가짐이나 행동거지를 새롭게 생각해보는 것이 중요하다. 새해마다 꼭 한 해 공부 과정을 계획해봤다. 무슨 책을 읽고 어떤 글을 뽑아 적어둬야겠다고 계획을 세워 실천하곤 했다. 몇 개월이 못 가서 착오가 생겨 계획대로 되지 않을 때도 있었지만 아무튼 좋은 일을 행하고자 했던 생각이나 발전하고 싶은 마음은 없어지지 않아 많은 도움이 되었다.

이런 다산의 가르침을 통해 '내가 처한 환경의 수준은 바꿀 수 없지만, 생각과 행동의 수준은 얼마든지 내가 결정할 수 있다'는 사실을 깨닫게 된다. 이에 멈추지 않고, 앞의 여섯 가지 생활 수칙을 삶에서 실천하면 혼자 있는 시간을 빛나게 할 의식 수준에 도달할 수 있다.

모방하는 뇌, 창조하는 뇌

"이 세상에 완벽히 새로운 것은 없다."

이제는 세상에 없는 창조의 아이콘 스티브 잡스Steve Jobs가 남긴 말이다.

그가 가장 사랑한 예술가 중 한 명인 피카소Pablo Picasso는 이런 말을 남겼다.

"훌륭한 예술가는 모방하고, 위대한 예술가는 훔친다."

영국 시인 T. S. 엘리엇T.S. Eliot도 거들었다.

"미성숙한 시인은 모방하고, 성숙한 시인은 훔친다."

사실 이 세 문장은 단어만 다를 뿐 그 의미는 거의 유사하다. 우리가 주목해야 할 건 수많은 예술가와 세상을 바꾼 위대한 사람이 반복하여 같은 이야기를 주장했다는 사실이다.

'모든 창조는 모방에서 시작한다.'

하지만 누군가는 모방 수준에서 멈추고, 다른 누군가는 세상에 길이 남을 창조자가 된다. 후자의 삶을 사는 사람의 어린 시절은 어땠고, 부모에게서 어떤 교육을 받았을까?

먼저 독일의 철학자 니체를 보자. 창조적인 재능을 발휘하며 매우 진지한 삶을 살았던 니체에게도 철부지 어린 시절이 있었다. 여느 아이처럼 사소한 일에 막무가내로 떼를 썼고, 끝없이 칭얼거리기도 했다. 그런 니체가 창조적인 사람이 되게 가르친 건 아버지였다.

니체의 아버지는 대학을 졸업한 후 잠시 아르텐부르크의 공작 집안에서 세 왕녀의 교육을 담당했는데, 그때 음악이 어린아이에게 미치는 큰 힘을 깨달았다. 실제로 아버지의 피아노 연주는 니체의 창조력 형성에 큰 영향을 미쳤는데, 떼를 쓰며 울다가도 피아노 연주 소리가 들리면 바로 울음을 멈추고 아름다운 선율에 모든 것을 맡겼다고 한다. 그렇게 철부지 어린아이는 세기의 철학자로 성장할 힘을 얻었다. 사실 니체의 아버지는 매우 신경질적인 성격이라 사소한 일에도 자주 분노했다. 하지만 그런 성격은 오히려 분노가 가득한 이 시대를 사는 우리에게 희망을 준다. 아이가 떼를 쓰고 칭얼거리면 많은 부모가 짜증이 나서 자기감정을 제어할 수 없게 된다. 교육 전문가는 "부모는 감정을 제어할 줄 알아야 한다"고 강조하지만 이들조차 가정으로 돌아가면 떼쓰는 아이에게 자기가 내뱉은 말을 실천하기가 쉽지 않다는 건 부정할 수 없는 현실이다.

부모도 충분히 분노할 수 있다. 하지만 분노한 자신을 원망하며 '나는 부모 자격이 없어'라고 자책하기보다는 니체의 아버지가 피아노 연주를 선택한 것처럼, 아이를 위한 다른 방법을 찾으려는 노력을 해야 한다.

아버지의 수준 높은 피아노 연주를 듣고 자란 니체는 고귀한 것과 저속한 것을 구분할 감각을 길렀다. 그 감각은 창조력 형성에 큰 역할을 했다. 모든 창조는 모방에서 시작한다. 하지만 전부 모방할 필요는 없다. 수준 높은 것을 모방하는 게, 더 수준 높은 창조의 길로 들어서는 방법이다. 모든 창조는 다음 세 단계를 거쳐 완성된다.

1. 서툰 모방

남의 것을 그저 보고 따라 하는 단계다. 많은 사람이 여기까지는 한다. 참고할 수 있는 완제품이 눈앞에 있기 때문이다. 시간만 충분하다면 누구라도 가능한 수준이다. 하지만 이렇게 만든 제품은 비싼 가격에 팔 수 없다. 가치를 기준으로 두고 봤을 때 기존 제품이 없을 때 대체재로 사용할 수 있는, 없어도 될 정도의 수준이다.

2. 공들인 모방

훌륭한 모방자 수준이다. 다양한 제품을 관찰한 후 장점만을 뽑아내 자기 제품에 이식할 능력을 갖추고 있다. 그 분야의 전문가가 아니라면 참고한 제품과 비교했을 때 다른 점을 발견할 수 없을 정도로 정교하게 모방한 제품을 만들어낸다. 하지만 이 제품도 시장에서 정한 가격을 벗어날 수는 없다. 자신이 보고 참고한 제품과 비슷한 가격에 판매할 수 있으며, 가치의 수준으로 봤을 때는 있으면 좋을 정도다.

3. 나만의 가치 창조

창조력이 1, 2번에 머문 사람은 아무리 많은 시간을 투자해도 참고할 무언가가 없으면 아무것도 만들 수 없다. 하지만 3단계 사람은 전혀 다르다. 이들은 남의 것을 참고하지 않고, 세상이 어떻게 돌아가는지 트렌드 조차 신경 쓰지 않는다. 나만의 것을 만들어내기에 시장이 아닌 내가 정한 가격으로 팔 수 있다. 자기 가치를 스스로 정하는 삶을 살게 된다는 말이다. 그들은 없으면 안 되는 필수불가결한 상품을 만들어낸다.

어떻게 하면 내 아이를 독창적인 가치를 창조하는 사람으로 키울 수 있을까?

괴테가 어린 시절을 보냈던 괴테 하우스에 들어서면 일단 그 규모에 놀라게 된다. 집 안에 정말 다양한 예술품이 전시되어 있는데 괴테가 어떤 분위기에서 무엇에 의해 창조적인 사람으로 자랄 수 있었는지 세심하게 생각하며 그 목록을 읽어보자.

- 일층에는 넓고 화려한 테이블과 낡았지만 기품이 흐르는 식기가 놓인 주방이 있다.
- 이층은 전체적으로 로코코풍의 섬세함이 느껴지는데, 고풍스러운 피아노가 놓인 방과 서재가 있다.
- 삼층에는 괴테가 태어난 부모님의 방, 여동생의 방이 있다. 그리고 "여기 미술관 아니야?"라는 말이 나올 만큼 다양한 미술품과 작은 도서관 수준의 서재가 존재한다.
- 사층에는 '시인의 방'이라 부르는 괴테의 작업실과 작은 방이 있다. 시인의 방에는 그가 서서 글을 썼던 책상과 온갖 집필 도구가 놓였고 작은 방에는 누이동생과 인형극 놀이를 하던 낡은 인형 극장이 있다.

느낌이 어떤가? 전체적인 분위기가 한눈에 그려질 때까지 그 시절에 접속해보라. 자, 감정이입이 끝났으면 그 느낌을 그대로 간직하고 다음 글을 읽어봐라.

- 괴테의 가족은 합주를 할 정도로 뛰어난 음악 실력을 갖췄는데 이런 분위기는 나중에 괴테의 예술적 감성에 매우 긍정적인 영향을 미쳤다.
- 부모가 동시대의 미술작품을 사들여 전시할 정도로 미술품에 조예가 깊어 덕분에 괴테도 아홉 살부터 여든세 살까지 평생에 걸쳐 2,700점의 그림을 그렸다.
- 수천 권의 책을 보유한 서재가 집 안에 있었기에 괴테는 어릴 때부터 서재에서 많은 시간을 보냈으며 문학, 예술, 과학, 법률 등 다양한 종류의 양서를 엄청나게 읽었다.

가족도 그의 창조력 형성에 한몫했다. 괴테는 어릴 때부터 부모의 교육으로 음악, 미술, 문학 분야에서 최고의 것들을 접했다.

물론, 최고의 것을 접하게 해주는 걸로 창조력 교육이 끝나는 건 아니다. 어머니는 하나밖에 없는 아들 괴테에게 동화를 자주 들려주었는데, 그때마다 가장 재미있는 부분에서 이야기를 멈췄다고 한다. 그러고 인자한 미소를 지으며 이렇게 말했다.

"사랑하는 아들, 다음 이야기는 네가 한번 상상해보렴."

괴테는 늦게까지 뒤에 이어질 내용을 상상했는데, 이때 했던 온갖 상상이 그를 '서툰 모방자'에서 '나만의 가치를 창조하는 사람'으로 성장시켰다. 여기서 중요한 건, 어머니가 '양질의 동화책'을 선택해 읽어주었다는 사실이다. 괴테는 가장 수준 높은 작품을 자기 생각으로 모방할 기회를 얻었고, 동시에 가장 중요한 부분에서 책을 덮고 생각할 시간을 가지며 모방을 뛰어넘는 창의력을 길렀다.

우리도 내 아이를 창조적인 사람으로 키울 방법이 얼마든지 있다.

1. 검색을 버리면 사색이 보인다

많은 사람이 여행을 가기 전에 지역 맛집을 검색한다. 검색에서 벗어나라. 미리 검색하지 말고, 그 지역에 가서 아이와 함께 걷고 관찰하며 들어가고 싶은 식당을 찾아보라. 인터넷에 올라 있는 식당에 대한 거의 모든 글은 대가를 받거나, 주관적인 입맛을 기준으로 작성된 것들이다. 자기에게 질문하라.

"검색은 타인의 주관을 찾는 일이고, 사색은 내 주관을 찾는 일이다. 나는 아이에게 무엇을 찾아주고 싶은가?"

많은 사람이 사색의 힘을 강조한다. 사색이란 결국 나와 가까워지기 위해 하는 행동이다. 물론 타인의 의견도 들을 줄 알아야 한다. 하지만 그건 내 주관을 세운 이후의 일이다. 스스로 찾은 식당의 음식을 즐긴 다음 검색으로 타인의 의견도 참고해보라. 이런 과정을 거치면서 아이는 사람의 기준과 생각이 서로 다름을 깨달을 것이다.

2. 과정에 집중하는 즐거움을 누려라

아이가 실험같이 결과를 알 수 없는 일을 할 때는 과정에 집중하게 되고, 자연스럽게 즐기게 된다. 그런데 많은 부모가 결과를 정해둔 채 아이를 교육한다. 자기의 결론을 이미 정해두고 세상의 지식을 긁어모은다.

결국 자기주장을 뒷받침하기 좋은 자료만 모을 수밖에 없다. 이런 식의 교육을 받은 아이는 혁신적인 무언가를 창조하는 사람으로 성장하기 힘들다. 모든 결론을 파괴하고, 오직 과정에만 집중하는 마음으로 아이를 교육해야 한다.

플라톤Plato은《국가》에서 이렇게 강조한다.

"아이를 강제로 가르치지 말게. 창조적인 사람이 되기 위해서는 어떤 과목도 억지로 배우면 안 되네. 억지로 배우는 것은 마음에 머물지 않고 금방 떠난다네."

쇼펜하우어도 거든다.

"어릴 때는 개념을 무작정 주입해서는 안 된다. 반드시 관찰과 체험과정을 통해 자연스럽게 익혀가도록 배려해야 한다."

그들의 삶은 우리에게 이렇게 조언한다.

"창조적인 아이로 키우고 싶다면 과정에 충실하라. 머리에 억지로 지식을 집어넣으면 창조력이 작동하지 않는다. 어떤 것을 기억하는 게 그걸 안다는 뜻은 아니다. 그냥 기억할 뿐이다. 하지만 과정에 충실한 사람은 자기 목소리에 귀를 기울인다. 내게 집중하는 순간이 바로 창조의 시작이다."

3. 책으로는 도달할 수 없는 상상력의 끝을 만나게 하라

앞서 설명한 괴테의 집 사층에는 손가락으로 조종하는 인형극을 할 수 있는 작은 극장이 있었다. 괴테네 가족은 인형극을 어릴 때부터 감상했고 직접 하기도 했다. 괴테도 이를 통해 자기의 모든 감각을 훈련하고 발달시킬 수 있었다.

물론 영화나 드라마를 보는 것도 좋은 방법일 수 있다. 하지만 그것은 시청률과 관객을 의식해서 만든 작품이기 때문에 지나치게 자극적이다. 게다가 현란한 조명과 시끄러운 소리는 아이의 감각을 마비시킨다. 결국 자극적인 것만 찾는 성인으로 만들어버린다. 하지만 인형극은 다르다.

- 인형극을 준비한 부모의 사랑과 정성을 느낄 수 있다.
- 눈앞에서 살아 있는 예술을 감상할 수 있다.
- 미세한 떨림과 작은 움직임에 집중하게 된다.

인형극의 세 가지 장점은 지켜보는 아이의 모든 잠자는 감각을 깨운다. 쉽게 말해, 인형극이 시작되면 아이의 창조력도 시동이 걸린다. 아이는 부모의 인형극을 감상하며 중간에 이해가 되지 않는 부분은 상상을 통해 자기 이야기로 만들어나간다. 아이가 중간에 자꾸 끼어들어서 무언가를 하려는 게 바로 아이의 창조력이 하나의 이야기를 만들었다는 신호다. 정말 들려주고 싶은 멋진 이야기가 있기 때문이다. 가장 적절한 순간 아이의 개입을 허락해서 극에 포함시키면, 창조적인 아이로 자랄 수 있다.

창조자의 길은 길고 외롭다. 하지만 계속하다 보면, 언젠가 나를 따라하는 누군가가 뒤따라오는 걸 발견하게 될 것이다. 멈추지만 않는다면 우리 아이는 누구나 멋진 세상을 만드는 데 일조할 수 있다. 다만 제대로 된 길을 걸어야 한다. 그것은 부모의 책임이다.

마음을 잃으면 모든 것을 잃는 것

요즘 초등학생 자녀를 둔 학부모 사이에서 '초품아'라는 단어가 유행이다. '초등학교를 품은 아파트'를 의미하는데, 단지 내에 초등학교가 있어 길을 건너지 않고 통학이 가능해 어린 자녀를 둔 학부모의 관심이 높다.

그런데 모두가 그런 아파트를 선호하는 건 아니다.

예전에 '초등학생이 떠드는 소리 때문에 살 수가 없다'라는 이유로 법원에 소송을 낸 사람이 있었다. 자녀가 없지만 어쩔 수 없이 초등학교를 품은 아파트에서 사는 사람이 소송을 제기한 것이다.

그런데 놀라운 판결이 내려졌다. 판사는 '초등학생이 내는 소리는 자연의 소리다'라는 이유로 소송을 기각했다.

이 판결은 아이를 기르고 교육하는 부모에게 시사하는 바가 크다.

인간은 소리에 민감하다. 온갖 문제가 소리 때문에 생긴다. 비행장 소음, 공사장 소음, 열차 소음, 층간 소음 등으로 국가에 배상을 요청하기도 하고 심하면 사람을 죽이기도 한다.

아이가 내는 소리도 마찬가지다. 소리에 반응하는 부모의 유형은 크게 두 가지로 나뉘는데 하나는 '아름다운 소리'라고 생각하는 부모이고, 다른 하나는 '시끄러운 소음'이라고 여기는 부모다.

전자는 조용히 아이의 소리를 듣고 교육에 대한 영감을 받지만, 후자는 분노를 참지 못하고 이렇게 외친다.

"좀 조용히 하지 못하겠니!"

"옆집 애들처럼 조용히 책 좀 읽어라!"

가끔 사람을 섬에 가두고 노동력을 착취했다는 이들의 뉴스를 볼 때마다 우리는 "세상에, 어떻게 인간이 인간을 저렇게 대할 수 있어? 나쁜 놈들이네"라고 분노한다.

그런데 "이제 노예는 완전히 사라진 걸까?"라고 물으면 어떻게 답할 것인가? 과거 유럽인은 아프리카인을 배에 실어 유럽이나 신대륙으로 끌고 와 평생 동물처럼 부려먹었다. 역사학자는 노예들이 배에 마치 물건을 차곡차곡 끼워 넣듯 가로 20센티미터, 세로 160센티미터의 공간에 지그재그로 실렸다고 했다. 노예는 이 좁은 공간에서 죽지 않을 정도의 옥수수죽과 물만 먹었고, 그 자리에서 그대로 용변을 보며 한 달이 넘게 항해해야 했다. 중간에 상황을 점검하기 위해 문을 열면 노예들이 그 틈을 비집고 나와 바다에 뛰어들어 삶보다 죽음을 선택할 정도로 그들은 인간 이하의 대우를 받았다. 아프리카에서 아메리카 대륙으로 이동하는 중간에 사망률이 무려 45.8퍼센트에 달했고 시신은 모두 바다에 던져졌다.

그렇게 무사히 바다를 건너 땅에 발을 디디면 노예생활의 시작이다. 노예가 되었다고 상상해보라. 쇠사슬에 묶인 채 수많은 다른 이들과 함께 좁은 공간에 갇혀 있는 모습을 조용히 떠올려보라. 그렇게 시간이 어떻게 흐르는지도 모르는 나날을 보내다가 끌려 나가 노예를 사고파는 시장판에 무릎이 꿇린 채 주인을 기다려야 할 것이다. 약해 보여서 팔리지 않으면 노예상은 당신에게 다가와 일부러 몸에 상처를 내고 기름을 칠한다. 아파도 울 수 없고, 죽고 싶어도 죽을 수 없는 나날을 보내게 된다. 배에서 바다로 뛰어들지 못한 것을 후회할 수도 있다. 이제 당신이 삶을 마감할 수 있는 유일한 방법은 노예 소유자에게 맞아 죽는 것뿐이니까.

오늘 아침 혹은 과거 당신이 아이를 향해 분노를 폭발했던 어느 순간을 떠올려보라. 그리고 앞에 쓴 노예의 삶에 감정이입해보라. 제대로 감정이입이 되지 않으면 노예 관련 영화를 하나 보는 것도 좋다.

다짜고짜 아이에게 신경질적으로 말하고, 아이가 빠르게 이해하지 못하고 게으름을 피운다고 뒤통수를 치며 명령하는 모습이 노예를 대하는 주인의 행동과 닮았다고 생각하지 않는가? 그 고통을 스스로 느끼고 싶다면 '내가 직장에서 이런 대우를 받으면 기분이 어떨까?'라는 상상을 해보라. 직장에서 받아도 분노가 치밀어 오르는 대우를 가족에게 받았다고 생각하면 얼마나 가슴이 아플까? 야단치는 방법이 아이에게 아무 도움이 되지 못한다는 사실을 알면서도 왜 당신은 효과도 없는 행동을 반복하는가?

지금, 당신 앞에 선 작은 아이가 어떤 마음으로 당신을 바라보고 있는가? 마음대로 분노하고, 마음대로 명령하고, 마음대로 진로를 정해주고, 마음대로 학원에 보내고 있다면, 그것이 아무리 좋은 의도에서 시작한 일이라도 멈추어라.

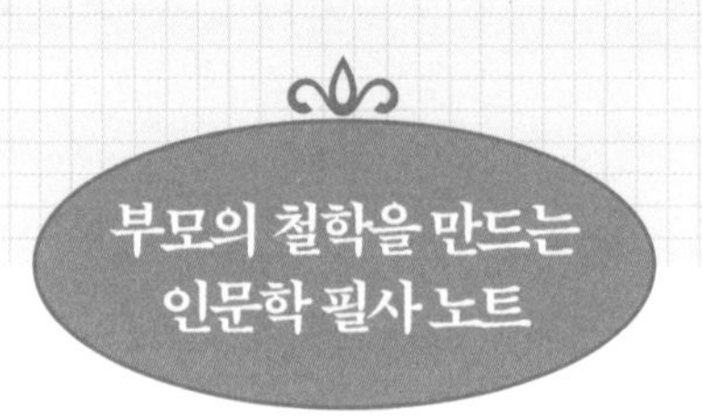

5. 부모의 내면, 존재 자체로 충분한 빛나는 사람

내가 살아가는 공간 주변에서
행복과 기쁨을 발견하는 것은 어려운 일입니다.
그러나 내가 살아본 적도 없는 먼 곳에서
행복과 기쁨을 발견하는 것은 아예 불가능한 일이죠.
가장 좋은 해답은 언제나 가까이에 있습니다.
그것을 찾는 것이 쉬운 일은 아니지만,
가치가 충분한 귀한 일이니 포기하지 않겠습니다.

부모 교육 포인트

가정과 직장만을 위해 자기 삶을 모두 바친 사람은 결국 후회라는 지점에 서게 됩니다.
"내가 이렇게 다 바쳤는데, 이런 대우를 받다니!"
무엇보다 자신을 사랑하는 게 우선입니다. 자신을 향한 뜨거운 사랑이 흘러 넘쳐서 그것이 아이와 가정 그리고 직장에도 닿는 인생을 살아야 나중에 후회하지 않는 균형 잡힌 삶을 완성할 수 있어요. 단단한 내면과 거기에서 흘러나오는 지성이 필요합니다. 스스로 자신의 매력을 발견하지 못한다면, 외부에서 얻은 어떤 것에도 만족할 수 없기 때문입니다.

• • •

세상에 흔들리지 않는 홀로 강한 아이로 키우는 법

우리는 보통 요리를 시작할 때 다양한 식재료를 앞에 두고 먹음직스러운 결과물을 먼저 상상한다. 그리고 과정 하나하나를 차례대로 머릿속에 그린다. 교육도 마찬가지다. 교육을 하기에 앞서 교육에 대한 정의와 과정, 결과를 생각해봐야 한다. 이렇게 질문해보라.

"교육이 인간에게 줄 수 있는 가장 큰 선물은 뭘까?"

위대한 교육을 받아 위대한 삶을 살았던 많은 사람은 입을 모아 이렇게 말한다.

"자제력이다."

자제력은 내 아이에게 이런 것을 가져다준다.

- 자기의 운명을 스스로 개척하며 살아갈 수 있게 한다.
- 사는 데 급급하기보다는 당당하게 살아갈 수 있게 한다.

자녀교육의 선구자 루소Jean-Jacques Rousseau도 동의하며 이렇게 말했다.

"좋은 일이든 나쁜 일이든, 슬픈 일이든 기쁜 일이든 그것을 잘 견뎌낼 줄 아는 사람이야말로 가장 훌륭한 교육을 받은 사람이다."

그리고 자제력을 기를 수 있는 방법을 간단하게 소개했다.

"진짜 교육은 지시가 아니라 실천으로 이루어진다. 그러므로 제대로 된 교육을 하기 위해서는 오직 한 사람의 선생만이 필요하다. 바로 아이의 부모인, 당신이다."

그의 말처럼 자제력 교육은 일단 부모가 먼저 삶으로 보여줘야 한다. 자기 삶도 제어하지 못하는 사람이 어찌 자식에게 '네 삶을 제어하라'고 말할 수 있겠는가. 이때 중요한 게 '살'과 '술' 그리고 '담배'다. 요즘 아이는 살에 굉장히 민감하다. 술과 담배도 마찬가지다. 너무 과하게 그것을 즐기는 부모 밑에서 자란 아이는 "나는 나중에 어른이 돼도 과식하지 않고, 술이랑 담배는 쳐다보지도 않을 거야"라고 말하며 그것을 즐기는 부모를 은근히 비난한다. 부모가 먼저 그것들을 정복해야 한다.

술과 음식 조절에 실패한 사람이 자주 하는 변명이 있다.

"세상이 나를 돕지 않아."

"사회생활을 하다 보면 어쩔 수 없잖아. 먹을 수밖에 없었어."

두 문장을 연결하면 '세상이 나를 돕지 않아서, 어쩔 수 없이 먹게 되었다'라고 할 수 있다.

이유는 다양하지만 결국 세상 탓이다. 나는 정말 굳게 다이어트를 다짐했지만, 내 마음과 다르게 주변에 음식이 가득하고, 같이 일하는 사람이 '먹고살자고 하는 짓인데'라고 유혹해서 원만한 사회생활을 위해 어쩔 수 없이 먹었다고 변명한다.

글쎄, 과연 그럴까?

정말 그렇다고 해도 이제 타인의 눈치를 보는 그 삶에서 벗어날 필요가 있다. 당신에게는 당신을 바라보며 사는 아이가 있기 때문이다. 아이에게 자기 삶을 제어할 수 있는 멋진 부모로 보이고 싶다면 이전과는 다른 선택을 해야 한다.

'텔레비전 시청, 군것질, 폭식, 폭음, 흡연, 막말, 분노, 비도덕적인 행동과 험담'.

이 모든 항목을 제어하려면 엄청난 자제력을 필요로 한다. 시대를 이끌었던 정신적인 스승과 지적인 거장은 거의 모두가 위에 나열한 것들을 극도로 자제했다. 그들이 자제할 수 있었던 이유는 다음 세 가지 수칙을 지켰기 때문이다.

1. 금지한 것을 의식적으로 멀리하지 않고 곁에 둔다

무엇이든 제어할 수 있는 사람은 거리에 상관하지 않는다. 보통 다이어트나 금연, 금주 등을 결심하면 음식과 담배, 술을 되도록 멀리 둔다. 집에 있던 술과 담배는 아예 쓰레기통에 버리기도 한다. 만약 정신적 스승과 지적인 거장이 지금 당신 곁에 있다면 이렇게 충고할 것이다.

"금연을 결심하고 일주일 내내 술 약속을 잡아라."

사실 흡연자에게 음주는 독약이다. 하지만 진짜 금연에 성공하고 싶다면 음주를 하면서도 가능하다는 믿음을 자기에게 보여주어야 한다. 옆에서 아무리 담배를 권유해도, 술에 취해 자제력을 잃어도 참을 수 있어야 한다.

다이어트도 마찬가지다. 굳이 음식을 멀리 두지 마라. 늘 있던 그 자리에 두되 먹지 않는다. 그게 바로 유혹과의 전쟁에서 이기는 방법이다. 어차피 밖으로 나가면 널린 게 음식이고 담배다. 집에서 견딜 수 있어야 밖에서도 유혹에 빠지지 않고 자제할 수 있다.

2. 일희일비하지 않는다

순간순간 닥쳐오는 상황에 따라 감정의 기복이 굉장히 심한 사람이 있다. 미친 사람처럼 기뻐했다가 갑자기 슬퍼했다가 또다시 기뻐하며 웃는다. 이런 사람은 자제력을 키우기 어렵다. 자기감정조차 자제를 못하기 때문이다. 그들은 다이어트를 결심했다가 한순간 제어하지 못하고 폭식을 하게 되면 "에이, 그냥 다 먹어버리자!"라고 외치며 아예 다이어트 자체를 포기한다.

우리는 '나는 내 마음에 질 수 있다'라는 사실을 인정해야 한다. 마음의 시중을 드는 일은 굉장히 불행하지만, 가끔 그렇게 될 수도 있다는 여지를 남겨둬야 한다. 그러면 마음이 편안해진다.

기업도 마찬가지다. 한 번 실수했다고 프로젝트 자체를 아예 멈추는 기업은 없다. 아침에 나를 제어하지 못했다면, 점심에 제어하면 된다는 생각으로 자제력을 길러나간다. 가능한 수를 생각해야지 불가능한 수만 떠올려서는 안 된다.

3. 내 삶을 완성하는 모든 힘은 자제력에 있다

강력한 자제력을 가졌다는 것은 내 몸과 마음의 주인이 된다는 의미다. 그래서 자제력을 기른다는 것은 일종의 가능성을 키우는 일이다. 세상의 모든 일을 자제력만으로 이룰 수는 없지만, 자제력 없이 이뤄진 일은 없다. 우리는 자제력으로 내 삶에 찍힌 '불가능이라는 낙인'을 지우고, 삶의 모든 곳에 '가능성이라는 도장'을 찍을 수 있다. 힘들 때마다 자기에게 이렇게 말하라.

"나는 자제력으로 세상을 바라보는 부정적인 시선을 긍정적으로 바꿔 나가고, 거짓된 삶에서 벗어나 진실한 삶을 살게 될 것이다."

내가 나를 자제하지 못하면 세상이 나를 제어한다. 폭식과 폭음을 하면 의사가, 비도덕적인 행동을 하면 법이, 막말을 하면 평판이 나를 제어한다. 쉽지 않은 일이지만 힘들 때마다 당신을 바라보는 사랑스러운 아이의 얼굴을 떠올려라. 그리고 이렇게 외쳐라.

"나를 유혹하는 것들 안에서 자유롭다는 건 얼마나 아름답고 통쾌한 일인가."

사실 모든 것을 적당히 즐기며 사는 게 가장 좋은 방법이다. 정기적으로 다이어트를 하고, 금연과 금주를 걱정하기보다는 평소에 적당한 수준에서 자신을 제어하는 게 가장 현명한 사람의 모습이다.

의식 있는 사람이라면 콜라, 소시지, 피자, 햄버거 등 세상이 좋은 식품이 아니라고 규정한 것들을 아이에게 먹이지 않아야 한다고 생각하는 부모가 많다. 그런데 사실 이런 극단적인 원칙은 아이의 교육에 부정적인 영향을 미친다. '이건 나쁜 식품이고 저건 좋은 식품이야'라는 잣대는 너무 폭력적이기 때문이다. 완전하게 나쁜 사람도 없고, 완전히 좋은 사람도 없는 것처럼 식품도 마찬가지다. 그걸 즐기는 나름의 이유가 있고, 때에 따라서는 어떤 음식과 가장 균형이 맞는 좋은 파트너가 되어주기도 한다. 아예 금지하고 나쁘다고 말하기보다는 적당하게 즐기도록 교육하는 게 좋다.

콜라와 소시지, 피자, 햄버거 등의 음식은 중독성이 강하기 때문에 몸에서 자꾸 '그걸 당장 먹어'라는 신호를 보낸다. 이때 아예 금지하기보다는 아이와 함께 의논해서 일주일에 한 번이나 특별한 날에만 즐길 수 있게 하는 분명한 원칙을 세우고 그걸 철저하게 지키면 교육적인 효과도 얻고 건강도 유지하게 된다.

무작정 금지하는 사람은 하수고, 곁에 두고 제어하며 즐길 줄 아는 사람은 고수라 할 수 있다. 금연을 결심하고 있던 담배를 모두 잘라버리는 사람은 결국 다시 담배를 사서 피우게 된다. 진짜 금연에 성공하는 사람은 곁에 담배가 수북이 쌓여 있어도 개의치 않고 자기 결심을 지켜낸다.

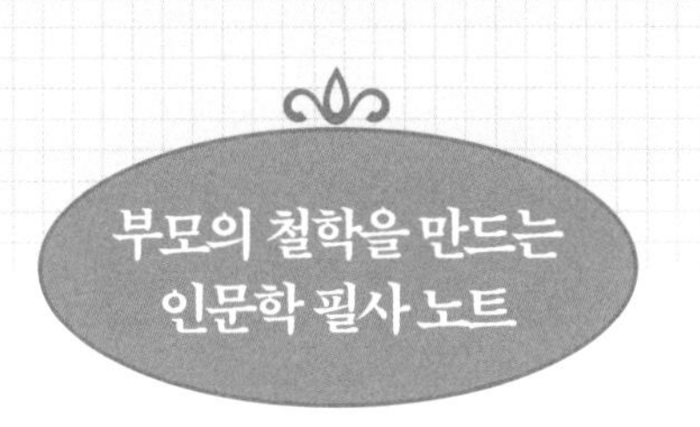

6. 부모의 일상, 아이에게서 보고 싶은 것을 스스로 보여주기

모든 부모는 아이가 행복하기를 바랍니다.
그런데 정작 자신의 행복에 대해서는 무관심하죠.
부모가 일상 곳곳에서 사소한 행복을 누리며
마음껏 즐기는 표정을 보여줄 때,
아이는 그런 부모에게 행복의 기술을 배웁니다.
내가 먼저 행복해지겠습니다.
그 행복이 곧 아이를 찾아갈 테니까요.

부모 교육 포인트

아이에게 무엇을 주고 싶은가요? 스스로 주도해서 하나를 시작하는 '힘', 끝까지 포기하지 않고 해내는 불굴의 '의지', 뭐든 하고 싶다고 생각하면 시작하는 '자신감'. 이렇게 힘과 의지 그리고 자신감을 주고 싶다면, 부모가 먼저 주려는 그것을 보여주면 되죠. 부모가 일상에서 보여주면 아이는 저절로 깨닫게 됩니다. 그것이 바로 양육과 교육을 관통하는 신성한 본질입니다.

내게 아이가 있다는 건 기적이다
아이가 내 사소한 행동으로
다른 삶을 살게 된다는 건 기적이다
나는 매일 기적을 목격하는 사람이다
부모는 기적을 만드는 사람이다
세상의 모든 기적은 내 안에 있다

2부

제가

齊家

부모를 위한
최소한의 인문고전 교육

1장

세상에서 가장 완벽한 교육 조건

세상에서 가장 멋진 일을 하는 그대에게

세계적인 투자자 짐 로저스Jim Rogers는 최근 한 인터뷰에서 이렇게 경고했다.

"한국 청년들이 사랑하는 일을 찾지 않고 안정적인 공무원이나 대기업 취업에만 혈안이 된다면, 한국은 5년 안에 그간 쌓아온 모든 경쟁력을 잃고 몰락의 길을 걸을 것이다."

실제로 짐 로저스는 최근 한국 투자를 접었다.

그는 한국의 문제로 "너만의 꿈을 가져라!", "모두 우리 잘못이다"라고 말로만 외치면서, 정작 자신은 가장 안정적인 곳에서 움직이지 않고 달콤한 말로 인기를 얻어 구차하게 먹고사는 어른을 꼽았다. 또 "한국 청년이 새롭게 도전하는 데 있어 최대 걸림돌은 누구입니까?" 라는 질문에는 놀랍게도 '한국 부모'를 꼽았다. 다양한 꿈을 꿀 나이에 공무원에 도전하게 한 부모의 잘못된 교육 방향을 지적한 것이다. 안타깝게도 그의 말은 사실이다.

'집에서 애나 봐라'라는 말이 있다. 직장이나 사회에서 혹은 가정에서도 여자가 무언가를 잘못하거나 흠 잡힐 일을 저지르면 어김없이 분노하며 "애나 보고 있지 뭐하러 나왔어!"라고 외친다. 그들 자신도 누군가의 부모이면서 아이를 양육하고 교육하는 일을 사소하게 생각한다. '애나'라는 말을 조심하라. 부모가 아이를 어떻게 생각하느냐에 따라 귀함의 무게가 결정되기 때문이다. 아이를 돌본다는 것은 세상에서 가장 창의적이며 매력적인 일이고, 웬만한 기업을 이끄는 것보다 귀하며 생산적이다. 아이가 커서 공무원이 되거나 대기업 직원이 되기를 바라는 부모의 마음속에는 '네가 그게 아니면 어떻게 먹고 살겠니?'라는 아이의 가능성을 인정하지 않는 관점이 녹아 있다. 아이를 믿기 때문에 그것을 강요하는 게 아니라, 믿지 않기 때문에 안전장치를 마련하는 것이다.

아이는 부모가 상상하는 만큼 성장한다. 그래서 부모교육이 필요하다. 누구나 부모가 될 수 있지만, 누구도 부모로 태어나지는 않았다. '여자'와 '남자'로 태어난 사람이 결혼한 이후 아이를 만나 '부모'라는 역할을 맡게 된 것이다. 부모에게도 공부가 필요할 때가 있다. 언제나 그렇지만 때를 놓치면 남는 건 후회뿐이다. 후회하는 순간이 가장 빠른 때라는 건 그저 위로다. 가장 좋은 때에 가장 좋은 질문을 던지지 못하면, 가장 좋은 순간은 다시 오지 않는다.

자녀교육을 하기에 앞서, 부모는 자신을 교육해야 한다. 아이에게 무언가를 가르치고 함께 성장해나간다는 것은 세상 무엇과도 비교할 수 없는 위대한 일이다. 그 위대한 일을 해낼 수 있도록 만들어야 한다. 아버지의 천재교육으로 성장한 존 스튜어트 밀은 이렇게 말했다.

"내 아버지는 자녀를 교육하기 힘든 환경에 있었다. 다른 부모처럼 밤낮으로 일을 해야 했으며, 추가로 저술 활동도 했다. 하지만 아버지는 일을 완벽하게 하면서 나를 교육하는 것도 잊지 않았다. 아니, 그 모든 것을 완벽하게 해냈다."

그는 아버지의 생에는 놀라지 않을 수 없는 두 가지 일이 있었다고 말하며, 하나는 불행히도 흔히 있는 일이고 또 하나는 가장 보기 드문 일이라며 이렇게 소개했다.

"전자는 신문이나 잡지에 투고해서 얻는 불확실한 수입밖에 없는 처지에 결혼을 해서 많은 식구를 거느리게 되었던 일이다. (중략) 놀라지 않을 수 없는 것은 맨 처음부터 그가 겪어야만 했던 여러 불리한 조건과 또 결혼으로 말미암아 생긴 다른 힘든 여건 속에서 그와 같은 비상한 생활을 해내는 데 필요했던 비상한 정력이다. 여러 해 동안 순전히 글 쓰는 것만으로 빚지지 않고 또 아무런 경제적 어려움 없이 자신과 가족을 부양했다는 것은 그것만으로도 작은 일이 아니다."

존 스튜어트 밀의 아버지처럼 아들을 완벽하게 교육하고 싶다면, 넉넉하지 않은 수입으로 가족을 부양해야 했던 그의 마음을 이해하는 게 우선이다. 그다음에는 삶을 대하는 태도를 살펴봐야 한다.

그는 이런 마음으로 살았다.

- 어떤 치명적인 유혹도 내 신념에 반하는 글을 쓰게 할 수 없다.
- 어떤 상황에서도 모든 글에 한결같이 굳은 신념을 쏟아 넣는다.
- 무슨 일이든지 아무렇게나 해치우지 않고 어떤 일을 하든 그것을 훌륭하게 마치는 데 필요한 온갖 노력을 기울인다.

실제로 그는 무거운 짐을 지고도 대작《영국령 인도사》를 '기획'하고, '시작'하여, '완성'하였다. 방대한 내용을 담은 이 저술은 약 10년에 걸쳐 쓰였는데, 존 스튜어트 밀은 "10년이라는 세월은 이만한 부피의 다른 어떤 역사책이나, 이만큼 독서와 연구를 요하는 다른 어떤 저술을 해내는 데 필요한 세월치고는 짧은 기간이었다"라고 평가했다.

그리고 이렇게 덧붙인다.

"다른 일은 전혀 하지 않고 오직 글만 써도 '10년'이라는 기간 내에 이 책을 완성하기란 쉽지 않을 것이다."

하지만 밀의 아버지는 아들을 완벽하게 교육하기 위해서도 많은 시간 노력했다.

- 거의 매일 가장 많은 시간을 아들 교육에 썼다.
- 수많은 일이 그를 괴롭혔지만 아들의 내일을 생각하며 견디고 인내했다.
- 자기의 생각과 계획대로 최고 수준의 지적 교육을 실천하려고 노력했다.

존 스튜어트 밀의 아버지가 보통 사람은 실천하기 힘든 일상을 반복할 수 있었던 근본적인 힘은 '시간을 아끼고 절대로 낭비하지 않겠다'는 원칙이 있었기 때문이다. 자기 생활에서 무언가를 엄격하게 지켜나간 사람이 자녀를 교육함에 있어 같은 규칙을 굳게 밀고 나간 것은 당연하다.

물론 그처럼 굳은 신념으로 아이를 교육하는 건 쉽지 않다. 그래서 우리는 아이를 향한 마음이 흔들릴 때마다 자기에게 이런 질문을 해야 한다.

"왜 교육을 받아야 하는가?"

"교육이란 무엇인가?"

"왜 공부를 잘해야 하는가?"

"왜 학원에 가야 하는가?"

"무엇이 우리를 스스로 공부하게 하는가?"

내가 이 책을 쓰는 내내 스스로에게 한 질문들이다. 긴 시간 치열하게 묻고 답하며 이제는 그 답을 찾았다고 생각해서 이렇게 책을 엮어 세상에 내보낸다. 물론 내 생각과 연구가 정답이라고 말할 수는 없다. 우리는 모두 서로 다른 환경에서 다른 것을 보고 들으며 살기 때문이다. 중요한 건, 내 생각을 읽고 그냥 책을 덮지 말고 이번에는 당신이 내가 치열하게 고민한 위의 다섯 가지 질문에 답해보는 것이다.

"그 질문을 겪어라."

겪어야만 답이 보인다. 좋은 답을 얻고 싶다면, 더 오래 깊게 겪어라. 길고 지루한 과정일 수도 있다. 하지만 당신은 그 과정을 통해 아이에게 맞는 가장 훌륭한 교육법을 찾아낼 수 있다. 부모가 가장 행복할 때는 언제일까?

아마도 아이 행동이 굉장히 인격적이고 그것이 바로 부모를 그대로 따라 한 것일 때일 수 있다. 반대로 가장 불행한 순간은 부모의 비인격적인 행동을 그대로 따라 할 때다. 서점에 가보면 이런 제목을 달고 나온 책이 많다.

'청소년을 위한 공자, 맹자, 논어'

부모도 알고 있다, 정말 중요한 건 그 책을 아이에게 사서 읽히는 게 아니라 그 책처럼 사는 모습을 보여주는 거라는 사실을. 하지만 그렇게 사는 게 너무나 힘들고 예전처럼 편안하게 내 맘대로 살았던 시절을 벗어나고 싶지 않기 때문에 자기의 삶 대신 따라 하기 힘든 공자와 맹자의 삶을 보여주는 것이다. 그러고는 자신은 한 번도 흉내조차 내지 못했던 삶을 아이에게 강요한다.

"너는 왜 그러니? 책을 읽고도 그렇게 행동하면 어떡하니!"

아이도 다 알고 있다. 다만 아이는 부모보다 작고 힘이 없기 때문에 직접적으로 말하지 못할 뿐이다. 지금 아이의 표정을 한번 살펴보라. 당신에 대한 분노와 부모조차 따라 할 수 없는 삶을 강요받는 데서 오는 억울한 감정이 그대로 느껴지지는 않는가?

다른 모든 일에는 핑계가 있겠지만, 중심에 당신의 아이가 있다면 어떤 핑계도 핑계가 될 수 없다. 상황이 아무리 좋지 않아도 간절함이라는 무기만 있다면 모든 걸 시작하고 변화시킬 수 있다.

공교육이든 사교육이든, 세상에는 좋은 교사가 많다. 하지만 어떤 교사도 부모 그 이상이 될 수는 없다.

그들은 돈을 받고 아이를 가르치지만, 부모는 돈을 주며 아이를 가르친다. 교사는 1년이 지나면 아이를 떠나고, 사교육 교사는 입금이 되지 않으면 아이를 떠난다. 하지만 부모는 절대 아이 곁에서 떠나지 않는다.

그래도 이해가 되지 않는다면 이 한마디면 모든 게 분명해진다.

"아이는 자신을 사랑하고 믿는 사람에게 교육받기를 원한다."

아이를 사랑하는가? 누구보다 아이의 가능성을 믿고 있는가? 그렇다면 이제 당신이 나서라.

아이는 어떻게 악마가 되는가

인터넷에서 이런 글이 유행한 적이 있다.

〈부모에게 혼날 때〉

눈을 바라보면, 뭘 잘했다고 똑바로 봐!

고개를 숙이면, 엄마 제대로 안 봐!

대답 안 하면, 왜 대답을 안 해!

대답을 하면, 뭘 잘했다고 말대꾸야!

울면, 뭘 잘했다고 울어!

웃으면, 본격적으로 맞음.

아이 입장에서는 '도대체 어쩌라는 거지?'라는 마음이 절로 든다.

이런 상황이 반복되는 이유는 아주 간단하다. 부모가 자기 분노를 다스리지 못하기 때문이다.

아이에게 말을 할 때는 반드시 목적에 충실해야 한다. 그리고 '아이의 마음을 자극하지 않는다'라는 생각을 기본 원칙으로 삼고 다가가야 한다.

방에서 뭔가를 만들다가 풀을 찾는 아이에게 "너, 엄마가 분명히 제대로 정리하라고 했지! 도대체 어디에 둔 거야!"라고 응수하는 건 교육이 아니라 자기 분노를 표출하는 것밖에 안 된다. 분노의 감정을 말끔하게 제거했다면 "한번 잘 생각해봐, 마지막으로 풀을 둔 장소가 어딘지"라는 말이 나와야 한다. '엄마가 수백 번 말했지!', '도대체 정신을 어디에 두고 다니는 거야!'와 같은 말은 그저 분노에 가득 찬 외침에 불과하다.

아이 입장이 잘 이해가 되지 않는다면, 이 이야기의 장소를 직장으로 바꿔 생각하면 된다. 업무적으로 메일을 보낼 때 "제가 분명히 지난번 통화할 때 월요일까지 의견을 달라고 말했을 텐데요. 왜 아직 소식이 없는 거죠?"라고 쓰면, 아무리 나이가 어리고 직급이 낮은 상대일지라도 바로 분노의 감정이 생기게 된다. 쓸데없는 분노와 분쟁의 요소를 만들고 싶지 않다면 "의견을 아직 주지 않았는데 혹시 잊고 있었다면 바로 부탁합니다"라고 써야 한다.

아이를 대할 때는 더욱 세심하게 자기 분노를 관리해야 한다. 아무리 옳은 말이라도 그 속에 분노가 들어 있다면 빼는 게 좋다. 분노로 해결할 수 있는 일은 없다.

분노하지 않고 언제나 차분함을 유지하는 아이는 분노하지 않는 부모 밑에서만 나올 수 있다.

게다가 분노는 폭력으로 이어질 가능성이 높다.

'우리나라 청소년 중 54.3퍼센트가 가정폭력을 당한 경험 있어.'

2016년 7월, 전국의 청소년 1,000여 명을 대상으로 실시한 가정폭력에 대한 조사에서 놀라운 결과가 나왔다. 코피가 나거나 몸에 멍이 들 정도의 신체적 피해를 입은 청소년도 적지 않았다. 전문가들은 '가정폭력으로 인해 가출 또는 학업 중단을 한 청소년 사례까지 포함한다면 이 수치는 더욱 높아질 것'이라고 경고한다.

물론 이견의 여지는 있다.

'회초리로 손바닥이나 엉덩이를 때렸다'라고 답한 아이에게 "그건 혼내는 거지 가정폭력은 아니지 않나?"라고 항변할 수도 있다. 사실 자녀교육에 정해진 방법도, 왕도도 없다. 그래서 충분히 같은 상황에서도 다른 생각을 할 수 있다. 폭력이라고 생각할 수도, 단순한 훈계라고 여길 수도 있다.

하지만 '당신은 생각만큼 관대하거나 온화하지 않다'는 사실을 알아야 한다. 그걸 스스로 아는 것과 모르는 것은 차이가 크다. 전자는 반성하고 언젠가는 아이와 제대로 소통할 일말의 가능성을 갖지만, 후자는 모든 것을 아이 잘못으로 돌린 채 자신은 '어떤 잘못도 없는 천사'라고 생각할 여지가 높기 때문이다.

각박한 현실에서 살기 때문에 거의 모든 사람에게는 '분노조절장애'라는 병이 있다고 한다. 하지만 나는 그 의견에 동의하지 않는다.

내가 볼 때, 현대인은 자기의 분노를 아주 잘 조절한다. 다만 자신보다 힘이 약하거나 낮은 자리에 있다고 생각하는 사람을 마주할 때만 가끔 조절하지 못한다. 참 이상하게도 그럴 때마다 많은 사람이 자기의 분노를 조절하지 못하고(않고) 마음껏 분출한다.

자녀교육 부분도 마찬가지다. 부부가 처음 아이에게 다가갔을 때의 목적은 교육을 잘하자는 것이었다. 하지만 화가 나고 분노가 타오르면 처음 목적은 잊고 아이에게 고통을 줘야겠다는 생각만 든다. 물론 당신은 인정하기 힘들겠지만, 아이 눈에는 그렇게 보인다. 거기서 끝나는 게 아니다. 부모 중 한 명이 분노하면 결국 부부싸움으로 번진다. 너무 심하게 혼내는 것 같아서 "차분하게 좀 해, 아이가 노예도 아니고 왜 그렇게 흥분하는 거야?"라고 충고하면서 다툼이 시작된다.

그 이유는 간단하다. 남이 하면 심해 보이고, 내가 할 때는 정당하게 느껴지기 때문이다.

간혹 화를 내는 아이에게 오히려 더 화를 내는 부모가 있다. 하지만 이런 방법은 아이의 감정에 큰 상처를 주며 아이는 겁을 먹고 '세상은 결국 덩치 크고 목소리가 큰 사람이 이기는구나'라는 생각을 하게 된다. 그리고 배운 것을 다음날 학교에서 실천한다.

내 안의 분노 버튼이 눌러졌다는 생각이 들면 스스로 분노를 가라앉히려는 노력을 해야 한다. 분노로는 아무것도 변화시킬 수 없기 때문이다. 분노의 불길이 일어나면 이성이 고개를 숙인다. 무엇을 던지거나, 음악을 크게 틀거나, 술을 마시는 대신, 조용히 앉아서 자기 행동을 돌아보라. 그리고 바둑에서 복기를 하는 것처럼, 당신의 행동과 아이가 어떤 표정을 지었는지 돌아보라. 시간을 돌릴 수 있다면, 어떻게 했어야 했는지 반성하라.

사실, 분노한 상태의 자신을 기억하기란 쉽지 않다. 좋은 방법이 하나 있다. 아이에게 하는 말과 행동을 녹음하고 녹화해서 봐라. 아이를 바라보는 당신의 눈에서는 분노가, 당신을 바라보는 아이의 눈에서는 두려움이 보일 것이다. 니체는 "악마와 싸울 때 악마처럼 변해가는 걸 조심해야 한다"는 말을 했다. 물론 우리는 악마가 아니다. 하지만 부모가 철저하게 준비하지 않고 아이에게 다가서면, 생각처럼 교육이 잘되지 않는 아이의 모습에 스트레스를 받아 분노하게 되고, 그 분노가 결국 사악한 악마를 만들어버리는 광경을 나는 자주 목격했다.

서툰 분노는 최악의 결과를 가져온다.

적절한 때, 적절한 분위기에서 분노해야 긍정적인 효과를 얻을 수 있다. 부모가 아이를 상대로 화를 폭발시키면 아이는 반성하기보다 부모의 분노를 피할 방법만 찾게 된다. 더 잔머리를 굴리고, 더 많은 거짓말을 하고, 나쁜 행동에 대한 변명을 더 늘어놓게 된다.

'너는 대체 커서 뭐가 될 거니!'

'네가 지금 한 행동은 나쁜 놈들이나 하는 거야!'

'성적이 이게 뭐야, 바보 같은 놈!'

이런 표현을 바꿔라.

'엄마가 지금 얼마나 기분이 나쁜지 아니?'

차분함이 느껴지는 표현을 하라. 화살이 아이가 아니라 내 가슴을 향하게 하라. 아이 입장에서는 자신을 겨눌 때는 반항심이 일어나지만, 반대로 화살이 부모를 향하면 '부모님 마음이 많이 아프시구나, 아프시지 않게 하려면 어떻게 해야 할까?'라는 고민을 하며 자기의 잘못된 행동을 스스로 고쳐나가게 된다.

물론 분노 조절은 정말 어려운 일이다. 이론에만 충실한 세상의 거의 모든 아동 교육 전문가들은 이렇게 말한다.

"자녀에게 혼란을 주지 않기 위해서는, 부모의 말과 행동에 원칙과 기준이 있어야 합니다."

맞는 말이다. 부모가 자기 기분에 따라 자꾸만 원칙을 바꾸면 아이는 혼란스러워질 수 있다. 하지만 대체 어떤 부모가 감정을 그렇게 자유자재로 통제할 수 있겠는가? 직장에서도 불가능한 그것을 가정에서 참고 조절할 수 있을까?

분노할 수도 있고, 미운 감정이 들 수도 있다. 중요한 건 일관된 말과 행동이 아니라, 아이를 대하는 마음 중심에 자리 잡고 있는 사랑이다. 부모가 직장에서 얼마나 고생하고 있는지, 집에 돌아와 힘든 몸으로 부모의 의무를 다하기 위해 얼마나 분투하고 있는지 아이도 다 안다. 부모의 손길 하나하나에 사랑이 묻어 있기 때문이다. 사랑이 그렇게 뜨거운데 어찌 그 온도를 느끼지 못하겠는가. 중요한 건 일관성보다 사랑이다.

'분노가 나를 공격해도 사랑하는 사람은 길을 잃지 않는다.'

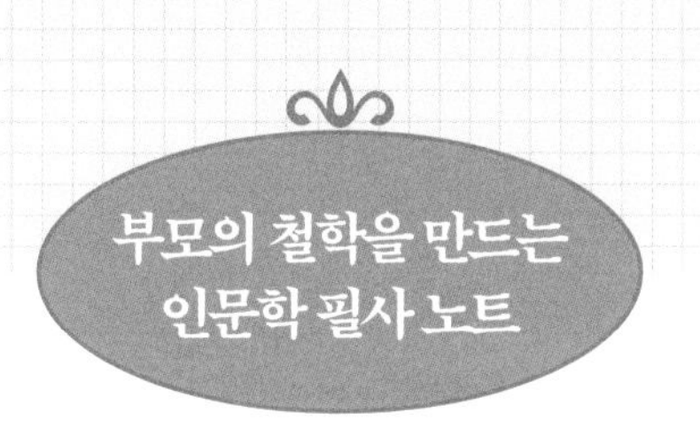

7. 부모의 역할, 아이를 소유하지 않고도 마음에 담는 일

아이가 어떤 상황에서 어떤 잘못을 했어도,
이유를 묻기 전에 먼저 꼬옥 안아주고 시작하겠습니다.
결과를 묻기 전에 과정을 바라보고,
해결책을 찾기 전에 눈물을 먼저 닦아주겠습니다.
아이는 풀어야 하는 숙제가 아니고,
한 번이라도 더 안아야 하는 소중한 존재입니다.
잘못을 묻기 전에 안아줄 수 있는 부모가 되겠습니다.

부모 교육 포인트

아이들에게 생기는 문제는 강요나 억압으로 풀 수 없습니다. 그래서 부모가 가져야 할 첫 덕목은 자신의 역할을 아는 것이지요. 지적인 영역의 일은 배우면서 고치고 수정할 수 있지만, 순서가 틀리면 어떤 지성의 대가도 원하는 지점에 도착할 수 없습니다. 부모가 자신의 역할을 제대로 알게 되면 아이들을 소유하지 않고도 마음에 담을 수 있고, 통제하지 않고도 아름답게 이끌 수 있죠.

• • •

부모를 위한 치유의 글쓰기 일곱 단계

글쓰기 수업을 통해 기술적인 부분의 성장은 이룰 수 있지만, 영혼의 눈을 감게 할 정도로 깊이가 다른 한 줄을 쓸 능력은 얻지 못한다. 위대한 정신을 가진 작가만이 위대한 글을 쓸 수 있다. 마찬가지로, 위대한 정신을 가진 부모만이 아이를 위대한 정신을 가진 사람으로 성장시킨다.

위대한 정신을 소유하기 위해서는 일단 내 안에 있는 상처와 마주해야 한다. 그래야 비로소 당신은 사람으로 태어날 수 있다. 몸의 나이는 껍데기다. 음식만 잘 먹이면 아이는 저절로 자란다. 우리가 원하는 게 그건 아니지 않는가? 고결한 정신을 소유한 마음의 어른이 되어야 한다. 내 상처를 마주한 순간, 나는 한 살이다. 내 안의 상처를 마주하지 못한 사람은 상처를 안고 살기 때문에 결국 평생 아플 수밖에 없다. 아픈 이유를 알 수 없으니 고칠 방법도 찾을 수 없고, 시간이 흐를수록 아픔이 커져 아이처럼 떼를 쓰고 산다. 이유 없이 눈물이 나고, 갑자기 분노가 치밀어 올라 소중한 하루를 망치기도 한다. 한 번도 상처와 마주한 적이 없는 사람이 공통적으로 겪는 일상이다.

많은 육아 전문가는 부모의 분노가 아이의 마음에 상처를 준다고 한다. 그래서 좋은 부모라면 아이 마음이 아프지 않게 해줘야 한다고 조언한다. 하지만 가장 먼저 치유해야 할 대상은 아이가 아니라 부모의 마음이다. 부모의 마음이 맑아야 아이 마음도 맑아지기 때문이다. 존 스튜어트 밀, 율곡 이이, 괴테, 칸트, 세종대왕 등 역사를 이끈 위대한 인물을 키운 거의 모든 부모의 공통점이 무엇인지 알고 있는가?

그들은 뛰어난 자녀교육 전문가이기 이전에 자기 마음을 치유하는 글쓰기의 대가였다.

우리는 모두 살아가며 수많은 상처를 입는다. 그런데도 자기 마음은 돌보지 않고 아이를 걱정한다. 마음에 난 상처가 썩고 곪지만 아이의 삶이 더 중요하다고 생각하며 애써 눈을 감고 자기의 현실을 바라보려 하지 않는다. 아이를 정말 소중하게 생각한다면 먼저 내 마음을 돌봐야 한다. 교육이 피라면 마음은 핏줄이다. 아무리 깨끗한 피도 더러운 핏줄을 통과하면 더러워질 수밖에 없다. 위대한 인물을 키운 부모가 '나를 치유하는 글쓰기'를 통해 매일 자기의 마음과 직면하며, 맑고 투명한 마음을 유지하려 한 이유가 바로 거기에 있다.

자, 이제 그대 마음을 만나보라.

1. 집안일은 잠시 미뤄도 된다

주부는 할 일이 많다. 청소, 빨래, 아이 간식 준비, 설거지, 장보기 등 매일 반복해서 처리해야 할 일이 산더미다. 그래서 늘 글쓰기를 미루게 된다. 하지만 '모든 것을 다 마친 후에 글을 쓰자'는 당신의 생각은 그저 생각으로 끝날 가능성이 높다. 삶의 우선순위를 정하라. 되도록 '나를 치유하는 글쓰기'를 1번으로 정하는 게 좋다. 집안일을 잘 처리해도 정작 중요한 내 마음과 정신이 피폐해져 있다면 무슨 소용인가. 아침에 일어나자마자, 아니면 새벽에 조금 일찍 일어나 글쓰기를 하라. 내가 내 마음을 진실하게 종이에 적었다면 10분이든 30분이든 시간은 중요하지 않다. 글쓰기를 끝낸 후 집안일을 시작하라. 하기 싫고 미루고 싶었던 그 일을 활력이 넘치게 하는 스스로를 확인하며 글쓰기의 매력에 빠져들 것이다.

2. 일단 시작하라

자유시간이 아무리 많아도 선뜻 글쓰기를 시작하지 못하는 가장 큰 이유는 시작부터 머릿속에 자기가 쓰려고 하는 글이 거의 완성되어 있어야만 한다고 생각하기 때문이다. 제목, 주제, 내용이 모두 완벽하게 완성된 후에야 비로소 글쓰기를 시작할 수 있다는 생각을 버려라. 일단 책상에 앉아라. 펜을 잡고 종이에 글을 써라. 문장과 문법은 아예 떠올리지 말고 마음이 내는 소리를 그대로 받아 적어라. 정말 아무 생각도 나지 않는다면 '나는 지금 아무런 생각도 나지 않는다. 종이를 보면 정신이 아득해지기만 한다'라는 당신의 마음을 그대로 적어라. 떨리면 떨린다고 적고, 생각이 나지 않으면 나지 않는다고 적어라. 그게 바로 글쓰기의 시작이다. 누구에게도 고백하지 못한 나의 진짜 마음을 종이에만 보여주는 것이다.

제목을 붙일 필요도 없다. '2017년 9월 3일 오후 3시 15분, 내 마음'과 같은 방식으로 글쓰기를 시작한 시간을 제목으로 써도 된다. 누구에게 보여주기 위함이 아니라, 날것 그대로의 나를 만나기 위함이라는 것을 기억하라.

3. 내용은 쓰면서 생각하라

'툭' 치기만 해도 글이 저절로 나오는 사람은 없다. 단지 그렇게 보일 뿐이지, 모든 작가는 치열한 사색을 통해 한 줄을 써낸다. 달리기를 할 때도 먼 곳을 바라보며 뛰면 금방 지친다. 다리가 닿을 곳을 보며 뛰어야 지치지 않고 내 안의 진짜 실력을 보여줄 수 있다.

글도 마찬가지다. 가장 가까운 기억을 재료로 삼아야 한다. 오늘 아침에 있었던 일과 오늘 저녁에 있을 거라고 예상하는 일을 상상하며 글을 써라. 또 '치유하는 글쓰기'는 당신을 전문 작가로 만들어주는 과정이 아니라, 마음을 치유하는 도구임을 기억하고 마구 끄집어내라. 끄집어내야 마음이 뻥 뚫리고, 보이지 않았던 내 삶의 문제와 직면할 수 있다.

4. 하루 독후감을 써라

'독후감'이라는 단어만 들어도 머리가 지끈거릴 수 있다. 하지만 '하루 독후감'은 조금 다르다. 일반 독후감은 방대한 내용을 논리적으로 간추려야 하기에 힘들지만 '하루 독후감'은 그저 오늘 하루를 보내며 생긴 일을 상황별로 간단하게 쓰면 된다. 아이와 있었던 일을 적다가 갑자기 다른 이야기가 튀어나올 수도 있다. 기억하고 싶지 않은 시댁 이야기라든지, 친구와 있었던 좋았던 이야기 등. 그런 것도 그냥 흐르는 대로 써라. 그 과정을 거쳐야 내가 오늘 느꼈던 고통과 힘들었던 감정을 치유할 수 있기 때문이다.

5. 진짜 나를 불러내라

마음의 상처를 치유하기 위해 과거의 나를 돌아보는 일도 중요하지만 핵심은 현재에 있다는 사실을 잊지 말아야 한다. 끝없이 나를 불러내는 질문을 던져라.

'이게 내가 진짜 원하는 삶인가?'

'거울에 비친 내 모습이 진짜 내 모습인가?'

멋진 인생을 살고 싶었던, 지난날 가졌던 당신의 소망을 포기하지 마라. 나를 치유하는 글쓰기의 목적은 결국 잃어버린 나를 찾는 것이다. 그것은 지금 세계와의 단절이나 고통, 분리를 의미하는 게 아니다. 현재 내가 사랑하는 가족과 친구 등 다양한 상황은 그대로 유지한 채, 현실 세계에 나다운 나를 조금 더 선명하게 끄집어내는 과정이라고 생각하면 된다. 1인칭 주인공 시점으로 오직 나에 대한 이야기만 적어나가라. 감정의 섬세한 변화와 내면 심리를 가장 정확하게 파악할 수 있게 되어 나도 모르는 진짜 내 모습을 발견하는 데 도움이 된다.

6. 내면의 소리에 귀를 기울여라

나를 치유하는 글쓰기에서 가장 중요한 단계다.

바로 홀로 남아 나를 생각하는 시간을 갖는 것이다.

아무도 없는 방에 홀로 남아 서럽게 울어본 적이 있는가? 공개할 수는 없지만, 누구나 그런 경험이 있을 것이다. 타인의 시선에서 벗어나 진정한 혼자가 됐을 때, 가장 감정에 솔직해진 자신을 만난다. 하지만 우울해질 것 같다는 이유로 눈물을 참는 사람도 있다. 우리는 언제나 이 말을 기억해야 한다.

"멀리서 보면 모든 사람이 정상인 것 같지만, 가까이 다가가 보면 모두 비정상이다."

격하게 공감하는 사람이 많을 것이다. 내면에 있는 수많은 나를 만나며 '이건 내가 아닐 거야'라는 감정을 느낄 때도 있겠지만, 그 모습을 거부하지 말고 인정하라. 그게 바로 나의 내면 모습이라는 사실을 외면하지 마라. 누구나 미칠 정도로 고통스러운 일상을 보내고 있다. 그걸 애써 괜찮다고 위로하며 버틸 뿐이다. '나는 괜찮다'라는 장막을 거둬내고 진짜 나를 만나라.

7. 분노를 떠나보내라

'나를 치유하는 글쓰기'를 진행하면서 얻을 수 있는 가장 좋은 점은 아이와 더 가까워진다는 것이다. 내 하루와 감정을 들여다보면서 동시에 아이의 삶을 관찰하게 되기 때문이다. 이를 통해 아이가 하는 말을 더욱 경청하게 되고, 아이가 무엇을 좋아하고 무엇에 실망하는지 정확하게 파악하게 된다. 동시에 인내심도 기를 수 있다. 관찰이란 꽤 오랜 시간을 필요로 하는 기다림이 주는 선물이기 때문이다. 그러면 사소한 언쟁으로 욱하는 상황이 줄어든다. 분노가 사라지기 때문이다. 아이도 반항하지 않고 당신의 말을 잘 따라줄 것이다. 나중에는 '나를 치유하는 글쓰기' 자체를 할 필요가 없을 정도로 건강하고 맑은 일상을 보낼 수도 있다.

모든 과정을 마치면 '나는 내 삶에서 느끼는 많은 감정을 억누르고 살았다'는 사실을 알게 될 것이다. 우리는 너무 오래 느끼는 그대로의 감정을 묻어두고 느껴야만 하는 감정을 억지로 만들어내며 살았다.

그대의 내면을 당당하게 바라보라. 느껴지는 마음 그대로를 종이에 적고, 아물지 않을 것 같은 마음의 상처를 치유하여 더욱 단단해진 자신과 조우하라. 끝을 알 수 없는 저 밑바닥에 있는 상처까지도 하나하나 바라보라. 모든 상처가 사라지고, 새살이 돋아날 때까지 반복하라.

누구도 신경 쓰지 마라.

당신의 마음을 그대로 적었다면 그걸로 충분하다.

'서툰 문장은 있어도, 서툰 마음은 없다.'

인문학 공부를 완성하는 열 가지 지침

당신을 깜짝 놀라게 할 사람을 한 명 소개한다. 아이를 기르는 부모라면 눈이 번쩍 뜨일 것이다. 일단 그가 받은 교육을 대략적으로 보자.

- 세 살에 그리스어를 배웠다.
- 다섯 살에 그리스 고전들을 독파했다.
- 여섯 살에 기하학과 대수를 익혔다.
- 일곱 살에《플라톤》을 원서로 읽었다.
- 여덟 살에 라틴어 공부를 시작했다.
- 열 살에 뉴턴Isaac Newton의 저서를 읽고 로마 정부의 기본 이념에 관한 책을 썼으며 취미로 동생에게 자신이 세 살 때부터 배운 그리스어를 가르쳤다.
- 열한 살에 물리학과 화학에 관한 거의 모든 논문을 섭렵했다.

- 열두 살에 아리스토텔레스Aristoteles를 공부했다.
- 열세 살에 애덤 스미스Adam Smith를 공부했다.
- 열여섯 살에 계몽주의 철학을 공부했다.

그의 이름은 19세기 영국을 대표하는 철학자 존 스튜어트 밀이다. 세상에 천재는 많다. 그래서 '세기의 천재는 누구인가?'라는 질문에 각자 답이 다를 수 있지만 '천재교육'이라는 키워드를 넣으면 답은 한 명으로 좁혀진다. 바로 앞에서도 소개한 아버지의 천재교육으로 성장한 존 스튜어트 밀이다.

하지만 사실 현재 그처럼 천재교육을 받을 수 있는 아이는 그리 많지 않다. 가장 현실적으로 어려운 부분은 그의 아버지처럼 다방면에 방대한 지식을 가진 부모를 찾아보기 힘들다는 점이다. 그가 세 살 때부터 그리스어를 시작으로 다양한 언어를 익히고 방대한 분야의 지식을 쌓을 수 있었던 근본적인 힘은 아버지인 제임스 밀James Mill의 지성과 교육 능력이었다. 그는 영국의 철학자 제러미 벤담Jeremy Bentham의 제자이며 워낙 지적으로 뛰어나 죽는 날까지 아들의 존경을 받았다.

그는 아들의 교육을 위해 각종 언어로 된 단어장을 만들고, 옆에 앉아서 모르는 게 있으면 언제든 물어보게 했는데 사실 늘 정확한 답을 내놓을 수 있는 아버지는 흔치 않다. 게다가 아무리 본인이 그리스어에 능통하다 할지라도, 세 살짜리 아이에게 그리스어를 교육하고 완벽하게 구사하게 한다는 게 얼마나 어려운 일이겠는가. 하지만 제임스 밀은 그 모든 것을 완벽하게 해냈다.

존 스튜어트 밀이 받은 모든 교육은 그 교육을 실행할 수 있는 지적 수준의 부모를 만나야만 가능한, 아주 특별한 사람에게만 허락된 교육이다. 그래서 제임스 밀의 천재교육을 그대로 따라 하자는 주장은 사실 허무하다.

그렇다고 그의 천재교육에서 실천할 수 있는 게 하나도 없는 건 아니다. 존 스튜어트 밀은 자기가 받은 교육에 대해 이렇게 고백했다.

"나는 아이가 일반적으로 아무것도 깨칠 수 없는 나이에도 어려운 것을 배울 수 있음을 증명한 최상의 사례다."

여기에 보통 부모가 자녀를 그처럼 기를 수 있는 실마리가 숨어 있다. 물론 존 스튜어트 밀은 평균 이상의 지능을 가진 아이였다. 하지만 그가 최고의 철학자로 성장할 수 있었던 근본적인 힘은 아버지의 삶 자체에서 나왔다. 아버지의 교육 방식과 그 방식대로 일상을 보내는 아버지의 가치관이 아들의 지능과 지적 흡수력을 배가시켰다.

세상에는 다양한 학원이 있다. 영어, 수학, 과학, 온갖 예술 등을 완벽하게 가르쳐준다고 하면서 '3개월' 혹은 '6개월'이면 충분하다고 기간까지 정해준다. 그 말이 정답인지 아닌지는 모르겠지만, 아무튼 세상의 거의 모든 것은 시간과 노력을 투자하면 어느 정도는 배울 수 있다.

그래서 이런 생각을 해봤다.

'도덕을 배우는 데는 얼마나 많은 시간이 걸릴까?'

사랑이나 배려, 혹은 자존감을 배우기 위해서는 얼마나 많은 시간과 노력을 투자해야 할까?

쉽게 답할 수 없을 것이다.

마음속으로 '그걸 어떻게 배워?'라는 의구심이 들지도 모른다. 정답이다. 그것들은 배울 수 있는 영역이 아니다. 그게 바로 우리가 긴 시간 동안 인문고전을 읽었지만 성장하지 못했던 이유다. 인문학은 배우는 게 아니라 실천하며 쌓아가는 것이다. 제임스 밀의 삶은 우리에게 이렇게 조언한다.

"'시간을 어느 정도 투자하면 인문학을 배울 수 있을까?'라는 관점으로 인문학에 접근하면 공부는 영영 끝나지 않는다. 배우려는 마음을 버리고 그렇게 살 작정을 해야 비로소 공부가 시작되기 때문이다. 안타깝지만 지금까지 배우려는 마음으로 인문학을 공부했다면, 당신은 아직 아무것도 배우지 못했을 가능성이 높다."

그래서 인문학은 어렵다. 머리가 아니라 마음에 쌓는 것이기 때문이다. 한계도 없어 아무리 쌓아도 충분하지 않다.

제임스 밀은 인문학 교육을 하며, 다음 열 가지 지침을 삶에서 실천했다.

1. 부모에게 감사하는 마음을 갖게 한다

인문학 공부를 시작하기 전에, 부모가 자녀에게 가장 먼저 가르쳐야 할 것이 바로 감사하는 마음이다. 수많은 천재가 자기 재능이 타고 난 거라고 생각하다가 결국 나락으로 떨어지고 만다. 하지만 부모에게 감사하는 마음을 갖게 하는 건 의도적인 접근으론 불가능하다. 부모가 자기 안에 아이를 향한 사랑을 가득 담고 있어야 한다. 실제로 제임스 밀은 아들의 교육을 위해 자기가 누릴 수 있는 수많은 것을 포기했으며, 아들을 교육한다는 핑계로 본인이 반드시 해야 할 것을 소홀히 여기지 않았고 오히려 아들이 놀랄 정도로 완벽하게 해냈다. 덕분에 존 스튜어트 밀은 누구보다 공부를 많이 했던 자기의 어린 시절을 언제나 즐겁게 회상했다.

자서전에 '아버지가 내 교육에 할애한 시간에 감사한다. 그것은 희생이었다'라고 표현할 정도로 아버지가 자기에게 쏟은 교육 열정과 사랑에 감사하는 마음을 가졌다.

2. 공부는 공부하는 사람이 주도하게 한다

앞서 존 스튜어트 밀이 세 살 때부터 배운 것을 나열해서 잘 알겠지만, 그는 보통 사람이라면 거의 '공부 학대'라고 여겨질 정도로 그 나이에 도저히 배울 수 없다고 생각한 것을 공부해야 했다. 그래서 그의 삶을 잘 모르는 사람은 주입식 교육을 받았을 거라고 생각한다. 스스로 저 어려운 것을 어린 나이에 공부하는 건 사실 상식적인 일은 아니다.

기본적으로 무엇을 배우든 공부에는 어느 정도 암기가 필요하기 때문에 주입식 교육도 없지는 않았다. 하지만 그는 자서전에서 '내가 받은 교육은 주입식이 아니다'라고 분명히 밝히고 자신이 주도해서 배움의 자세를 유지해나갔다고 했다.

그 비결은 아주 간단하다. 아버지 제임스 밀은 아들에게 무슨 공부를 시키든지 '그 공부가 무엇에 유익한가'를 충분히 이해할 수 있을 때까지 설명했다. 그것을 왜 배워야 하는지를 아는 사람은 배움의 속도와 깊이가 다를 수밖에 없다. 아버지는 아들과 매일 아침 식사 전에 산책을 했는데, 아름다운 나무가 울창한 곳에서 태양보다 뜨거운 열정으로 토론했다. 존 스튜어트 밀은 매일 아침의 산책과 토론을 전혀 지겨워하지 않았다. 스스로 원했기 때문이다. 매일 전날 읽은 것을 아버지 앞에서 외웠는데, 이조차 누가 시킨 게 아니라 그가 자청했다. 당신의 자녀가 주도적으로 무언가를 배우는 데 익숙하지 않다면, 매일 따로 시간을 내어 함께 산책을 해보라. 그리고 자연스럽게 배움이 우리 삶에 어떤 긍정적인 영향을 미치는지 알려주며, 아주 사소한 것이라도 주도적으로 할 수 있도록 독려하라.

3. 서둘지 말고, 때를 기다린다

자녀교육이 잘되지 않는 이유 중 하나는 부모가 아이를 기다려주지 못하기 때문이다. 제임스 밀은 아들에게 무언가를 가르치고 나서 스스로 배운 것을 이해하게 홀로 생각할 시간을 최대한 제공했다. 서둘러 진도를 나가거나, 지식을 억지로 구겨 넣지 않았다. 아들이 그것을 완벽하게 이해했다는 생각이 들지 않으면 진도를 나가지 않았다.

이런 방식으로 수업을 진행했다.

- 가르치려는 학문과 관련된 책을 주며 이해할 때까지 읽게 했다.
- 단순하게 내용만 보는 게 아니라, 저자의 뜻을 완전히 파악하게 했다.
- 질의응답을 통해 아들이 얼마나 내용을 잘 이해했는지 철저하게 점검했다.
- 마지막에 아들에게 "네가 선생님이 되어 나에게 배운 것을 알기 쉽게 설명해달라"고 하며, 지식을 완벽하게 자기 언어로 바꿔서 저장했는지 확인했다.

그가 이 모든 과정을 마무리하는 기준은 시간이 아니라 '아들이 완벽하게 그것을 이해했는가?'라는 질문에 '네'라고 자신 있게 대답할 수 있을 때였다.

4. 공부의 시작은 겸손이다

배움에서는 무엇이 중요한지 알아차리는 게 핵심이다. 세상에 널린 그 모든 것을 다 배울 수는 없다. 가장 중요한 것부터 차례대로 배워야 효율적으로 성장할 수 있다. '지식의 양보다는 질이 중요하다'는 사실을 먼저 깨우쳐야 한다. 그리고 많은 것을 알지만 정작 가장 필요한 것은 모르는 사람이 되고 싶지 않다면, 지식의 경중을 보는 안목을 기르기 위해 '겸손'이라는 덕목을 실천해야 한다. 겸손한 사람은 언제나 가장 차분하게 자신을 바라보기 때문에 스스로에게 무엇이 부족하고, 지금 필요한 것이 무엇인지 누구보다 잘 안다. 겸손한 사람이 가장 효율적으로 성장할 수 있다고 여겼던 아버지는 아들이 열 살이 되기도 전에 대학 교수와 토론을 해도 지지 않을 정도로 똑똑하다는 것을 알았기에 더욱 '겸손'이라는 덕목을 잃게 될까 봐 걱정했다. 그래서 그는 아들에게 '너는 배움이 부족하다', '현재의 지적 수준에 만족하지 마라' 등의 의미를 담은 조언을 자주 했다. 아들은 아버지가 바랐던 대로 성장했다. 이미 천재의 길을 걷던 어린 시절에도 남들보다 지적이라고 생각하지 않았고, 언제나 부족한 자신을 성장시키기 위해 쉬는 날이 없이 배움에 몰두했다.

5. 부모가 직접 숙제를 낸다

모든 부모가 그런 것은 아니지만, 어떤 부모는 학교나 학원에서 아이에게 조금 더 숙제를 많이 내주기를 바란다. 그래야 편안하게 아이를 볼 수 있고, 아이가 공부할 수 있다고 생각하기 때문이다. 숙제 부분에 대해서는 다시 자세하게 논의하겠지만, 나는 부모가 내주는 숙제보다 귀한 숙제는 없다고 생각한다. 아이를 가장 잘 아는 사람이 바로 부모이기 때문이다. 모두에게 맞는 숙제가 아닌, 오늘 지금 이 순간 내 아이에게 딱 맞는 숙제를 내주는 게 중요하다.

제임스 밀은 아들에게 매일 숙제를 내줬다. 아들은 아버지가 내준 숙제를 했고, 마친 후에는 아버지와 함께 시간 가는 줄 모를 정도로 치열하게 토론하며 그날 배운 지식을 자기 것으로 만들었다.

같은 병을 앓고 있어도 경중에 따라, 체질에 따라 다른 처방을 한다. 숙제도 마찬가지다. 같은 나이에 같은 과목을 배우는 아이도 자기가 처한 환경과 지적 수준에 따라 다른 숙제를 해야 한다. 적절한 숙제가 아이를 더 빠르게 성장하게 돕는다. 이때 주의사항이 두 가지 있다.

- 확실하게 검증된 사실이 아닌 것은 숙제로 내주지 않는다.
- 타인의 자료를 참고하지 마라, 오직 내 머리에서 나온 것만 숙제로 낸다.

그리고 숙제를 끝마친 아이와 토론을 할 때는 그 내용을 이미 알고 있다는 생각이 들더라도 충분히 알게 될 때까지 공부한 후에 참여해야 한다.

6. 배운 것을 나누게 한다

배움의 끝은 나눔이다. 그 이유는 그저 나누는 게 아름다운 일이기 때문만이 아니다. 배움은 내가 배운 것을 누군가에게 설명할 수 있을 때 비로소 완성되기 때문이다. 내가 배운 것을 남에게 이해시킬 수 없다면, 그건 배운 게 아니라 외운 거다.

암기로 끝나는 배움을 경계한 제임스 밀은 여덟 살 아들에게 독특한 숙제를 하나 내줬다.

- 아버지에게 라틴어를 배운다.
- 아버지에게 배운 것을 누이동생에게 가르쳐준다.
- 다시 누이동생은 오빠에게 배운 것을 아버지에게 설명해준다.

존은 다른 누이동생들과 사내동생들도 차례로 가르쳤는데, 자연스럽게 하루 중 가장 많은 시간을 자신이 배운 것을 가르치는 데 써야 했다. 쓸데없는 시간 낭비라고 생각할 수도 있겠지만 아버지에게는 나름의 계산이 있었다. 동생들을 가르치면서 평소보다 더 철저하게 공부하고, 배운 것을 조금 더 오래 기억하기를 바랐다. 배움과 배운 것을 누군가와 나눈다는 것은 생각보다 어려운 일이 아니다. 어린 아이가 부모에게 다가와 끝없이 속삭이는 것은, 그가 방금 무언가를 배웠다는 증거다. 아는 것을 누군가에게 설명해주고 싶은 마음은 인간이 가진 기본 욕구 중 하나다. 아이가 어리다고 무언가를 가르치기에 아직 부족하다고 단정하지 마라. 일단 아이를 믿고 시작해보라.

7. 아이가 좋아서 하는 일은 결과를 확인하지 않는다

존 스튜어트 밀에게는 아주 특별한 취미가 하나 있었다. 여덟 살 때부터 가장 즐겼던 취미인데 바로 역사 저술writing histories이었다. 이를 위해 《크리톤》, 《로마사》, 《플루타르코스 영웅전》, 《일리아스》, 《오디세이아》 등 대학생도 이해하기 힘든 책을 여덟 살 때부터 읽었다. 아마 그도 처음에는 그런 책을 읽기가 쉽지 않았을 것이다. 하지만 역사 저술을 하기 위해서는 기본적으로 다양한 정보가 필요하고, 그것들을 서로 연결해 하나의 글로 탄생시켜야 한다. 존 스튜어트 밀은 자연스럽게 더 깊은 독서로 빠져들게 되었다.

아버지는 언제나 아들의 취미를 존중해 아들이 쓴 것을 한 번도 보려고 하지 않았다. 보통의 부모는 자녀가 쓴 작은 메모와 일기조차도 검사하려든다. 자녀교육에 치밀했던 제임스 밀이 왜 아들의 글은 읽지 않은 걸까? 두 가지 이유가 있다. 하나는 누구의 신경도 쓰지 않고 자유롭게 집필하기를 바랐기 때문이고, 또 하나는 비판에 주눅 들지 않고 아는 것을 자기의 논리대로 써나가길 원했기 때문이다. 아들이 스스로 공부하는 즐거움을 충분히 느끼게 놔둔 것이다. 아이가 쓴 것을 확인하는 순간, 그것은 주입식 교육이 된다. 아이가 지금 가장 좋아하는 일을 하고 있다면 스스로 그것을 실천하고 무언가를 얻을 수 있게 그냥 두어라.

8. 공부의 목적을 바로잡는다

제임스 밀은 충분히 세상과 권력층의 사랑을 받을 수 있는 글쓰기 능력을 갖췄지만, 그런 삶을 선택하지 않았다. 이유는 간단하다. 아들에게 올바른 공부의 목적을 설정해주고 싶었기 때문이다.

인문학 공부는 끝이 없는 항해다. 올바른 목적이 없는 사람은 그 항해를 무사히 마치기 힘들다. 올바른 목적이 항해를 마칠 수 있는 용기와 힘을 주기 때문이다. 아버지의 삶은 아들에게 이렇게 말한다.

"공부의 목적이 바르지 않으면 과정도 결과도 기대할 수 없다."

무려 10년 동안 모든 정성을 들여 쓴《영국령 인도사》의 집필 과정과 목적 역시 그의 가르침을 증명한다. 그는 방황하는 청년에게 도움을 주고, 인도에 있는 관리에게 그들의 임무를 조금 더 완벽하게 이해시키겠다는 공익적인 목적으로 이 책을 집필했다. 돈을 벌기 위한 책을 쓰겠다고 마음을 먹으면 충분히 쓸 수 있었다. 게다가 그런 책의 집필은 10년이라는 긴 기간도 필요하지 않았을 것이다. 하지만 그는 자신이 옳다고 생각하는 길을 선택했다. 그리고 그의 아들 존 스튜어트 밀은 아버지의 그런 모습을 처음부터 끝까지 모두 지켜보았다. 부모가 자녀에게 그들이 추구해야 할 것을 자기의 삶으로 보여주는 것보다 더 아름답고 분명한 교육은 없다.

9. 왜곡된 것을 분별할 안목을 가지게 한다

독서 목록만으로 누군가에게 '나는 이런 사람입니다'라는 감을 준다는 것은 불행한 일이다. 비슷한 책만 읽다 보면 언제나 비슷한 생각만 하다가 삶을 마감하게 되기 때문이다. 당연히 다른 길을 볼 수 없으니 자신도 모르게 세상과 사람에게 속고, 왜곡된 것을 제대로 분별할 수도 없다. 제임스 밀은 아들에게 언제나 다양한 책을 권하며 세상에 존재하는 수많은 관점을 모두 포용할 수 있게 교육했다.

그 일환으로 아버지는 아들에게 웅변가의 연설집을 읽고 글을 쓰게 했다.

- 방대한 연설 가운데 중요하다고 생각하는 몇 부분을 여러 번 읽게 한다.
- 그 내용을 자세하게 분석하는 글을 쓰게 한다.

아버지는 아들이 지은 글을 읽으며 적절하게 조언을 했다. 조언하는 데도 자기만의 방식이 있었다.

- 웅변가의 재주와 솜씨를 제대로 볼 줄 알아야 한다.
- 웅변가가 자기의 목적을 위해 어떻게 말하는지 방식을 파악하라.
- 청중의 마음을 휘어잡는 방식을 단계별로 구분해보라.

그렇게 연설문으로 웅변가와 청중의 심리를 파악한 후에는, 암울한 환경에서 분투하며 여러 어려움을 극복한 사람의 이야기를 잘 풀어낸 책을 읽게 했다. 이런 교육을 통해 존 스튜어트 밀은 저자의 편견으로 인해 내용이 왜곡된 것을 쉽게 발견하는 안목을 길렀고, 사실과 저자의 의견도 확실하게 구분했다.

10. '지적 클래스'에 변화를 주는 생각법을 교육에 적용한다

모든 일에는 단계라는 게 있다. 나는 그것을 '클래스'라고 부른다. 같은 클래스의 사람끼리 있으면 그게 전부라는 착각에 빠지게 된다. 하지만 자신과 완전히 다른 세계에 사는 사람을 만나면, 세상에는 정말 고수가 많음을 알게 된다. 그게 바로 클래스의 힘이다.

수준이 다른 클래스로 성장하고 싶다면, 본인에게 완전히 불가능 하다고 생각되는 어떤 일을 해내야만 한다. 아이가 읽는 책을 고르는 것도 굉장히 중요하다. 보통은 나이에 맞게 책을 읽히는데, 존 스튜어트 밀의 아버지는 '그런 독서로는 다른 클래스로의 이동이 불가능하다'고 생각했다. 앞서 나열한 그가 읽은 수많은 책이 그 사실을 증명한다. 지금 읽을 수 없을 정도로 어려운 책을 읽어야만 아이가 자기의 한계와 싸우며 그 간극을 창의력으로 메울 힘을 가지게 된다. 한계에 봉착해야 우리는 비로소 생각을 하기 때문이다.

별생각 없이 운전을 하다가 문득 정신을 차렸을 때 밖은 어두워져 있고, 내비게이션이 고장 난 상태라면 당신은 가장 먼저 무엇을 하겠는가? 음악을 끄고 생각을 켤 것이다. 다른 수준으로 이동하고 싶다면 생각에 집중해야 한다. 이처럼 수준 높은 책을 읽는 독서법으로도 충분히 지적 클래스를 높일 수 있다.

위의 열 가지 지침을 삶에서 실천하며 인문학 공부를 하면, 전혀 다른 의식 수준에 이르게 된다. 다른 사람과는 완전히 다른 수준에서, 전혀 다른 것을 원하고 창조하게 된다.

일정한 형태나 양식을 뜻하는 '패턴pattern'이라는 단어가 있다. 운동, 예술, 문학, 시험, 건축 등 세상에서 일어나는 거의 모든 일에는 패턴이 존재한다. 하지만 나는 '지금까지는'이라는 단서를 붙이고 싶다. 패턴은 누군가 이미 이룬 것을 분석해서, 모방 혹은 더 나은 창조를 하기 위해 연구되어왔다. 반대로 생각하면, 패턴을 연구해서 무언가를 계획하는 사람은 패턴을 조금 더 연구한 사람에게 읽힐 가능성이 높다. 게다가 이제는 일정한 패턴의 습득으로 자기 분야에서 무언가를 이룰 수 있는 세상은 지나갔다.

이제는 '패턴'이 아니라 '연결'이다.

'남이 못하는 기획을 어떻게 해낼 것인가?'

'남이 못 본 것을 어떻게 발견할 것인가?'

'보이지 않는 것을 어떻게 보이게 할 것인가?'

이 모든 질문의 밑바닥에 '연결'이 존재한다. 이제는 패턴을 연구하기보다는 전혀 상관없는 것들을 연결해서 새로운 것을 창조하는 사람이 더 수준 높은 성과를 낸다.

한 교사가 어린 학생들에게 "꿈이 무엇이니?"라고 물었다. 아이들의 답은 명확했다. 다들 어떤 직업에 대한 꿈을 가지고 있었다.

"과학자가 꿈입니다."

"기술자가 꿈입니다."

그런데 전혀 다른 대답을 한 학생이 딱 한 명 있었다.

"제 꿈은 세상에 충격을 주는 것입니다."

그가 바로 지금까지 소개한 존 스튜어트 밀이다. 그는 열한 살의 나이에 '세상에 충격을 주는 사람'이 되려는 꿈을 갖고 있었다. 배움의 태도를 제대로 갖추고 인문학을 배우는 사람에게는 직업에 대한 꿈이 없다. 더 위대한 창조의 본질을 추구하기 때문이다. 앞에 제시한 열 가지 지침을 적용하며 인문학 공부를 하면, 밀이 역사 저술을 하며 이것과 저것을 연결해 새로운 것을 만들어냈듯이 이미 죽었다고 생각한 것에 생명을 불어넣고 서로 다른 것을 연결할 능력이 생긴다.

배움에 대해 묻는 내게 이어령 박사는 이런 조언을 남겼다.

"나는 늘 토끼잠을 잡니다. 갑자기 깨면, 서재에 올라가서 아무 책이나 빼서 읽습니다. 그러다가 우연히 발견한 기막힌 한 줄에 나는 전율을 느끼며 환호합니다. 내가 그냥 깊이 잠들었더라면, 영원히 그런 감동을 모르고 지나쳤을 겁니다."

앞의 열 가지 지침은 사실 실천하기 어렵다. 하지만 나는 당신이 사랑하는 아이를 위해 그것을 실천했으면 좋겠다. 이어령 박사의 말처럼 아이가 배운다는 것에 전율을 느끼고 최고의 일상을 살 수 있도록 말이다.

내가 이토록 사랑과 마음을 강조하는 이유는 마음 자세를 제대로 설정하지 않고 무작정 무언가를 얻으려 하면 시간만 낭비하게 되기 때문이다. 첫 단추를 잘못 꿰면 나중에는 옷 디자인 자체가 망가지는 것처럼, 설정한 목표 자체가 망가지고 전혀 다른 것을 추구하게 된다.

'답은 하나다. 오직, 아이만 생각하라.'

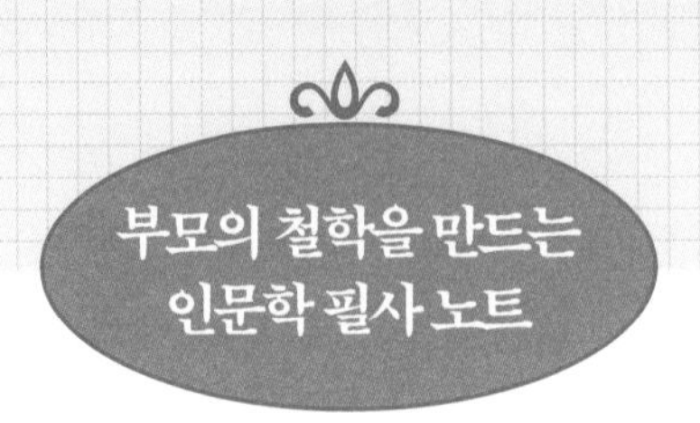

8. 부모의 믿음, 아이에게 모든 것이 존재한다는 기적

진리는 멀리에 있지 않습니다.
'어려운 것'은 어렵다고 말하고,
'쉬운 것'은 쉽다고 말하면 됩니다.
남들이 다 아는 것을 나는 모른다는
두려움에서 벗어나 자유를 즐길 수 있을 때,
우리는 비로소 무언가를 배울 수 있습니다.

부모 교육 포인트

아이들에게 예절을 알려주려는 이유는 무엇일까요? 그것이 아이 안에 없다고 생각하기 때문이겠죠. 그러므로 아이를 예절 있게 키우려는 모든 시도는, 아이의 반대와 불신으로 실패하게 될 가능성이 높아요. 대신 아이 안에 이미 존재하는 예절의 증거를 바깥으로 어떻게 하면 꺼낼 수 있을지 생각해보세요. 아이는 모든 것을 내면에 품고 있어요.

• • •

기품 있는 아이로 키우는 법

이 책에서 소개하는 모든 인문학 대가는 서로 살았던 시대와 환경, 연구했던 분야가 다르지만 딱 하나 공통점이 있다. 그들은 모두 기품이 흐르는 '진지한 아이'였다. 여기서 진지하다는 것은 친구들과 섞이지 못하는 아웃사이더를 의미하지 않는다. 아이들은 분명 소리 지르며 활발하게 뛰어놀아야 한다. 하지만 진지하게 생각하는 시간 없이 그저 뛰어노는 건, 지금도 전 세계에서 수많은 동물이 하고 있는 일차원적인 행동이다.

굳이 말하지 않아도 전해지는 고상한 기품은 어디에서 오는 걸까?

루소는 이렇게 말했다.

"지식이 적은 사람은 말이 많다. 지식이 풍부한 사람은 대개 침묵 하고 있다. 그것은 흔히 지식이 적은 사람은 자기가 아는 것을 모두 중요하게 생각하여 그것을 사람들에게 전하려는 욕망에 사로잡혀 있기 때문이다. 하지만 많은 것을 아는 사람은 자기가 아는 것 외에도 알아야 할 것이 많음을 알고, 남이 물을 때만 얘기할 뿐 묻지 않으면 아무 말도 하지 않는다."

분명 맞는 말이다. 하지만 우리에게는 '이를 어떻게 교육에 연결할 수 있을까?'라는 문제가 남아 있다.

10여 년 전 뜻이 맞는 지인 몇 명과 함께 작은 학원을 운영했던 적이 있다. 당시 나는 초등학생에게 국어를 가르쳤는데, 부모의 지나친 간섭과 아이들의 도를 넘어선 행동에 굉장히 난감한 상황이었다.

당시 수업 시간의 풍경은 이랬다.

- 가만히 앉아 수업을 듣는 아이가 거의 없다.
- 글을 제대로 쓸 수 있는 아이도, 올바르게 쓰는 아이도 없다.
- 아이들은 그저 문제를 푸는 기계였다.

변화가 필요하다고 생각한 나는 이런 결단을 내렸다.

'국어가 아니라, 기품을 가르치자!'

그냥 편안하게 아이들과 함께 문제를 풀고 답을 알려주는 일을 하며 살 수도 있었지만, 그건 아이들을 망치는 지름길이라고 생각했다. 기품이 흐르지 않는 행동과 단어를 사용하는 아이에게 국어를 가르치며 돈을 받는 건 미안한 일이었다. 하지만 학부모에게 내 계획을 털어놓자 반발이 거셌다. 당장 학원을 그만두겠다는 부모도 많았다. 학교 수업을 예습하고 복습하면서 성적을 올리는 데 전력을 다해야 할 학원에서 품위를 가르친다고 하니 그들 입장에서는 당연한 분노였다. 하지만 나는 학부모들에게 이렇게 공언했다.

"저에게 15일의 시간을 주세요. 반드시 좋은 결과가 있을 겁니다." 물론 나도 굉장히 초조했다.

'과연 15일 안에 아이들을 완전히 바꿀 수 있을까?'

루소의 말을 교육에 연결하기 위해 내가 사용한 방법은 '베껴 쓰기'였다. 나는 100권 이상의 책에서 가장 빛나는 문장을 골라서 아이들이 하루에 30분씩 베껴 쓰도록 지도했다. 그렇게 어려운 과정은 아니었다. 간단하게 정리하면 이렇다.

1. 호기심을 불러일으켜라

베껴 쓰기는 노력이 필요한 일이다. 게다가 종이에 무언가를 쓰는 데 익숙하지 않은 아이에게는 고된 노동일 수 있다. 아이의 입장을 먼저 이해하고 '어떻게 하면 즐거운 마음으로 쓰게 할 수 있을까?'라는 고민을 해야 한다. 필요성을 알려주는 게 가장 좋다. 아이의 호기심과 연결해서 글쓰기가 왜 필요한지 충분하게 설명하고 당장 연필을 잡고 쓰고 싶게 만들어라.

2. 바른 태도가 바른 마음을 결정한다

모든 일의 결과는 결국 태도가 결정한다. 깨끗하게 정리된 책상에 최대한 바른 자세로 앉도록 한다. 아이는 대개 눕거나 비스듬히 기댄 자세로 쓰려고 한다. 그림을 그리건 글을 쓰건 무조건 똑바로 앉아야 한다. 그래야 아이의 마음도 차분해진다. 몸과 함께 마음도 바르게 앉았다는 생각이 들면, 그때 쓰게 하라.

3. 기본적인 요소부터 익히게 한다

공식을 모르면 응용할 수 없다. 처음부터 완벽한 글쓰기를 바랄 수는 없다. 기본이 튼튼해야 아이가 지치지 않는다. 단순하게 베껴 쓰기만 하면 된다고 생각하면 오산이다. 띄어쓰기와 철자, 온갖 기본적인 요소를 완벽하게 익히도록 하라. 그래야 교육 효과를 높일 수 있다.

4. 계속 질문하라

보통 베껴 쓰기는 그냥 아이에게 시키기만 하면 된다고 생각하는 데 그건 교육이 아니라 말 그대로 방치다. 아이가 베껴 쓰기를 하는 중간에 계속 질문해야 한다.

"이 문장이 의미하는 게 뭐지?"

"네 생각은 어때?"

"네가 작가라면 어떻게 쓰고 싶니?"

이때 장난스럽게 하면 교육 효과가 떨어진다. 아이가 진지하게 생각하고 답하게 하라.

5. 조금 참아라

어느 나라를 가도 부모는 마찬가지다. 기다릴 줄 모른다. 많은 부모가 한 줄을 쓸 준비가 된 아이에게 열 줄을 쓰기를 바란다. 때가 되기를 기다려야 한다.

15일이 지나자 아이들은 이렇게 변했다.

- 최소 1시간은 정자세로 앉아 있을 수 있게 되었다.

- 읽지 못했던 어려운 단어도 편안하게 읽게 되었다.
- 제대로 된 멋진 글씨를 쓰게 되었다.
- 베껴 쓴 문장을 응용해서 자신만의 문장을 쓸 수 있게 되었다.

아이들은 가만히 앉아 조용히 글을 베껴 쓰는 연습을 하며 인생을 사는 데 가장 필요한 힘인 자제력을 배웠다. 또 하나, 비속어와 욕을 섞어 쓰던 아이들의 입에서 우아하고 기품 있는 문장이 흘러나왔다. 나는 기품이란 화려한 외모와 돈에서 나오는 게 아니라고 생각한다. 진짜 기품이란 그 사람이 쓰는 말과 생각에서 나온다. 그런데 말과 생각을 통제하는 건 자제력이다. 아이들은 15일 동안 명문장을 정자세로 앉아 베껴 쓰며 자제력을 길렀고, 그로 인해 기품 있는 아이로 거듭날 수 있었다. 그리고 학원을 그만두겠다고 엄포를 놨던 많은 부모가 내게 찾아와 "아이가 화를 잘 내지 않고, 모든 일에 성실해졌으며, 침착하게 상황을 관찰하는 힘이 생겼다"라고 말하며 고마워했다.

우리는 기품 하나로 많은 것을 얻을 수 있다.

물론 베껴 쓰기를 싫어하는 아이도 있다. 아이가 진지한 마음으로 글을 쓰지 않고 지겨워하면 컴퓨터를 이용해도 된다. 자연스럽게 자판 교육도 할 수 있고, 다양한 문서 작성법도 가르칠 수 있다. 뭐든 방법을 구상하면 길이 보인다. 성인도 그렇지만 아이는 더욱 진지한 자세로 글을 쓰는 게 어렵다. 놀고 싶은 마음이 가득하고, 진지하게 무언가를 한다는 게 어떤 건지 아직 잘 모르기 때문이다.

폰트로도 쉽게 아이에게 진지함을 가르칠 수 있다. 보통 우리가 자주 사용하는 폰트에는 '돋움, 굴림, 바탕, 궁서' 네 가지가 있는데 돋움이 가장 일반적인 수준이고 굴림, 바탕, 궁서로 갈수록 진지한 마음으로 글을 쓰게 돕는다. 아이가 심하게 장난을 치고 산만하다면 가장 강력한 폰트인 '궁서'로 시작해보고, 어느 정도 안정이 된 상태라면 '돋움'이나 '굴림' 정도 수준이면 충분하다. 별것 아니라는 생각을 할 수도 있지만 나도 글쓰기를 할 때마다 실천하는 방법이고, 내가 지도한 수많은 아이들도 효과를 봤다.

한번 시작해보라. 당신도 할 수 있다. 이건 절대 전문가의 힘이 필요한 교육이 아니다. 나는 아이가 가정에서 부모의 지도로 공부할 때 가장 값진 지식을 얻을 수 있다고 믿는다. 또 아이를 향한 부모의 노력은 반드시 결실을 맺는다는 사실을 알고 있다. 만약 결실 맺지 못하는 노력이 있다면, 그건 아직 노력이라고 부를 수 없다.

● ● ●

신사임당의 기품을 완성한 네 가지 가르침

아이에게 기품이 흐르기를 원한다면, 우선 부모가 보고 배울 수 있는 고고한 기품을 지녀야 한다. 나는 기품을 전수해줄 가장 적합한 사람을 한 명 알고 있다. 평소 기품을 최고의 덕목으로 생각한 그는 생전에 이런 말을 남기기도 했다.

"기품을 지키되 사치하지 말며, 지성을 갖추되 자랑하지 마라."

기품이란 고가의 옷으로 자신을 화려하게 꾸미는 것이 아니라는 말이다. 게다가 그는 올바른 지성인이 나가야 할 방향까지 알려줬다. 이 위대한 생각의 주인공은 바로 신사임당이다.

누구라도 신사임당의 모습이 그려진 그림을 보면, 잔잔한 계곡을 날아다니는 고고한 학의 자태를 떠올리게 된다.

어떤 풍파에도 흔들리지 않고 기품 있는 삶을 살았던 그녀.

그녀에게서 흐르는 기품의 정체를 알고 싶다면 먼저 《내훈》을 알아야 한다. 1475년, 왕의 어머니인 소혜왕후가 부녀자의 훈육을 위하여 편찬한 책인데, 신사임당의 어머니는 매일 아침 딸에게 이런 이야기를 들려주었다.

"여자의 덕이란 반드시 재주와 총명함이 남보다 훨씬 뛰어나야 한다는 것이 아니요, 여자의 말이란 반드시 청산유수처럼 구변이 좋아서 이익을 도모하는 언사여야 하는 것이 아니다. 용모도 반드시 얼굴이 아름답고 고운 것만을 말하는 것이 아니며, 솜씨 또한 마찬가지여서 반드시 손재주가 남을 능가해야 함을 의미하는 것은 아니다. 맑고 고요하고 다소곳하여 절개를 지키며 바르게 처신하고, 행동함에 있어서 부끄러움을 느끼며 움직이고 움직이지 아니함에도 법도가 있다면 이것이 바로 여자의 부덕婦德이라 하는 것이다."

첫째, 부덕이다

재주나 총명보다도 맑고 조용하고 바르게 처신하여 절개를 지키고 부드러움을 알며 모든 행동에 다소곳한 태도로 임해야 한다. 신사임당은 위대한 지식인이었지만 자기의 지식과 능력을 자랑하지 않았다. 늘 텅 빈 것을 잡을 때에도 가득히 채워진 것을 잡듯이 하며, 텅 빈 곳에 들어갈 때에도 그 안에 사람이 있는 것같이 행동했다. 물론 그게 생각처럼 쉽게 되는 것은 아니다. 자랑하고 싶은 유혹에 빠질 때마다 그녀는《내훈》에 나오는 다음 말을 가슴으로 읽었다.

"공자님께서 그 고향 마을에 계실 때에는 그 태도가 어찌나 공손스러운지 마치 두려워 말도 제대로 못하는 사람같이 보였다. 그러나 종묘나 조정에서는 유창하고 명쾌하게 발언을 하셨는데 그 태도만은 그지없이 겸손하셨다. 조정에서 하대부들과 함께 대화를 하실 때에는 강직하면서도 화락하게 대하셨고, 상대부들과 대화하실 때에는 화기애애한 가운데 조용히 시시비비를 가려 토론하시곤 했다."

둘째, 부언이다

부언婦言은 항상 말을 가려서 하되 악한 말이나 남이 싫어하는 말은 절대로 하지 말라는 것이다. 신사임당은 아무리 친한 사이라도 남과 함부로 허물없이 굴지 않았으며, 오랜 친구의 허물을 들먹이지 않았다. 그녀는《내훈》에서 이런 이야기를 읽으며 마음을 다졌다.

"남을 희롱하는 듯한 얼굴빛을 띠지 않으며, 경황없이 급작스레 왔다가 재빨리 가버리면 안 된다. 신을 업신여기지 말며, 그르고 굽은 일을 따르지 말며, 아직 현실로 부딪히지 않은 일을 넘겨짚어 추측하지도 마라. 이미 만들어진 의복이나 완성된 그릇을 놓고 흠을 잡아내서 이러쿵저러쿵 헐뜯지 말며, 신체의 일부분을 이끌어서 빗대어 말하지 마라."

셋째, 부용이다

여기에서 오해가 생길 수 있는데, 부용婦容이란 예쁘게 단장하라는 것이 아니라 깨끗이 하라는 것이다. 공자 역시 "말과 얼굴을 꾸미는 사람치고 어진 사람이 적다"라고 했다. 신사임당은 일곱 명의 아이를 키우며 일일이 신경을 쓰는 게 힘들었지만, 수시로 목욕시켜 몸을 깨끗하게 해주려 노력했다. 깨끗한 몸이 깨끗한 정신을 만들기 때문이다. 넉넉하지 못해 좋은 옷을 입혀주지는 못해도, 아이들이 모두 청결하게 옷을 입을 수 있도록 신경 썼다.

넷째, 부공이다

부공婦功은 쓸데없이 웃고 놀지 말고, 집안 살림살이를 잘해야 한다는 의미다.

여기에서는 집안 살림을 잘해야 한다고 했지만 조선시대가 아닌 현재에서 생각해보면 '무엇이든 자기에게 주어진 일을 잘해야 한다' 정도로 해석하면 될 것이다. 가만히 앉아 아무 생각 없이 드라마를 보거나, 술을 마시며 보내는 시간을 아껴 자기개발에 투자해야 한다. 신사임당이 일곱 명의 아이를 키우면서도 그 많은 업적을 이룬 모든 비밀이 여기에 있다. 그녀는 자기의 삶에 도움이 되지 않는 쓸데없는 일은 지우고, 필요한 일에만 무섭게 집중했다.

물론 기품이 흐르는 인생을 사는 것은 어렵다. 바꿔 생각해보면 어려운 일이기 때문에 많은 사람이 기품 없는 인생을 살고 있다고 볼 수 있다. 소수에게만 허락된 특별한 삶에 도전해보고 싶지 않은가? 힘들지만 멈추지 않으면, 그대를 바라보며 성장하는 자녀도 동시에 넘쳐흐르는 기품을 가지게 될 것이다.

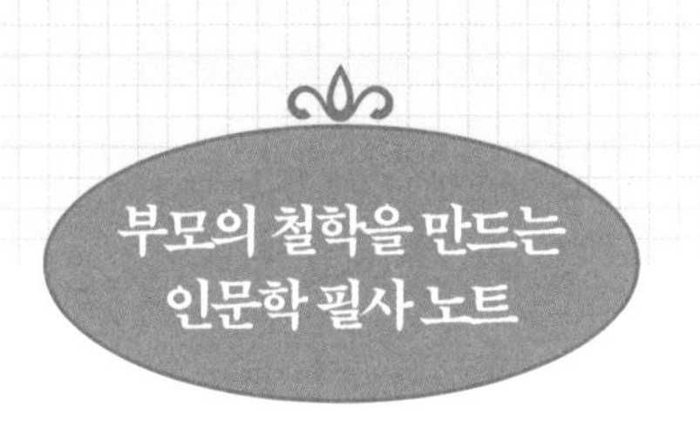

9. 부모의 시간, 흔들리지 않는 깨달음의 나날

가장 높은 수준의 철학은 '현재에 만족하는 것'입니다.
현재에 만족한다는 것은 욕심이 없다는 말과 다릅니다.
아무것도 원하는 것이 없어서 현재에 만족하는 것이 아니라,
원하는 모든 것을 현재에서 발견할 안목이 있기에
가장 높은 수준의 철학을 가질 수 있는 것이지요.
나의 모든 것은 현재에 있습니다.
오늘 주어진 일상에서 모두 발견하겠습니다.

부모 교육 포인트

무언가 하나에 매진하고 집중하면, 그 밖의 모든 것은 봄눈 녹듯이 사라집니다. 그렇게 아주 긴 시간이 흐른 어느 날 평생 관심을 갖고 연구하며 몰입하던 일이, 색다른 의미로 다가오는 순간을 만나게 되죠. 바로 깨달음의 순간을 맞이하는 것입니다. 무언가 하나에 정신을 집중하는 사람은, 굳이 다음에 해야 할 일을 고민하지 않아요. 그런 부모가 된다면 흔들리지 않고 사랑하는 사람을 지켜줄 수 있게 되겠죠.

부부가 힘을 합해야 한다

국수를 삶을 때 일정한 시간이 지나면 물이 끓어오른다. 그때 찬물을 부으면 끓던 물이 가라앉고, 면이 더욱 쫄깃하게 잘 익는다. 하지만 시기를 놓치면 물이 넘쳐 불이 꺼지거나, 면이 분다.

나무도 마찬가지다. 성장을 촉진하고, 옹이가 없는 좋은 목재를 생산하기 위해서는 마른 가지와 생가지를 계획적으로 제거해야 한다. 시기도 중요하다. 나무 종류에 따라 가지치기를 하는 때가 다르기 때문이다.

자녀교육도 그렇다. 세상모르고 기고만장한 아이는 반드시 길게 뻗은 자만의 가지를 다듬어줘야 한다. 가장 적절한 때에 가장 알맞은 형태로 다듬어줘야 더 멋지게 성장할 수 있다.

오스트리아 출신의 정신분석 창시자 프로이트는 넉넉하게 먹고 마음대로 배울 수 있는 환경에서 태어나지 않았다. 형제가 일곱이나 되었는데 좁고 불편한 집에서 살아야 했다. 하지만 어려운 환경에서도 부모는 최고의 교육을 통해 프로이트를 위대한 학자로 성장시켰다.

그의 어머니는 아들이 위대한 인물이 될 것이라는 사실을 강하게 믿었다. 그래서 어릴 때부터 프로이트를 '내 소중한 보물'이라고 불렀다. 그리고 언제든 아들이 가진 꿈을 격려했다.

프로이트가 여섯 살이 되자, 어머니는 처음으로 아들을 가르쳐야겠다는 생각을 하고 '만물이 흙으로 만들어졌으며, 우리는 흙으로 돌아가야 한다'는 사실을 알려주었다. 하지만 프로이트는 무엇이든 쉽게 이해하는 천재가 아니었다. 거의 모든 여섯 살 아이가 그렇듯 프로이트 역시 '인간은 모두 흙으로 돌아간다'는 어머니의 가르침에 별 관심이 없었다. 그걸 눈치 챈 어머니는 아들 앞에서 양손바닥을 문지르며 자신이 말한 문장을 그대로 보여줬다.

훗날 프로이트는 그 순간의 느낌을 이렇게 회고했다.

"어머니가 양 손바닥을 문지르자 손바닥에 흙과 비슷한 색의 표피가 밀려 나타났는데, 당시 내게 그것은 인간이 흙으로 빚어졌다는 증거처럼 보였다."

교육은 가르치는 사람의 입에서가 아니라 상대가 그것에 반응하면서 시작한다. 그녀는 손바닥을 문지르며 아이의 반응을 이끌어냈고, 동시에 위대한 교육이 시작되었다.

아버지 역시 아들의 교육을 위해 인생의 매 순간 놀라운 결단을 내렸다. 하루는 오랜 기간 살았던 모라비아(현 체코) 지방 프라이베르크 마을을 벗어나 빈으로 이사 가기로 결정했는데, 이유가 무엇이었을까? 지금 사는 지역이 유대인에 대한 편견이 심해서? 그도 아니면 가난을 버티지 못하고 더 구석진 시골로 이사를 가는 걸까?

답은 보통 부모의 생각을 초월한다.

지금 사는 지역의 경제와 문화 등 모든 사회적 수준이 낮아졌기 때문이다. '이런 수준의 지역에서는 도저히 아들이 보고 배울 게 없다'고 생각해 당시 문화 교육의 중심지였던 빈으로의 이사를 선택한 것이다.

앞서 언급했지만, 그들 가족은 가난했다. 먹고사는 문제를 겨우 해결할 정도의 가정에서 쉽게 내릴 수 있는 선택이 아니었지만, 아들을 진정으로 믿고 존중하는 마음이 부부를 움직였다.

사실 이런 결정에서는 부모 중 한쪽이 반대하면 일이 성사되기 어렵다. 자녀교육의 기본은 '부모가 힘을 합해야 한다'다. 맞벌이나 외벌이 모두 마찬가지다. 보통의 가정에서는 아버지가 일을 하느라 바빠 가정교육에 거의 신경을 쓰지 않게 된다. 하지만 가정을 지키는 일이 무엇보다 소중하고, 그 중심에는 자녀교육이 있다는 사실을 잊지 않아야 한다. 어머니는 어머니의 역할을, 아버지는 아버지의 역할을 제대로 해야 아이가 길을 잃지 않고 올바르게 성장한다. 부부가 힘을 합쳐 아이를 제대로 기르기 위해 노력해야 한다. 하지만 세상에는 그 멋진 역할을 돈에 맡기는 부모가 있다.

자녀교육의 영원한 멘토 루소는 이렇게 응수한다.

"세상에서 가장 미련한 행동은 돈으로 모든 것을 해결하려는 것이다. 그중에 가장 미련하고 바보 같은 행동이 아이와 함께 지내야 하는 부모의 의무를 돈으로 해결하려는 것이다. 그런 인간들은 자식에게 교사를 사준 것이 아니라, 하인을 사준 것이다. 그 하인은 당신의 자식을 또 한 명의 하인으로 만들 것이다."

생각만 해도 무서운 말이다. 우리는 돈으로 많은 것을 할 수 있다. 세상에서 파는 모든 것을 마음대로 살 수 있기 때문이다. 하지만 교육은 불가능하다. 그것이 자녀교육이라면 더욱 그렇다. 물론 많은 사람이 돈으로 아이를 학원에 보내고, 조금 더 좋은 환경에서 공부하게 한다. 다 좋다. 학원도 분명 필요하다. 하지만 그 모든 교육 방법의 중심에는 반드시 부모의 사랑이 존재해야 한다. 그걸 지켜보는 아이의 마음에도 느껴질 정도로 아주 뜨거운 사랑이 버티고 있어야 한다.

"언젠가 중국에 혹독한 기근이 발생한 적이 있어요. 가난한 중국인이 먹을 것을 찾아 국경을 자주 넘어왔죠. 하루는 어떤 중국인 부부가 죽은 아이를 안고 우리 집 앞에 나타났어요. 그들은 어머니에게 먹을 것을 구걸했고, 어머니는 그들에게 아이를 매장하는 데 도움이 필요한지 물었죠. 그들은 어머니의 말뜻을 알아듣고 고개를 저으며 배가 고파서 곧 아이를 먹을 예정이라는 몸짓을 해 보였어요. 깜짝 놀란 어머니는 바로 그들을 안으로 들어오게 해서 곳간에 있던 것을 몽땅 털어 주어 보냈어요. 그녀는 식량을 모두 남에게 내줘 가족이 굶주리게 된다 하더라도 결코 거지를 빈손으로 보낼 분이 아니었습니다."

인류의 스승이자 정신적 지도자인 달라이 라마Dalai-Lama가 어릴 때 봤던 어머니를 회상하며 쓴 글이다. 그의 어머니는 누구보다 따뜻한 사랑을 실천한 사람이었다. 중요한 건, 아들인 달라이 라마도 자기의 어머니를 그렇게 기억하고 있다는 사실이다.

"어머니는 세상에서 가장 친절한 분이셨다. 나는 그렇게 단언할 수 있다. 정말 훌륭한 분이셨다. 아마 어머니는 당신을 아는 모든 이로부터 사랑받았을 것이다."

자식이 그 사랑을 알 때까지 사랑을 전해야 한다. 부모가 아무리 자식을 사랑했다고 말해도 그 사랑을 자식이 모른다면, 부모의 사랑이 부족한 것이다.

세상에 쉬운 일은 없지만
반복하면 조금씩 수월해지고
사랑하면 완벽해진다.

어떤 일도 처음에는 어렵다. 그래서 자꾸만 접촉하며 알아나가야 한다. 그래야 수월해지고, 알게 되면서 사랑하게 되고, 완벽하게 그 일을 처리하게 된다. 이유는 간단하다. 그 일을 사랑하는 사람보다 완벽하게 해낼 사람은 없기 때문이다. 자녀교육도 마찬가지다. 사실 학원에서 가만히 앉아서 배우는 것도 어려운데, 한 생명을 가르치는 과정이 어찌 힘들고 까다롭지 않을 수 있겠는가. 그래서 더욱 사랑해야 한다. 사랑받기보다는 더 사랑하겠다는 마음으로, 부부가 함께.

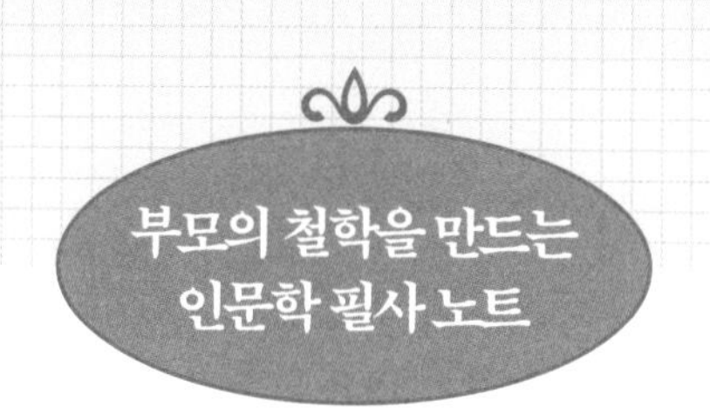

10. 부모의 언어, 서로 다른 언어를 이해하려는 노력

당신이 아이에게 전하려는 것이
진심이라면 아무것도 걱정하지 말아요.
진실은 아무리 숨겨도 사라지지 않으니까요.
하늘 높이 던지면 반짝이는 별이 되고,
땅 속 깊숙한 곳에 묻으면
향기로운 꽃이 되어 피어납니다.

부모 교육 포인트

인간이 스스로 자신의 미래를 바꿀 수 있는, 가장 지혜로운 방법은 바로 이것입니다.
"원하는 미래에 맞춰서 살아가기, 그리고 그 삶에 맞는 언어를 구사하기."
당신의 언어가 당신의 가능성입니다. 또한 아이의 모든 인생은 각각 하나의 외국어라는 사실을 기억해야 하죠. 부모와 아이가 서로의 언어를 이해하려면, 외국어 하나 정도는 배우려는 노력은 해야 마음에 남는 위로나 조언도 할 수 있다는 사실도 기억해야 합니다.

2장

성장하는 아이
멈추는 아이

• • •

엇나가는 아이, 불안한 부모

SNS를 보면 "정말 한국 사람들 대단하다"라는 말이 절로 나온다. 프로필이 뻔히 공개된 상태에서 자기의 모든 것을 사진과 글로 자랑스럽게 보여준다. 거의 모든 사람이 SNS를 사용하게 되면서, 범죄 사건이 날 때마다 그들이 사용했던 SNS가 주요 증거로 활용된다. 고위 공무원이 나랏돈으로 퍼스트 클래스를 타고 최고급 호텔에서 가족과 함께 휴가를 간 것도, 대기업 임원이 납품업체가 제공한 돈으로 호의호식하는 장면이 담긴 모습도 그들의 SNS에 사진과 글로 남아 있다.

'과연 제정신으로 사는 걸까?'라는 생각이 절로 든다. 타인의 돈으로 사치를 일삼으면서, 그 모든 것을 공개한 저들이 도대체 무슨 생각인지 도무지 알 수가 없다. 지금 누리는 권력에 취해 앞이 보이지 않는 거라고 여길 수밖에 없다.

역시 교육이 문제다.

세상은 우리 아이에게 이런 생각을 주입한다.

'공부만 잘하면 뭐든 네 마음대로 해도 괜찮아.'

그 결과 아이는 자랑하고 싶어서 좋은 성적을 받기 위해 공부하고, 자랑하고 싶어서 좋은 직장에 들어가고, 자랑하고 싶어서 좋은 차와 집을 산다.

많은 아이가 왜 공부를 해야 하는지도 모른 채, 그저 부모를 기쁘게 해주기 위해, 주변 사람에게 자랑하기 위해 공부한다. 그런 아이는 결국 앞에 소개한 자신이 이룬 부와 명예를 어떻게든 세상에 알리려고 노력하는 사람으로 성장한다.

문제는 앞에 열거한 사람은 그나마 잘 풀린 경우이고, 거의 대부분의 아이는 공부로 부모의 기대를 충족시켜주지 못한다는 점이다. 결국 그들은 부모의 관심을 공부가 아닌 다른 데서 끌어내자는 생각을 하다가, 점점 부모의 기대와 엇나가는 선택을 하게 된다.

말을 잘 듣던 아이가 갑자기 엇나가면 부모 입장에서는 불안하다. 안타까운 사실은 한번 엇나가기 시작하면 제자리로 돌리기가 너무 어렵다는 것이다. 그래서 처음부터 엇나가지 않도록 하는 게 중요한데, 아이가 이런 마음으로 일상을 보내게 해야 한다.

'내가 이룬 모든 것은 나만의 것이 아니다. 운전할 때 나만 안전하게 운전한다고 사고가 나지 않는 게 아닌 것처럼, 세상 사는 일도 나만 열심히 한다고 원하는 것을 이룰 수 있는 게 아니다. 혼자 움직이는 것 같지만 나는 언제나 부모님을 비롯한 세상과 함께 움직인다.'

모든 변화는 부모로부터 시작되어야 한다.

한국을 대표하는 학자 다산 정약용은 이렇게 충고했다.

"상관이 엄한 말로 나를 위협하는 것은 무엇 때문인가? 간사한 관리가 비방을 조작하여 나를 겁주는 것은 무엇 때문인가? 재상이 부탁을 하여 나를 더럽히는 것은 무엇 때문인가? 답은 하나다. 내가 이 봉록과 지위를 보전하고자 한다고 생각하기 때문이다."

봉록과 지위를 다 떨어진 신발처럼 여기지 않는 자는 하루도 수령 의 지위에 앉아 있으면 안 된다는 다산의 가르침이다.

어떻게 하면 그 가르침대로 살 수 있을까?

작가라면 내가 글을 써서 돈을 벌 수 있는 건 내 글을 읽어주는 독자가 있기 때문이고, 사업가라면 내 제품을 사는 소비자가 있기 때문이라는 사실을 가슴에 담고 살아야 한다. 내가 잘나서 먹고사는 게 아니라, 나를 아껴주는 수많은 사람이 있기에 살 수 있다는 사실을 깨달아야 한다.

그러면 아무리 많은 돈을 벌어도 결코 자랑하지 않는다. 내가 잘한 게 아니라 세상의 도움으로 이 자리에 왔다는 사실을 알기 때문이다. 그들은 세상에 감사하는 마음으로 겸손하게 일상을 보낸다. 일생을 살며 결코 단 한순간도 엇나가지 않는다.

그 정신을 알면 부모도 아이도 엇나가지 않는 삶을 살 수 있다. 겸손은 사람의 삶을 아름답게 완성하는 마지막 조건이다. 사람이 세상을 떠나면 육체와 물질은 사라지지만, 겸손한 마음은 남아 그의 존재를 빛낸다.

성장하는 아이로 키우기 위한 첫 단계

뒤에서 자세하게 설명하겠지만, 내 아이가 평생 성장하는 삶을 살기를 바란다면, 사색가의 마음을 심어줘야 한다. 사색가는 자기 자신으로 살기 때문에 경쟁하지 않고 오로지 성장만을 거듭한다. 그들이 그런 능력을 가질 수 있는 이유 중 하나는 선택에 있다.

사색가는 세상을 바라보는 분명한 원칙이 있어 누구의 유혹에도 빠지지 않고, 삶을 온통 자기의 선택으로 가득 채운다. 순간의 선택을 모아 자기 인생을 완성한다.

그들이 선택을 통해 자기 삶을 주도하는 반면, 보통 사람은 끌려 다니는 삶을 산다. 아이가 쓸 물건을 살 때도 마찬가지다. "내가 사용해봤는데 괜찮더라!"는 주변 사람의 평가와 추천이 없으면 무엇도 선뜻 선택하지 못한다. 하지만 그렇게 선택한 제품은 내게 만족감을 줄 수 없다. 스스로 선택한 자만이 행복을 누릴 자격이 생긴다.

세상에는 사색할 수 있는 아이로 키우기 위한 다양한 방법이 존재한다. 책과 교육 프로그램도 상당하다. 그런데도 거의 모든 방법이 통하지 않는 이유는 원칙의 부재 때문이다. 원칙을 모르는 사람은 응용할 수 없다. 그런데 우리는 원칙도 모른 채 응용만 하려든다.

아이가 자기 삶을 사는 사색가가 되어 평생 성장하기를 원한다면 사색의 원칙인 사랑을 발견할 수 있게 해야 한다. 사랑을 발견하지 못한 아이는 결코 스스로 생각할 수 없다.

아이에게 사랑이 무엇인지 알려줄 간단한 방법이 하나 있다.

많은 부모가 건강하게 자라기를 바라는 마음으로 아이에게 최대한 좋은 음식을 많이 먹인다. 건강에 좋은 음식을 먹는 건 분명 중요하지만, 사실 배부르게 먹는 건 그렇게 특별한 일이 아니다. 먹을 게 없어서 걱정하는 사람은 그렇게 많지 않다. 중요한 건 아이에게 음식을 먹이는 것보다 음식을 먹지 않고도 충분히 배부를 수 있다는 사실을 알려주는 일이다.

무슨 말인지 선뜻 이해가 가지 않을 수도 있다.

'부모님 먼저 드세요'라는 표현을 깊게 사색해보라.

이 문장은 그저 '부모의 권위'나 '나이 많은 사람에 대한 예의'를 갖추기 위해 존재하는 말이 아니다. 나는 이 문장의 존재 이유가 부모가 실제로 먼저 식사하는 모습을 지켜보며 자식이 스스로 부모에 대한 사랑을 발견하고 키우기 위해서라고 생각한다. 아이는 '내가 사랑하는 사람이 먹는 것을 보는 것만으로 배가 부르는 것 같다'는 생각을 하게 된다. 어른이 느끼는 감정을 아이도 똑같이 느낀다. 단 형식적인 말이 되면 안 된다. 부모의 얼굴을 바라보며 "먼저 드세요"라고 할 수 있어야 한다. 약간 부끄럽다는 생각에 아이도 부모도 망설일 수 있다. 하지만 잠시 부끄러워도 참아라. 지금 순간의 부끄러움을 감수하지 못한다면, 당신의 아이는 평생 사랑을 모르는 부끄러운 사람으로 살게 될지도 모른다.

반드시 아이가 먹지 않고 배가 부르다는 게 어떤 기분인지 느껴야 한다. 그래야 사랑하는 사람의 마음을 가슴으로 느낄 수 있다. 음식을 먹고 포만감을 느끼는 건 입과 위만 있으면 누구나 할 수 있다. 중요한 건 먹지 않고도 배부를 수 있는 사람이 되는 일이다. 바로 사랑이 무엇인지 제대로 아는 사람이 되는 일이다.

내가 문장 하나에 이렇게 깊은 의미를 두는 이유는 간단하다. 삶은 수많은 문장으로 이루어져 있고, 문장은 셀 수 없이 많은 단어로 이뤄져 있기 때문이다. 결국 삶을 제어하고 싶다면 단어를 지배해야 한다. 반대로 단어를 지배하지 못하면 삶의 지배를 받게 된다. 사소한 단어라 할지라도 숨은 의미를 발견할 수 있는 사색가의 눈과 가슴을 가져야 한다.

아이는 금방 자란다. 마찬가지로, 아이의 지적인 수준도 금방 성장한다. 하지만 그건 자연의 섭리가 아닌 부모의 치열한 노력 때문이다. 절대 그냥 자라는 게 아니다. 지금은 지적인 성장이 멈춰져 있는 아이도 부모의 노력에 따라 상황이 급변할 수 있다. 하지만 변할 수밖에 없어서 변하는 것이 아니라 부모가 그 변화를 위해 열심히 노력하기 때문에 변하는 것이라는 사실을 명심해야 한다. 변화의 포인트는 세상이 아니라 내가 정하는 것이다. 아이의 성장이 쉽다고 말하는 사람은 아무도 없다. 힘든 작업이다. 하지만 아이를 더 뜨겁게 사랑하는 부모일수록 '그 작업은 더 힘들어져야 한다'는 사실을 알고 있다.

쉽지 않을 것이다. 내 아이를 제대로 기르기 위해 노력하지만 언제나 벼랑 끝에 서 있는 기분이 들 것이다. 하지만 인간은 성장을 원할 때 항상 벼랑 끝에 몰리게 된다. 성장은 벼랑 끝에서 만들어지기 때문이다. 너무 걱정하지 마라. 누구든 자기 삶에서 전력투구를 하면 세상도 감동해 그 가치를 알아준다.

괴테가 말했다.

"인간은 노력하는 한 방황하는 법이다."

내가 아이를 교육하며 자꾸 길을 잃고 아픈 이유는 노력하기 때문이다. 아파도 힘들어도 멈추지 않도록 자신을 믿어보라.

'사랑하는 사람은 멈추지 않는다.'

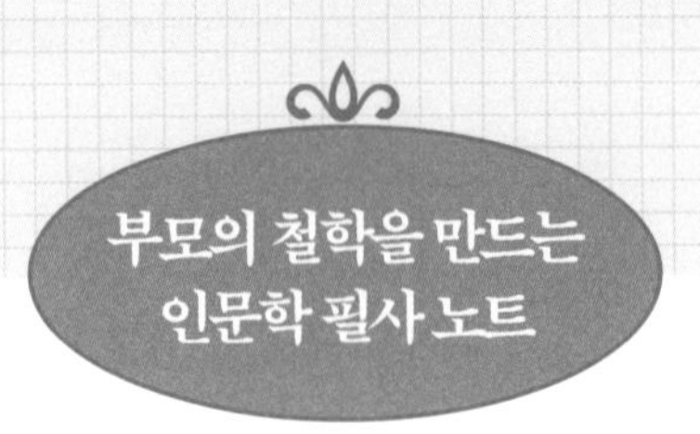

11. 부모의 사랑, 세상을 바꾸는 가장 근사한 감정

아이는 평생 두 번 사랑에 빠집니다.
최초의 사랑은 자신에 대한 사랑이고,
다음은 자신을 돌봐주는 부모를 향한 사랑이죠.
그래서 아이가 부모를 사랑하려면,
먼저 자신부터 사랑해야 합니다.
자신을 사랑하지 않는 아이는
그 누구도 사랑할 수 없습니다.

부모 교육 포인트

부모가 무너지고 또 무너지지만 견디는 이유는 오직 하나, 내 아이를 사랑하기 때문이죠. 결국 부모가 견딘 그 세월은 하나의 길이 되어, 사랑하는 아이가 나아갈 방향을 잡아줍니다. 아이를 어떻게 기르고 교육시킬 것인가? 지금 당신이 이 질문을 하고 있다면, 다른 모든 일은 접고 그 질문에만 집중하세요. 당신은 세상을 바꾸는 가장 근사한 일을 하고 있으니까요.

스스로 공부하는 아이의 비밀

'나중에 사람 구실이나 할 수 있을까?'라는 생각이 들 정도로 미래를 기대할 수 없었던 아이도 1년 만에 깜짝 놀랄 정도로 달라져 있는 경우를 가끔 본다. 무에서 유를 창조하는 게 바로 자녀교육이다. 부모는 어떤 과학자보다 위대한 창조자이자 혁신가다. 더욱 엄중한 책임이 따른다. 아이는 정말 하루하루 달라진다. 그래서 교육이란 게 참 무섭다. 그 달라짐의 방향을 제대로 설정하지 않으면 금세 엉뚱한 곳으로 가버려 돌려놓기 힘들어지기 때문이다. 그래서 많은 부모가 '내가 지금 잘하고 있는 건가?'라는 고민에 빠져 자녀교육 관련 방송도 찾아보고 책도 읽는다. 하지만 딱 부러지는 답을 발견하기가 쉽지 않다.

자녀교육에 지대한 관심을 갖고 평생 연구했던 다산 정약용은 고민하는 모든 부모에게 이렇게 조언한다.

"아이가 스스로 우선순위를 깨닫게 하라."

하루는 이인영이라는 열아홉 살 청년이 다산을 찾아왔다. 그는 과거를 보기 위함이 아닌 문장을 배우는 데 삶을 건 청년이었다. 과거와 출세는 안중에 없고 오직 문장가의 꿈을 이루겠다는 생각뿐이었다. 그가 들고 온 책 상자에서 나온 책 역시 이름을 얻은 문인들의 시문집이었다. 지적인 능력을 시험해보고 싶었던 다산은 그에게 다양한 질문을 했고, 청산유수의 답이 돌아왔다. 그의 독서는 책 상자에 든 책의 범위를 몇 십 배나 넘어서고 있었다. 소년의 표정은 긍지로 빛났지만 다산의 표정은 어두워졌다.

다산은 과거시험 제도와 공부는 이미 현실 공부와 동떨어져서 문제가 많은 것은 인정했지만, 나라의 제도가 바뀌지 않는 한 과거를 통하지 않고 사람이 세상에 쓰일 길이 없다는 사실을 강조하며, 오로지 문장가가 되면 다른 모든 것을 희생해도 좋다는 것은 어리석은 생각이라고 충고했다. 그리고 청년이 지금 당장 해야 할 일을 말해주었다.

1. 고향에 돌아가 부모를 봉양하라

인간이 되지 않고 글만 잘 써서 무엇에 쓸 것인가? 효도와 우애 없이 누구를 감동시킨단 말인가? 한 사람의 글은 결국 그가 살았던 삶의 합이다. 가족을 사랑하고 가족을 행복하게 해준 경험이 없는 작가의 글은 껍데기일 뿐이다.

2. 과거 공부를 시작하라

부모를 봉양한 다음에는 과거 공부를 시작하라. 문제가 많은 제도이긴 하지만 과거 공부도 꼭 필요하다. 그래야 내가 이 세상에 나온 보람을 찾을 수 있기 때문이다. 과거에 합격해서 우리 시대에 필요한 큰 학자로 성장하겠다는 다짐으로 공부를 하라.

3. 쓸데없는 행동을 자제하라

경박한 취미는 한 사람의 삶을 망친다. 천금같이 귀한 몸을 함부로 굴리지 마라. 부모를 공양하지 않고, 지금 당장 해야 할 과거 공부를 하지 않은 채 문장에만 빠져 지내는 삶은 가치가 없다.

다산은 문장이란 결과일 뿐, 그 자체로 목적이 될 수는 없다고 말했다. 우선순위를 강조한 것이다. 다산은 우선순위를 정하는 아주 간단한 방법을 알려줬다.

"하고 싶은 공부를 하지 말고 해야 할 공부를 하라."

물론 현실은 만만치 않다. 초등학생 아이를 둔 부모는 한 번 이상 이런 질문을 받아봤을 것이다.

"계산기가 있는데 수학을 왜 배워야 하나요?"

"저는 영어를 쓰지 않는 나라에서 살 건데요."

아이가 중학생이 되면 문제는 더욱 심각해진다.

"미적분이 제 삶에 어떤 영향을 미치나요?"

"역사는 왜 배우죠? 이미 지난 과거잖아요."

그럴 때마다 많은 부모가 이렇게 답하며 상황을 모면한다.

"대학에 가려면 다 알아야 하는 것들이야."

다산의 기준으로 볼 때, 그런 응수는 상황을 모면하는 수준 그 이상도 이하도 아니다. 우선순위를 제대로 정할 수 있게 하기 위해서는, 그것을 배워야 하는 근본적인 이유를 말해주어야 한다. 물론 쉬운 일이 아니다. 머리로는 납득해도 배우고 싶다는 욕구가 생기지 않을 수도 있다. 아이는 그게 당장 자신을 즐겁게 해주든지, 지금 바로 필요한 게 아니면 배우려고 하지 않는다. 바꿔 말하면 지금 아이가 가진 관심이 배움의 가장 큰 동기다.

천자문에 관한 만화를 재미있게 읽은 아이는 그 책을 더 행복하게 읽기 위해 천자문 쓰는 연습을 한다. 자연스럽게 아홉 살 아이가 겨우 1년 만에 한자 500개 이상을 자유자재로 구사하게 된다. 아이를 잘 관찰해서 지금 어떤 공부에 관심을 가지고 있는지 파악하고 그 중심을 건드려야 한다.

옷에 관심이 있는 아이가 "왜 역사를 공부해야 하죠?"라고 물으면 옷에 대한 역사를 흥미롭게 전해주며 '더 멋진 옷을 디자인하고 예쁘게 입기 위해서는 역사를 알아야 하는구나'라고 생각하게 유도해야 한다. 그게 가장 자연스럽게 지금 해야 할 공부를 우선순위 1번으로 정하게 하는 방법이다.

진정한 변화를 위해 부모가 알아야 할 게 하나 있다. '자기주도학습'이라는 말이 있다. 거의 모든 학부모가 좋아하는 단어다. 그래서 스스로 공부하는 아이를 만들 수 있다고 주장하는 책도 많다. 그 책을 고르는 부모의 마음에는 '나는 하기 싫지만 아이는 스스로 공부하게 만들고 싶다'라는 욕구가 진하게 스며들어 있다. 하지만 나는 알고 있다.

'스스로 공부하는 부모만이 아이를 스스로 공부하게 할 수 있다.'

아이가 앞으로 공부할 시간이 얼마 남지 않았다는 사실을 인지해야 한다. 다산은 "그 사실을 알아야 부모가 더 절실한 마음으로 아이를 위해 노력할 수 있다"며 이렇게 설명했다.

"아이가 공부하는 기간은 대개 여덟 살부터 열여섯 살까지다. 하지만 여덟 살에서 열한 살까지는 지식이 부족해 공부를 해도 맛을 알지 못한다. 열다섯 살과 열여섯 살 때는 여러 가지 물욕이 생겨 마음의 중심을 잡기 힘들다. 결국 열두 살과 열세 살, 열네 살에 해당하는 3년 동안이 진짜 공부를 할 수 있는 시기다. 하지만 이 3년 중에 여름은 더위로 괴롭고, 봄가을에는 좋은 날이 많아 공부에 집중하기 힘들다. 그 기간을 제외하면 9월부터 2월까지 180일간이 공부할 수 있는 날이다. 3년을 합치면 540일이다. 여기에 다시 명절과 질병이나 우환으로 방해받는 날을 빼면 실제로 공부에 집중할 수 있는 것은 대략 300일쯤이다. 부모는 아이가 공부할 수 있는 300일을 보석처럼 빛나게 해야 한다."

물론 시대적 배경이 조선이라 지금 상황과 맞지 않는 부분도 있다. 중요한 건, 그 마음을 느끼는 것이다. 아이에게는 공부할 시간이 그렇게 많이 남아 있지 않다는 사실을 인지하고 아이의 하루하루가 빛날 수 있게 해야 한다. 다산은 "공부는 하나를 배워서 열을 아는 파급력이 있어야지, 열을 배워 하나를 건지는 방식은 안 된다"라고 했다. 같은 시간 같은 것을 배워도 배우는 속도와 깊이가 다른 이유는 스스로 선택해서 주도한 공부가 아니기 때문이다. 하고 싶은 공부가 아닌, 지금 해야 할 공부를 우선순위에 두고 스스로 공부하는 아이만이 하나를 배워 열을 아는 수준에 이를 것이다.

최고의 철학자를 키운 한마디

어린 시절 니체는 매우 조용한 아이였다. 귀족으로 편안하게 살아갈 환경에서 태어났지만, 안타깝게도 아버지가 사고로 서른다섯 살에 삶을 마감했고, 이듬해에는 막냇동생까지 갑작스럽게 병으로 세상을 떠났다. 니체의 가족은 '저주스런 땅에서 벗어나자'라며 강변의 오래되고 아름다운 지역으로 이사 갔다. 겨우 다섯 살의 나이에 고향을 잃은 외로움을 경험하면서 어린 니체는 더욱 조용해졌다.

하지만 그에게는 '어머니'와 '외할머니'라는 두 명의 든든한 지지자가 있었다. 알아주는 명문가 출신의 어머니도 교육에 남다른 철학이 있었지만, 사람을 보는 날카로운 감각을 가진 외할머니의 영향을 조금 더 많이 받았다.

하루는 니체의 어머니가 아들의 고집스러운 부분의 문제점을 호소했을 때, 할머니는 이렇게 충고했다.

"너는 저 아이가 얼마나 위대한 재능을 가지고 있는지 전혀 모르는구나! 저 애는 평생 내가 본 애들 중 가장 비범하고 재능이 많은 아이란다. 저 아이의 그런 성격은 그대로 내버려두는 것이 좋단다."

니체의 어머니는 그 충고를 귀담아들었다. 이후 그녀는 아들의 성격 부분에 간섭하지 않았고, 굳은 믿음으로 아들의 재능이 자라는 모습을 지켜보았다. 철학자 니체의 모든 능력과 귀족적인 태도는 그 한 마디에서 시작된 것이다.

그 한마디의 힘은 거기에만 그치지 않았다.

니체에게는 두 살 아래의 동생이 있었는데, 그녀는 언제나 오빠를 친절한 놀이 상대이자 존경할 수 있는 어른이라고 생각했다. 그 이유는 간단하다. 오빠에게서 멋진 삶의 자세를 배웠기 때문이다.

그가 동생에게 전파한 첫 번째 삶의 자세는 자제력이다. 언제나 자제력을 강조하던 어린 니체는 동생에게 이런 이야기를 들려주었다.

"항상 웃어야 해. 분노가 나를 덮쳐도 거친 단어를 발음하지 말아야지. 고통과 슬픔을 조용히 견디며 나를 자제할 수 있는 사람이 남도 제어할 수 있는 거야."

그녀는 어른이 된 후 고통스러운 처지에 놓일 때면 항상 오빠의 말을 상기하며 견뎠다.

두 번째 가르침은 성실함에 대한 것이었다.

"우리 두 사람은 거짓말을 해서는 안 돼. 그것은 우리에게 어울리지 않으니까. 남들은 신경 쓰지 말자. 거짓말하고 싶으면 얼마든지 하라지. 하지만 우리 두 사람에게는 오직 성실만이 있을 뿐이야."

놀라운 건, 동생을 향한 니체의 주옥같은 조언들이 겨우 여덟 살 때 했던 표현이라는 사실이다.

외할머니의 한마디는 니체를 19세기가 낳은 최고의 철학자로 성장시켰다. 물론 그의 모든 성과가 외할머니의 한마디로 이루어졌다고는 할 수 없지만, 일종의 성장 촉진제 역할이었음을 부정할 수는 없다.

당신은 아이가 풀이 죽어 있거나, 자기 능력을 믿을 수 없어 하는 상황에 놓였을 때 어떤 말을 해주는가?

"힘을 내렴, 너는 할 수 있단다."

아마 많은 부모가 이런 식의 표현으로 아이에게 힘을 불어넣으려 할 것이다. 하지만 이런 격려는 별 도움이 되지 않는다. '왜 내가 힘을 내야 하는지', '힘을 낼 수 있는 방법이 무엇인지'에 대한 구체적인 방법이 없기 때문이다. 아이의 삶에 변화를 주고 싶다면, 남다른 표현 기술이 필요하다. 나는 니체와 그의 외할머니가 함께 지낸 삶에서 다음 세 가지 방법을 찾아냈다.

1. 내가 느낀 감정을 다른 단어로 표현하라

'시적 표현'을 자유자재로 사용할 줄 알아야 한다. 사랑을 표현할 때 시에서는 직접적인 단어를 사용하지 않고 온갖 은유와 비유를 쓴다. 물론 그 안에는 사랑이 존재한다. 은유와 비유를 생각한다는 것은 그 대상을 사랑한다는 증거이기 때문이다. 은유와 비유는 사실 귀찮은 일이다. 시간이 오래 걸리기 때문이다. 그 대상을 사랑하지 않는다면 긴 시간을 투자할 수 없다. 바꿔 말하면 부모라면 할 수 있다.

2. 필요성의 관점으로 아이를 보라

부모는 일의 중요성이 아니라 필요성의 관점으로 바라봐야 한다. 남들이 말하는 중요성이 아닌 '내 아이에게 그게 왜 필요한지'에 대한 이유를 찾아야 한다. 중요성을 따라가는 사람은 타인의 생각에 의지하는 삶이고, 필요성을 느끼며 사는 사람은 자기의 생각을 실천하는 삶이다. 모든 아이에게 중요한 게 아니라 지금 내 아이에게 필요한 그것을 발견해야 한다.

3. 권위가 아니라 정체성을 찾아라

말이든 글이든 자기 생각을 누군가에게 표현하기 위해서는 스스로가 올바로 서야 한다. 간혹 정체성과 권위 사이에서 혼란스러워하는 부모가 있는데, 일단 권위나 정체성은 권력이나 돈에서 나오는 게 아니라는 사실을 명심해야 한다. 말과 행동 그리고 생각의 주인이 될 때 비로소 정체성을 찾을 수 있다. 정체성을 찾으면 동시에 권위도 찾을 수 있다. 자녀교육은 그 이후의 일이다. 자기 정체성을 찾지 못한 사람의 말을 듣는 이는 없다.

한 영화에서 재벌 아버지가 생일을 맞은 딸과 비행기 안에서 기내식을 즐기는 장면이 나왔다. 바쁜 아버지는 기내에서도 업무를 처리하기 위해 서류를 읽고 있었다. 순간, 딸이 자기가 그린 그림을 선생님이 특별하다고 칭찬했다며 자랑했다. 서류를 넘기며 건성으로 듣던 재벌 아버지는 "특별하다고 한 이유가 뭐니?"라고 묻기는 했지만 아이가 막 대답하려는 찰나 마침 옆을 지나가던 승무원에게 "소금 좀 주세요"라고 말하며 고개를 돌렸다. 그러자 같이 식사하던 아들이 이렇게 말했다.

"동생이 지금 아버지에게 자랑하고 싶어서 아버지만 바라보고 있는데 대답을 들을 그 3초를 못 참으세요? 그건 바빠서가 아니라 사랑이 없는 겁니다."

만약 그가 잠시 서류를 덮고 아이의 얼굴을 바라보며 "아빠는 네가 참 자랑스럽단다. 많은 사람이 그런 너의 내일을 기대하고 있어. 나도 그중 한 명이란다"라고 말해줬으면 어땠을까? 그 아이의 삶이 조금 더 아름답게 변했을 것이다.

부모는 사랑의 언어로 아이 마음에 다가서야 한다. 오직 그 방법만 이 아이를 움직이게 할 수 있기 때문이다. 부모의 사소한 한마디가 아이의 삶에 결정적인 영향을 미친다. 그래서 시작부터 끝까지 최선을 다해야 한다.

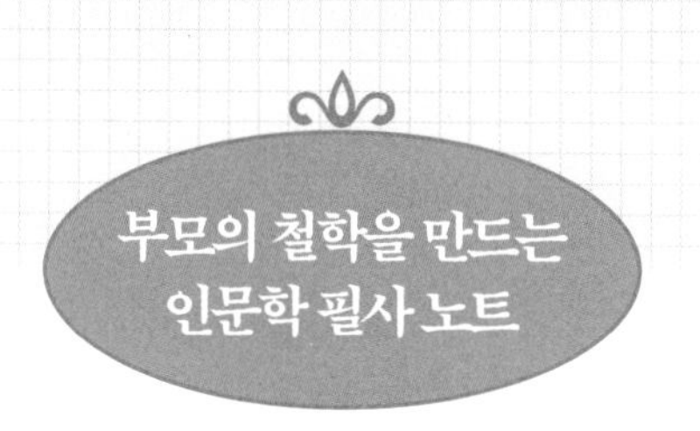

12. 부모의 제안, 공부의 쓸모를 알려주는 새로운 시각의 힘

아이에게 소중한 것을 가르칠 때는
부모의 변덕스러운 말이 아닌,
반복되는 습관에서 발견하게 하세요.
말로 서둘러 가르치지 말고,
행동으로 반복해서 천천히 보여줘야 합니다.

부모 교육 포인트

아이들은 조언을 반기지 않아요. 대신 이렇게 제안하는 것은 거부감 없이 받아들이죠.
"그걸 어디에 쓰면 좋을까?", "다른 방법은 또 없을까?"
부모는 조언이 아니라 다른 방식을 제안하는 사람이 되어야 합니다. 부모의 제안을 통해 늘 사물의 쓰임을 생각하는 질문을 던진 아이는, 같은 공간에서도 늘 새로운 것을 발견하니까요. 기억하세요. 많이 배운 아이는 지식은 쌓을 수 있지만, 지성인으로 살아가는 것은 불가능합니다. 지식의 쓸모를 알아야 지성을 갖출 수 있습니다.

아이 마음에 다가가는 대화의 기술

예전에 뜻이 맞는 사람들과 이것저것 먹을 것과 입을 것을 들고 보육원에 가서 그곳 아이들과 함께 시간을 보낸 적이 있다. 당시 나는 보육원에 찾아갈 때마다 함께 간 사람들에게 이런 주의를 줬다.

"아이들을 이해하려고 하지 마세요. '나도 어릴 때 부모님이 돌아가셔서 너의 아픈 마음을 알아'라는 말은 아이들에게 오히려 상처가 됩니다."

물론 아이들의 아픔을 이해하고 싶은 그 간절한 마음은 안다. 하지만 '나는 아이들의 마음을 이해할 수 있다'라고 생각하는 건 자만이다. 위에서 아래를 내려다보는 마음에서 나온 행동이기 때문이다. '아이의 마음을 이해하고 싶다'라고 생각하고 다가가는 것이야말로 최소한의 예의이자, 한 인격체로 대하는 자세다.

자녀교육도 마찬가지다.

'너를 이해해'가 아닌 '너를 알고 싶어'라는 자세로 다가서라. 위에서 머리를 쓰다듬어주는 게 아니라, 나란히 서서 손을 잡고 걸어가라. 상하 관계가 아닌 수평관계가 되어야 한다. '혼자 걷는 백 걸음보다 함께 걷는 한 걸음이 아름답다'는 사실을 아는 관계가 돼야 한다.

그러기 위해서는 다음 세 가지 조언을 충실히 이행해야 한다.

1. 행동의 중심에 누가 서 있는지 파악하라

많은 부모가 아이에게 "놀지만 말고 공부 좀 해!"라고 윽박지른다. 그럴 때 자기에게 이런 질문을 던져보라.

"공부하지 않아서 손해를 보는 쪽이 누군가?"

중요한 건, 그 행동의 중심에 누가 서 있는지 파악하는 것이다. 우리는 지금까지 스스로 공부하는 아이로 키우기 위해 수많은 노력을 했다. 그 모든 시도가 실패로 끝났다면, 방법에 변화를 줘야 한다. '공부'와 '아이'를 연결하고, 그것을 지지하는 식으로 대화를 해야 한다.

"아빠가 네 꿈을 이룰 수 있게 도와주고 싶은데, 우리 잠깐 이야기 할까?"

아이가 공부하지 않는 문제를 떠안으려고 하지 말고 함께 이야기를 나누며 풀어나가라.

2. 아이의 일상을 대화의 중심에 두어라

무려 1년이나 준비해서 피아노 콩쿠르에 나가 입상한 아이에게 "그게 뭐 대단한 일이냐? 엄마도 너처럼 편안하게 레슨을 받고 집에 피아노가 있어서 마음껏 연주할 수 있었다면 대상 정도는 문제없이 받았을 거다"라고 말하며 성취의 기쁨을 없애버리는 부모가 있다. 또 계속 실패해서 마음이 아픈 아이에게 "도대체 얼마나 더 알려줘야 스스로 할 수 있겠니? 엄마는 네 나이 때 얼마나 잘했는지 알아?"라고 말하며 더 상처를 주는 부모가 있다.

둘 다 아이를 망치는 굉장히 안 좋은 대화법이다. 내 경험을 내세워선 안 된다. 오직 아이에게만 집중하고 아이의 어제와 오늘을 비교해 대응한다.

"어제보다 정말 많이 좋아졌구나!"

"이렇게 하면 예상보다 빨리 끝낼 수 있겠네!"

나를 내세울 때와 아이에게 집중하며 대화할 때 나오는 표현은 이렇게 다르다. 늘 중심에 아이의 일상을 두고 생각하라.

3. 이유를 설명하고, 또 설명하라

아이가 식당에서 소란을 피우고 큰 소리로 떠들면 많은 부모가 "식당에서는 가만히 앉아서 조용히 밥을 먹어야 하는 거야"라고 충고하는 느낌으로 말한다. 당연히 아이는 "왜?"라고 응수한다. 그럼 부모는 조금 상기된 표정으로 "그게 당연한 거니까!"라고 말하며 아이를 쏘아본다. 그게 반복되면 "말대답하지 말라고 했지!"라며 아예 아이 입을 막아버린다. 하지만 세상에 '당연한 건 없다'는 사실을 알아야 한다. 어른에게는 당연한 일도 아직 경험이 적은 아이에게는 낯설 수 있다. 그럴 때는 당연한 거라고 닦달하지 말고 긍정적인 결과를 낼 수 있는 플러스 관점으로 접근해서 이유를 끝까지 설명한다.

"미선아, 넌 엄마가 웃을 때 가장 행복하다고 했지? 엄마도 웃는 미선이를 볼 때 가장 행복하단다. 식당에서도 마찬가지야. 우리가 서로 행복하기 위해서는 모두가 웃으며 식사를 할 수 있게 조용히 앉아 있어야 하겠지?"

이런 방법으로도 아이가 식당에서 조용히 해야 한다는 사실을 이해하지 못하면 포기하지 말고 아이가 이해할 때까지 설명한다.

미국의 38대 대통령 제럴드 포드Gerald Rudolph Ford는 쉽게 분노하는 성격이었다. 그런 성격이 나중에 아들의 미래를 망칠 거라 생각한 어머니는 다음 세 단계 방법을 통해 그의 성격을 변화시켰다.

- 아들의 현재 모습을 정확하게 설명해주었다.
- 자신을 돌아보게 하고 얼마나 우스운 모습인지 바라보게 했다.
- 화를 자제해야 하는 이유를 알려줬고, 그 방법을 삶에서 실천하게 했다.

중요한 건 세 번째다. 어머니는 "분노로 너의 좋은 판단력을 흐리게 해서는 안 된다"고 말하며 화를 자제해야 하는 이유를 알려주었고, 그의 마음속에 반드시 실천해야 하는 규칙을 확고하게 심어주었다.

원하는 것을 주입하기 위한 목적으로 나누는 대화로는 아이의 마음을 열 수 없다. 설령 강제로 연다 할지라도, 그 강제로 인해 마치 망치와 칼로 난도질당해 생긴 듯한 상처를 아이는 평생 마음에 안고 살 것이다. 중심을 '아이의 변화'가 아닌 '우리의 변화'에 두어라.

"어떻게 하면 아이와 내가 함께 변할 수 있을까?"라는 질문이 아이의 마음에 다가갈 수 있게 도울 것이다.

아이를 변화시키는 현명한 충고의 기술

아이 마음에 다가갔다면 이제 응용이 가능하다. 많은 아이가 이런 핑계를 댄다.

"친구들도 다 그렇게 한단 말이에요."

내 아이가 소비자가 아닌 창조자의 삶을 살게 해주고 싶다면 처음부터 창조자의 싹을 잘 관리해줘야 한다. 창조자의 싹은 예민해서 금방 썩기 때문이다. 아이가 친구를 이유로 주장을 관철시키려 할 때 다음 대화를 참고해서 응수해보라.

"아니야, 전부는 아니지. 같은 반에도 그렇게 하지 않는 친구가 있을 테고 범위를 넓히면 더 많을걸. 너도 알고 있지 않니?"

"전부는 아닐지 몰라도 아주 많은 친구가 그렇게 한다구요."

"그렇다면 하나 물을게. 세상에는 현명한 사람하고 어리석은 사람 중 누가 더 많을까?"

"현명한 사람은 적으니까 아무래도 어리석은 사람이 더 많겠죠."

"뭐야, 그럼 너는 결국 어리석은 사람을 따라 하고 있다는 거잖아?"

좋은 충고는 사람을 변화시킨다. 하지만 수많은 충고가 아이의 마음에 상처만 내고 사라진다. 그 이유는 간단하다. 현명하게 충고하는 방법을 배운 적이 없기 때문이다. 현명한 부모는 아이의 마음을 아프게 하지 않고, 충고를 가장한 질문을 던져 스스로 올바른 판단을 내리게 돕는다.

구체적인 방법을 알아보자. 많은 아이가 거의 비슷하게 말썽을 피운다. 대개 이런 것들이다.

- 어린이집에서 혼자 마음대로 행동하며 교사의 말을 듣지 않는다.
- 수업 중 딴짓을 하며 혼자 수업에 참여하지 않는다.
- 차례를 지킬 줄 모르고 기분 내키는 대로 행동한다.
- 간혹 자기 분노를 이기지 못하고 친구에게 욕을 하거나 때린다.

이런 아이를 기르는 부모는 '아무리 타이르고 매를 들어도 아이가 변하지 않는다'고 걱정한다. 대체 어떤 방법으로 충고해야 할까?

여기서 나는 "인간관계의 80퍼센트는 대화에서 시작하고 끝난다"는 말을 하고 싶다. 부모는 당연히 자식을 끔찍이 사랑한다. 하지만 아무리 좋은 감정을 갖고 있어도 자기 생각을 말로 제대로 전하지 못하면 상대는 당신의 진심을 오해할 수 있다. 직장에서도 그렇지만, 사랑으로 엮인 부모 자식 사이도 마찬가지다.

지금 시각은 오전 8시 30분. 유치원 통학버스를 타기 10분 전이다. 당신은 아이가 가지고 가야 할 모든 준비물을 챙겨 놓고 문 앞에서 대기 중이다. 그런데 평소 상습적으로 지각을 하는 첫째가 옷을 다 입은 채로 다시 침대에 누워 움직이지 않는다.

이미 화가 머리끝까지 난 상태지만 그래도 아이를 아끼는 마음으로 '내 아이가 지각하지 않는 성실한 사람이 되도록 좋은 말로 충고를 해줘야지'라는 생각을 하며 화를 삭인다. 아무리 말해도 일어나지 않던 아이는 결국 10분이나 늦은 8시 40분 침대에서 걸어 나와 이렇게 투정을 부린다.

"뭐야, 어제 늦게 자서 피곤하단 말이야."

10분 늦게 나오는 바람에 영락없이 걸어서 유치원을 가야 하는 답답한 상황이지만, 당신은 애써 분노를 가라앉히며 아이에게 이렇게 충고한다.

"너는 시간관념이 없어. 다음부터는 네가 준비물도 알아서 챙기고 엄마보다 먼저 나와 있어야 해. 그래야 예쁜 아이지."

이 상황과 대화를 어떻게 생각하는가?

부모의 충고를 들은 아이의 기분은 어떨까? 부모의 바람처럼, 지각하지 않는 사람으로 변할 수 있을까?

이렇게 충고했다면 어떨까?

"오늘 10분 늦은 거 알고 있지? 이유가 있겠지만 다음에는 늦지 않도록 하자."

부모의 충고와 내가 제안한 충고의 차이가 무엇인지 발견했는가?

다음 글을 읽기 전에, 앞의 두 문장을 천천히 읽으며 최대한 철저하게 분석해보자.

'죄는 밉지만 사람은 미워하지 마라'는 말이 있다.

오스트리아 정신의학자 알프레드 아들러Alfred Adler는 '행위'와 '사람(행위자)'을 분리하라고 말한다. 부모는 아이와 지각을 연결해 '사람'을 질책했고, 반면에 내가 제안한 충고에서는 아이가 10분 지각한 사실, 즉 '행위'만 지적했다. 이는 커뮤니케이션에서 큰 차이를 가져온다. 부모가 아무리 자식을 존중하고 아끼는 마음을 갖고 있더라도, 자식 입장에서는 그런 식으로 자신을 시간관념이 없는 사람으로 단정 지으면 화가 날 수밖에 없다.

공부 문제에도 적용할 수 있다. 많은 부모가 '내 아이가 조금 더 열심히 공부하면 얼마나 좋을까?'라는 고민을 한다. 그래서 틈날 때마다 "공부 좀 해!"라는 잔소리를 한다. 그런 잔소리는 통하지 않는다. 지금도 수많은 부모가 그걸 증명하고 있다. 하라면 더 하기 싫어지는 건 거의 모든 인간에게서 나타나는 공통적인 현상이다.

이런 충고도 마찬가지다.

"너 이렇게 공부하다가는 나중에 거지처럼 살아야 한다."

"엄마 친구 아이는 다 열심히 공부하던데 너는 도대체 왜 이러니!"

앞에서처럼, 사람이 아니라 행위에 집중한 충고를 해보자.

"맞힌 문제가 많진 않지만 그렇다고 포기한 문제는 없으니까 너에게는 아직 희망이 있어."

어떤가? 당신이 아이라면 이런 부모의 충고를 듣고 어떤 마음이 들 것 같은가? 사람은 누구나 자신의 능력을 알아주는 사람 앞에서 다시 시작할 힘을 얻는다. 그것이 바로 희망이다. 물론 쉽게 이루어지지는 않을 것이다. 하지만 몇 번 반복해서 아이에게 희망을 전달하면, 조용히 책상에 앉아 공부하는 아이의 모습을 보게 될 것이다.

아이를 아끼는 만큼 현명하게 충고해야 한다. '행위와 사람을 분리'하는 아들러 심리학의 사고방식을 참고해서 충고하면 어떤 상황에서도 아이의 분노를 일으키지 않고 가장 현명하게 변화를 이끌어낼 수 있다.

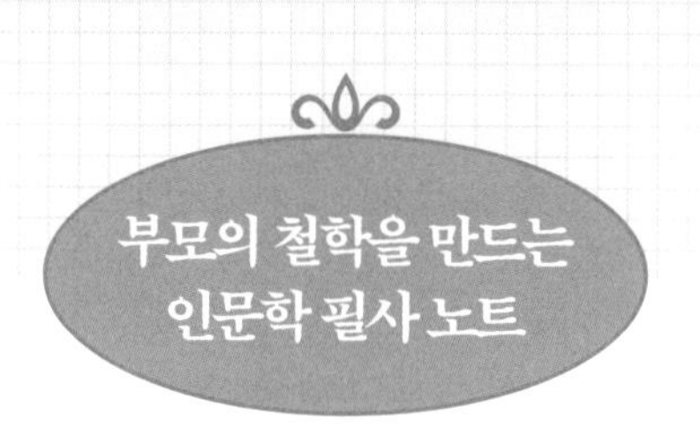

13. 부모의 why, 사람의 가치를 확장하는 질문의 힘

내가 세상으로부터 받는 것이
곧 나의 가치라고 생각할 수도 있지만,
그보다 더 귀한 가치가 하나 있습니다.
"당신은 세상에 무엇을 줄 수 있는가?"
인간의 가치는 그가 받는 것이 아닌,
"줄 수 있는 것이 무엇이냐?"로 결정되니까요.
아이에게 더 많은 것을 주기 위해,
늘 질문을 멈추지 않겠습니다.

부모 교육 포인트

질문을 통해 우리가 얻을 수 있는 가장 큰 이익은 지혜의 발견입니다. 육하원칙을 활용하면 가능합니다. 육하원칙이란 누가(who), 언제(when), 어디서(where), 무엇(what), 왜(why), 어떻게(how)의 여섯 가지 기본이 되는 조건을 말해요. 그러나 지혜로운 질문 생활을 하고 싶다면 왜(why)를 6개 항목에 모두 추가해야 합니다. 누가 왜? 언제 왜? 어디서 왜? 무엇을 왜? 왜 더 하기 왜? 어떻게 왜? 이렇게 각각의 조건에 그렇게 한 이유까지 질문해야 비로소 질문을 통해 무언가 하나를 섬세하게 바라볼 수 있게 됩니다.

• • •

인생을 두 배로 사는 칸트의 시간 관리법

요즘에는 놀이터에서 노는 아이를 찾아보기가 힘들다. 초등학교에 입학하면 더욱 심각해져서, 서로 마음이 맞는 아이 엄마들끼리 시간을 정해 아주 가끔 아이들을 놀이터에서 만나서 놀게 해줄 정도다.

자, 이런 상황을 한번 가정해보자.

오후 3시에 놀이터에서 만나 4시까지 놀기로 했는데, 상대편 엄마에게 약속시각 5분 전에 "미안하지만 급한 일이 생겨서 15분 정도 늦는다"는 연락이 왔다. 그런데 당신은 이미 아이와 함께 놀이터에 도착한 상태다.

'20분 동안 아이와 무엇을 할 것인가?'

아마 많은 부모가 아이를 혼자 놀게 두고, 놀이터 구석 의자에 앉아 스마트폰하며 시간을 보낼 것이다. 하지만 아이에게 효율적인 시간 관리법을 알려주기 위해서는 부모의 다른 행동이 필요하다. 여기서 이런 질문을 던져보자.

“세계적인 시간 관리의 대가 칸트라면 어떻게 행동했을까?”

그는 예순 살 이후 매일 집에 손님을 초대해 오찬을 열었다. 하지만 열띤 대화를 하다가도 자신이 정한 시간이 되면 매몰차게 사람들을 돌려보내고 다음 일정을 소화했다.

이처럼 1초도 허투루 보내지 않았던 칸트의 삶은 우리에게 이렇게 조언한다.

- 일단 남은 20분 동안 무엇을 할지 결정하라.
- 독서를 하기로 했다면 그것을 실천에 옮겨라.

“갑자기 책이 어디서 나서 독서를 하나요?”라고 묻는 독자도 있을 것이다. 맞는 말이다. 주변에 책이 없다면 방법은 하나다. ‘책을 가지러 집으로 돌아가라.’ 보통 동네 놀이터는 집에서 왕복 10분 거리에 있다. 20분 정도 시간이 남는다면 왕복 10분을 제외하고도 10분 정도 책 읽을 시간을 확보할 수 있다. 물론 왕복 10분도 그저 걷는 데만 소비할 수는 없다. 아이와 함께 걸으며 이런 식의 질문을 하라.

“어떤 책을 읽고 싶니?”

“그래? 그 책을 읽고 싶은 이유라도 있어?”

“시간이 부족할 텐데, 어떤 방식으로 읽는 게 좋을까?”

그렇게 아이는 20분 동안 책을 선택하고 읽을 수 있다. 하지만 그런 시도조차 하지 않는다면 20분은 아무 흔적도 남기지 않고 사라질 것이다.

‘칸트의 시간 관리법’의 핵심은 간단하게 세 가지로 볼 수 있다. 아래 사항을 부모와 아이가 함께 번갈아가며 읽어라.

1. 일의 순서를 정하라

남들보다 월등하게 높은 생산성을 발휘하는 사람의 특징이 바로 일의 순서를 정한 다음에 실행에 옮긴다는 것이다. 모든 일에는 순서가 있어야 한다. 그래야 중간에 어떤 일이 발생해도 당황하지 않고 순서대로 처리할 수 있다.

2. 달콤한 유혹에 빠지지 마라

아이는 유혹에 약하다. 지금 해야 할 일을 내일로 미루거나, 만화 영화의 유혹에 빠져 텔레비전에 소중한 시간을 허비하기도 한다. 앞에서 단 10분이라도 아이에게 책을 읽힌 것처럼 정기적으로 지적인 자극을 주어라. 지적 수준이 낮은 아이는 쾌락의 유혹에 쉽게 빠지지만, 수준이 높은 아이는 현실에서 해결해야 할 문제에 집중한다.

3. 공부든 놀이든 최선을 다하라

"놀 때 놀고, 공부할 때 공부해라."

자주 들었던 말이다. 그런데 부모라면 이 말의 의미를 잘 파악해야 한다. 여기에서 중요한 건 공부와 놀이에 따로 때가 있다는 게 아니라, 놀든 공부하든 그것에 최선을 다해야 한다는 것이다. 공부와 마찬가지로 놀이에도 최선을 다하면 깨달음을 얻을 수 있다. 누구보다 의욕적으로 자기의 모든 것을 바쳐 그 순간에 몰두하게 하라.

모자란 시간을 핑계 삼아 아무것도 하지 않는 사람이 있다. 늘 "나도 정말 하고 싶은데 그걸 하기에는 시간이 좀 모자라"라며 움직이지 않는다. 그들은 시간이 풍족해도 마찬가지로 움직이지 않는다.

'시간이 없는 게 아니라 하고 싶은 의욕이 없는 거다.'

10분 동안 만화책을 봐도 괜찮다. 중요한 건, 10분이라는 시간 동안 아이에게 무언가를 할 수 있다는 사실을 알려주는 것이다.

'세상에 모자란 시간은 없다. 모자란 시도와 열정만 있을 뿐이다.'

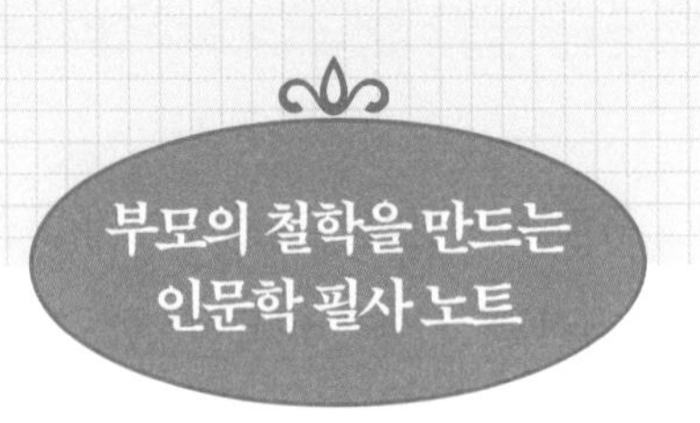

14. 부모의 멈춤, 멈춰야 보이는 것들의 가치

상처 없이 성장하는 영혼은 없습니다.
모든 성장은 상처를 증인으로 남기죠.
어떤 어려움도 없이 무언가를 배웠다면,
그건 아무것도 배우지 않았다는 것과 같아요.
지금 죽도록 힘들다면 죽음보다 귀한 것을,
당신이 배우고 있다는 증거입니다.

부모 교육 포인트

독서는 멈출 곳을 발견하는 것이고, 글쓰기는 멈춘 순간을 기록하는 것입니다. 멈춰서 기록하며 그 자리에서 깊어지면, 이제 비로소 자신을 대표할 철학을 만나게 됩니다. 때로 달릴 때보다 멈출 때, 우리는 인생의 가치를 찾게 됩니다. 무엇도 하지 않고 혼자 머무는 시간은, 결코 쓸모없거나 사라지는 시간이 아닙니다. 시간이 아주 많이 지난 어느 날 당신은 '가장 한가로운 시간이 내게 가장 값진 재산이었다'는, 무엇과도 바꿀 수 없는 사실을 깨닫게 될 것입니다.

• • •

창의력을 높이는 글쓰기 방법

우리는 창의력을 자꾸만 배워서 해결하려고 한다. 아무리 노력해도 창의력을 배울 수 없는 이유는 배워서 알 수 있는 학문의 개념이 아니기 때문이다. 창조의 대가 괴테는 아주 특별한 방법으로 창의력을 발산했다. 그의 글쓰기 방식은 특이했다. 80년 이상의 인생을 집대성해 집필한 《파우스트》를 완성할 당시에도 앉아서 작품을 쓰지 않았다. 방 안을 돌아다니면서 구술했고, 조수가 앉아서 괴테가 읊는 대로 받아썼다.

"서서 걷지 않았다면 창조적인 문장이 나오지 않았을 것이다. 창조는 움직이면서 시작된다. 나의 대작《파우스트》는 내가 평생 걸었기 때문에 탄생한 작품이다."

괴테는 이렇게 말하기도 했다. 많은 부모가 아이에게 글쓰기를 가르치고 싶어 한다. 하지만 마음대로 되지 않는 이유는 부모 역시 글쓰기와 친하지 않기 때문이다. 스스로 가르칠 수 없어 글쓰기 학원을 보내지만 기대만큼 실력이 좋아지지는 않는다. 하지만 내가 괴테의 삶을 통해 발견한 네 단계의 창의적인 글쓰기 방법을 적용하면 이야기는 달라진다. 창의력과 글쓰기 실력을 모두 단숨에 기르게 된다.

1. 의자에서 일어나게 하라

괴테는 불편한 자세에서 글을 썼다. 그렇다고 억지로 불편한 자세를 취할 필요는 없다. 그저 의자에서 일어나면 된다. 의자에 오래 앉아 있을수록 '내가 무슨 글쓰기야, 나는 정말 구제불능이야!'라는 생각에 아이의 자신감만 떨어질 뿐이다.

2. 가볍게 질문하라

의자에서 일어났다면 마음대로 돌아다니게 하라. 원래 아이는 시키지 않아도 집 안을 잘 돌아다닌다. 그냥 편안하게 돌아다니게 하면서 레고나 게임 등 아이가 관심을 두고 있는 키워드로 가볍게 질문해보라.

"이번에 산 레고는 어땠니?"

"너 게임 잘하던데 비결이 뭐야?"

3. 생각과 생각을 잇게 하라

아이가 답하면 다시 질문하라. 질문을 통해 아이가 계속 생각할 수 있게 해야 한다. 아이가 답한 것을 꾸미지 말고 그대로 공책에 적어라. 정리가 되면 아이에게 "이게 바로 네가 말한 걸 그대로 적은 거야"라며 공책을 보여주어라. 아이는 그 기록을 통해 글쓰기에 자신감을 갖게 된다. 아이가 "이게 정말 내가 말한 거야?"라며 놀라면 "그럼, 너는 충분히 더 잘

할 수 있어"라고 격려하라. 격려를 통해 다시 '어떻게 하면 더 잘할 수 있을까?'라는 질문을 하게 되고, 아이는 스스로 답을 찾아내기 위해 또 생각에 빠질 것이다.

4. 글로 적어라

이제 본격적으로 괴테의 글쓰기 방법을 따라 하면 된다. 3번이 익숙해지면 이제 아이가 스스로 방 안을 돌아다니며 자기가 생각한 것을 구술하게 하고, 5분마다 자리에 앉아 구술한 내용을 글로 적게 하라. 물론 처음에는 자기가 구술한 내용이 전부 기억나지 않을 수도 있다. 하지만 자신감이 붙으면서 조금씩 나아진다. 중간에 정말 좋은 생각이 나면 뛰어와서 메모장에 기록하기도 할 것이다. 더불어 나중에는 창조적인 글쓰기 능력과 함께 암기력도 좋아진다. 창조력은 암기력과 함께 발전한다. 저장된 정보가 없는 사람은 어떤 것도 창조할 수 없기 때문이다.

위의 네 단계를 거치며 아이는 창조적인 글쓰기 능력 그 이상의 것을 얻게 된다. 앞으로 사회생활을 하면서 겪게 될 수많은 문제를 주도적으로 해결할 능력도 갖추게 된다.

자기 생각을 담은 글을 쓴다는 건, 달리 말하면 자기 삶을 주도하고 있다는 것이다. 나는 그들을 '프로'라고 부른다. 프로는 다른 삶을 살게 된다. 불경기에도 매년 성장하는 기업에 가보면, 사장이나 임원 중 능력이 아주 특출한 한 명의 전략과 구상으로 경영이 이뤄지는 것을 볼 수 있다. 규모가 엄청나게 큰 대기업도 마찬가지다. 괴테가 《파우스트》를 구술하면 조수가 받아 적듯, 수천 명의 직원이 단 한 사람의 머리에서 나오는 전략과 구상을 실천할 뿐이다.

프로와 아마추어를 구분하는 방법은 아주 간단하다. 자기에게 주어진 일을 '앉아서 하느냐 서서 하느냐'가 결정한다. 작가도 마찬가지다. 대개 앉아서 어떻게든 써내고야 마는 사람을 프로 작가라고 생각하는데, 프로는 서서 생각한 것을 앉아서 적어내는 사람이다. 자판 앞에 앉기 전에 이미 사색을 통해 마무리한다. 수많은 인문학자 역시 마찬가지였다. 산책을 다녀오면 바로 책상에 앉아 머리에 가득 채워진 글을 적느라 바빴다. 그들의 글은 생각이 글자라는 표현 도구로 변환되었을 뿐이다. 음악가는 멜로디로, 화가는 그림으로 자기 생각을 표현한다.

아이가 다리를 움직이게 하라. 생각은 머리가 아니라 다리가 움직이며 작동한다. 가만히 앉아 있으면 생각도 가만히 굳어버린다. 아이가 여기저기로 움직이며 무언가를 말할 때 "조용히 해, 가만히 좀 있어!"라고 말하는 건 '이제 그만 생각을 멈춰!'라고 외치며 아이의 창조성을 말살하려는 것과 마찬가지다.

내가《사색이 자본이다》를 쓴 이유 역시 여기에 있다. 사색이 성인에게 미치는 영향도 크지만, 자라나는 아이에게는 '기적'이라고 부를 만큼 엄청난 영향을 미치기 때문이다. 오직 암기만 하는 아이는 결국 누군가의 명령을 들으며 사는 삶에서 벗어날 수 없다.

이 질문에 답해보자.

'적는 게 중요한가, 생각해내는 게 중요한가?' 답은 정해져 있다.

'내 생각의 한계가 곧 내 삶의 한계다.'

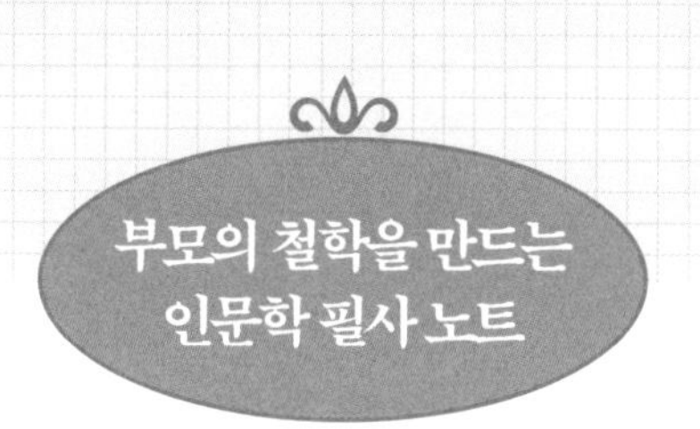

15. 부모의 의식, 당신의 수준을 말해주는 책과 사람

아이의 지성이 폭넓게 발달한다는 것은,
부모의 지성도 나아져야 한다는 사실을 의미합니다.
부모가 아이 수준에 맞는 적절한 질문과
생각할 거리를 제공해줘야 하기 때문이죠.
아이의 지성은 부모의 수준을 뛰어넘을 수 없습니다.

부모 교육 포인트

처음 만나는 사람이라도 그가 어떤 책을 읽고 있는지 알려주면 그걸로 그 사람의 내적 수준을 알 수 있고, 누구와 자주 만나며 교류하는지 알려주면 그 사람의 욕망이 무엇인지 알 수 있어요. 의식 수준이 높은 사람 곁에는 늘 비슷한 수준의 사람이 있고, 주는 것 없이 빼앗기만 하려는 사람 곁에는 욕망만 가득한 사람이 있죠. 마찬가지로 자신의 현재 수준을 알고 싶다면 방법은 간단합니다. 이 질문에 답하면 모든 것이 선명해지죠. "내 책상에는 어떤 책이 있고, 내 주변에는 누가 있는가?"

인간은
보는 법을 배워야 하고
생각하는 것을 배워야 하며
말하고 쓰는 것을 배워야 한다

- 니체, 《우상의 황혼》 중에서

3부

치국

治國

사색이 자본인 시대를
선도하는 아이의 조건

1장

사색하며 성장하는 아이로 키우는 법

생각의 한계가 삶의 한계다

세상에는 수많은 고전이 있다. 지금도 여기저기에서 작가와 강연가가 이를 자기 방식대로 변형해서 대중에게 전하고 있다. 여기서 우리는 '고전 열풍이 시작된 지 굉장히 오랜 시간이 지났다'는 사실을 기억해야 한다. 그러면 자연스럽게 이런 질문을 하게 된다.

"그 좋은 고전을 읽었는데, 왜 우리의 삶은 나아지지 않는 걸까?" 변화는커녕 더 살기 힘들어졌다는 사람이 많은 게 사실이다. 고전을 만병통치약처럼 생각한 많은 사람이 삶의 이곳저곳에서 문제가 생길 때마다 약을 바르듯 고전을 발랐다. 하지만 상처가 낫기는커녕 곪아서 더는 버틸 수 없는 상황에 처해 있다. 그중 가장 중요하고도 시급한 문제는 바로 자녀교육이다.

이 상황까지 온 이유는 다음 세 가지로 정리할 수 있다.

1. 나만의 눈으로 바라보지 못하는 '관점의 부재'

일단 고전을 자기 관점으로 읽을 수 있는 사람이 드물다. 관점이란 바라보는 시각으로 '렌즈'라고도 할 수 있다. 고전을 제대로 읽기 위해서는 다양한 관점을 지녀야 한다. 그렇지 않으면 우리가 얻을 수 있는 것은 편협한 해석뿐이다. 이미 많은 사람이 위대한 인문고전을 읽었지만, 도덕적으로 훌륭한 사람이 되기보다는 오히려 '내가 이 어려운 책을 읽은 사람이야'라는 자만심에 빠져 편협한 삶을 사는 이유가 바로 여기에 있다.

2. 제대로 성숙시키지 못하는 '내면의 나약함'

내 주변에는 고전을 매일 한 권씩 읽는 사람이 많다. 그런데 이상하게 그들은 어제와 같은 오늘을 반복한다. 아무것도 변한 게 없다. 그 이유는 고전이라는 지혜의 산삼을 썩혔기 때문이다. 뽑지 않은 산삼은 시간이 지날수록 저절로 가치가 올라가지만 일단 뽑으면 썩기 전에 빨리 처리해야 한다. 고전도 마찬가지다. 일단 읽었으면 삶에서 실천하며 그것을 내 삶에 이식해야 한다. '나라는 땅'에서 다시 피어나게 해야 한다. 하지만 내면의 나약함이 그걸 불가능하게 한다.

3. 현대에 맞게 가공하지 못하는 '연결력의 부재'

고전은 짧게는 수십 년, 길게는 수백 년 이전에 나온 작품이다. 사람 사는 건 같다고 말할 수도 있지만 환경과 시기에 따라 분명 많은 것이 달라진다. 그래서 고전 작품을 읽고 내 삶에 변화를 주기 위해서는 내 관점에서 읽은 그것을 현대에 맞게 가공할 줄 알아야 한다. 그 과정을 예로 들면 이렇다.

내가 종이를 구겨서 던지면 이 종이는 잠시 날아갈 것이다. 지금도 영감은 우리 주변을 날아다니고 있다. 하지만 종이는 곧 떨어진다. 떨어진 것을 우리는 뭐라고 부르는가?

'쓰레기'다.

내가 '영감'이라고 부르는 것도, 순간적으로 '포착'해서 잡아내지 않으면 떨어져 쓰레기가 된다.

그럼 나는 이제 종이를 관찰하기 시작한다.

'이걸 어떻게 사용해야 할까?'

이게 바로 '연결'이다. 여기에서 우리는 요즘 자신이 고민하고 있는 것들을 떠올려야 한다. 포착한 영감을 그 고민에 연결하면서 가장 좋은 답을 찾아내야 하기 때문이다. 적절하게 연결을 하면 이제 상황은 완전히 달라진다. 바로 '변환'의 단계에 이른 것이다. 다시 말해서, 전혀 다른 것과 연결해 본래 가지고 있던 가치를 완전히 바꾸는 것이다. 가공은 이렇게 이루어진다. 작품에서 나온 사람들이 처한 상황을 지금 내 상황에 대입해서 생각해보기도 하고, 그들의 관점과 말 그리고 행동을 나의 직업적인 부분과 연결해서 다르게 바라보면 가공하는 데 도움이 될 것이다. 과거의 조언을 현실로 옮겨올 수 없다면, 그건 그저 과거의 이야기다. 연결할 줄 아는 사람만이 고전으로 내 삶을 바꿀 수 있다.

자, 그럼 고전에서 읽은 내용을 우리 삶에 적용하지 못하는 본질적인 이유는 무엇일까?

당신이 30대 후반에서 40대 초반이라면 플로피 디스켓을 사용하던 시절, 한 장에 프레젠테이션을 다 담지 못해 난감했던 적이 많았을 것이다. 그런데 2016년 7월, 네덜란드 델프트 공과대학Delft University of Technology

연구팀이 단위 면적당 기억용량이 무려 하드디스크의 500배인 기억장치를 개발했다. 이론상 우표 크기 정도에 전 세계 모든 서적을 담을 수 있는 것이다. 이것이 의미하는 바는 무엇일까?

'공부만 하는 기계적 삶에는 미래가 없다.'

우리는 생각하는 인간으로 살아야 한다.

제아무리 위대한 고전도 스스로 생각할 줄 모르는 사람에게는 아무것도 줄 수 없다. 그것은 끊어진 전선과 같다. 엄청난 출력을 자랑하는 스피커도 끊어진 전선 앞에서는 무용지물이다.

앞으로는 생각하는 능력만이 인간의 유일한 경쟁력이 될 것이다. '격차'라는 단어를 긍정적으로 사용한 시대는 거의 없었다. '사회적 격차'와 '경제적 격차' 등 불평등을 설명할 때 자주 쓰는 부정적인 단어였기 때문이다. 하지만 이제 격차는 어떤 단어보다 긍정적인 뜻이 될 것이다. '부의 격차'가 아닌 '생각의 격차'가 중요한 세상이 왔기 때문이다. 초등학생이라도 아이디어만 있으면 그걸 발전시켜 사업을 시작할 수 있다. 소득과 기회, 교육 등 인간의 삶을 결정짓는 주요한 것들의 양극화가 굉장히 심각하다. 하지만 '생각의 힘'은 모든 양극화의 벽을 허물고, 당신이 세상에 당당히 서도록 도와줄 것이다.

'생각은 누구에게나 허락된 가장 공평한 자원이다.' 세상이 변하고 있다.

이제는 몸으로 무언가를 생산하는 시대는 지났다. 모든 변화의 중심에 '생각'이 자리 잡고 있다. 생각이 힘이고 권력이며 돈이다. 사람들은 자기 생각의 씨앗에서 자란 열매를 키워 거래할 것이다. 생각을 쪼개고 수정하고 결합하는 과정을 거쳐 기발한 것들이 탄생한다.

생각할 줄 아는 사람에게는 공통점이 하나 있다.

'혼자 일한다는 것'이다. 생각할 줄 모르는 사람은 무리 지어 일한다. 그들에게는 홀로 설 힘이 없기 때문이다. 물론 아무리 시대가 변해도 혼자만 일할 수는 없다. 다만 주로 무리 지어 일했던 과거와 달리 생각하는 사람은 대부분 혼자 일하고 가끔 여럿이서 일하게 될 것이다. 여럿이서 일하는 것도 함께 일한다고 볼 수는 없다. 같이 생각하는 게 아니라 혼자 생각한 것을 서로 공유하며 일할 테니까 말이다. 먼 미래의 일이 아니다. 지금 우리 눈앞에 펼쳐진 현실이다. 물론 처음에는 자본이 생각을 지배하겠지만 시간이 지나면서 서서히 생각이 자본을 지배할 것이다. 예술과 과학, 문학, 정치 그리고 경제 분야까지 생각하는 사람에 의해 모든 것이 돌아가고 결정된다. 인터넷에 화제가 된 기사에서 이런 댓글을 자주 발견할 수 있다.

'정말인가요? 그 기사 링크 좀 주세요.'

당신이 주장하는 내용과 관련된 기사를 찾아서 내게 달라는 의미다. 이는 굉장히 심각한 문제로 스스로 원하는 자료조차 찾을 능력이 없는 사람이 많다. 스스로 생각하는 사람은 어떤 키워드로 검색해야 가장 빠르게 원하는 내용을 찾을 수 있는지 안다.

물론 스스로 찾아보라는 댓글에 '사실 확인을 하려는 것도 잘못인가?'라며 분노하는 사람도 있다. 이것 역시 스스로 생각하지 못하는 사람의 전형적인 반응이다. 사실 확인을 하고 싶다면 스스로 키워드를 생각해서 검색해야 한다.

'왜 굳이 남의 생각으로 찾은, 주관적인 의견이 들어간 내용을 읽으려고 하는가?'

그들은 아무리 많은 시간을 투자해도 '이 기사가 사실이라면 충격이네'라는 식의 생각만 할 뿐이다. 자신이 찾은 내용이 아니기 때문이고, 깊게 생각하지 않았기 때문에 언제나 '이 기사가 사실이라면'이라는 단서를 붙여야 한다.

상황은 생각보다 더 심각하다. 댓글을 보면 사실을 확인하지 않고 자기 입맛에 맞는 글이면 '무조건 옳소!'라고 외치는 사람이 많다는 걸 알 수 있다. 스스로 생각하지 못하는 사람은 선택할 때도 망설이게 된다. 선택의 기준 자체가 존재하지 않기 때문이다. 돈이나 음식을 제공 받고 글을 올리는 전문 블로거가 존재하는 이유가 바로 거기에 있다. 음식을 선택하는 자기 기준이 있는 사람은 아무리 화려한 사진과 글로 식당이 아름답게 포장돼 있어도 그 포장지를 벗겨내 본질을 바라볼 능력을 가지고 있다. 한마디로 속임수가 통하지 않는다.

하지만 자기 원칙이 없는 사람은 쉽게 유혹당한다. 설령 돈과 음식을 제공 받은 블로거가 아닌 순수하게 자기가 먹은 음식을 올리는 블로거라 할지라도 그 정보를 맹신할 필요는 없다. 사람의 입맛과 원칙이 다르기 때문이다. 나만의 것을 찾아야 한다. 허름하지만 향수가 느껴지는 식당을 좋아하는지, 현대적이고 깔끔한 분위기를 좋아하는지부터 원칙이 있어야 한다.

남의 눈과 코와 입을 만족시킨 식당이 아니라, 내 눈과 코와 입을 만족시킬 식당을 스스로 찾아야 한다.

• • •

가우스를 위대하게 한 생각의 힘

더 나은 선택을 할 수 있는 감각을 기르기 위해서는 자기의 관점을 갖고 거기에 맞는 키워드를 찾아 다양한 각도에서 기사를 읽고 생각할 수 있어야 한다.

다음 문장을 잘 생각해보자.

'그걸 할 줄 모르는 사람이 있어, 할 줄 아는 사람이 더 높은 연봉을 받는다.'

세상에는 같은 시간을 일해도 더 큰 성과를 내고, 이름값 이상의 결과를 보여주는 사람이 있다. 그들은 다음과 같은 공통점을 가진다.

- 문제가 생기면 우선순위를 정해 무엇을 어떻게 처리해야 하는지 안다.
- 그것에 대해 깊은 고민을 해봤기 때문에 문제를 풀 키워드를 잘 찾아낸다.
- 제로베이스에서 가장 높은 단계까지 누구보다 빠르게 도달한다.

위의 세 가지 항목에서 가장 특출한 모습을 보여준 사람이 바로 독일 수학자 카를 프리드리히 가우스Carl Friedrich Gauss다. 그는 대수학과 해석학, 기하학 등 여러 방면에 걸쳐서 뛰어난 업적을 남겼고 물리학, 전자기학, 천체역학, 중력론, 측지학 등에도 큰 공헌을 하는 등 분야를 가리지 않고 능력을 발휘해 천재적인 삶을 살았다. 그래서 보통 '가우스'라는 말을 들을 때 가장 먼저 떠오르는 단어가 '천재'다. 아마도 그 고정관념이 형성된 건, 그가 열 살 때 수업 시간에 선생님이 내준 '1부터 100까지 더하라'는 문제를 배우지도 않은 등차급수를 적용해서 순식간에 풀었다는 유명한 일화 때문일 것이다. 그런 위대한 공식을 겨우 열 살이라는 어린 나이에 아주 잠깐의 생각으로 떠올려냈다는 게 너무나 충격적이다.

그래서 많은 사람이 그를 천재라고 생각한다. 하지만 내 생각은 조금 다르다.

그의 사례에서 볼 수 있는 우리에게 가장 큰 위안거리는 '그가 천재이기 때문에 수많은 업적을 이룬 게 아니었다'는 사실이다. 그를 연구할수록, 그의 삶을 사색할수록 조금씩 다른 것이 보였다. 물론 그가 평균 이상의 지능을 타고났다는 건 분명하다. 그건 우리가 바꿀 수 있는 부분이 아니다. 나는 그가 보통 아이처럼 넘어지고 실패하며 쌓은 경험과 지식을 바탕으로 하나씩 업적을 이루어나갔다는 사실에 주목 했다. 관점을 바꾸자 그처럼 생각하고 무언가를 발견해내는 방법이 하나씩 보이기 시작했다.

'태양보다 뜨거웠던 관찰 열정'

가우스의 관찰 열정은 세 살 때부터 시작되었다.

'현관 쪽에서 시끄러운 소리가 들린다. 소리가 점점 가까워지더니 작업반장이 조수 두 명과 함께 부엌으로 들어온다. 더러운 환경에서 작업

했는지 그들의 옷에는 진흙이 묻어 있어 지저분하다. 코를 찌르는 지독한 땀 냄새도 마찬가지다. 하지만 그들의 얼굴에는 미소가 가득하다. 나는 그 이유를 알고 있다. 오늘은 일꾼들이 아버지에게서 주급을 받는 토요일이기 때문이다. 작고 둥근 물체 몇 개를 받은 그들은 아버지에게 고마움을 표한다.'

어떤가? 세 살 때 가우스가 아버지에게서 월급을 받는 일꾼들의 모습을 바라보며 쓴 글이다(한국 나이로는 4~5세 정도 될 것이다).

하루는 가우스의 아버지가 고용인에게 임금을 잘못 나눠주었고 가우스는 '금세' 잘못을 알아채 아버지에게 그 사실을 알려주었다. 여기에서 우리는 '금세'라는 말에 주의해야 한다. 남들이 볼 때는 '금세'지만 가우스 본인에게는 그게 아니기 때문이다. 위에서 언급한 것처럼 그는 아주 어려서부터 그 모습을 관찰하며 언제나 자기 앞에서 펼쳐지는 모든 일에 대해 '나라면 어떻게 할 것인가?', '저게 맞는 걸까?'라는 생각을 멈추지 않았다. 우리가 본 '금세'는 결국 그가 꾸준하게 생각한 순간의 합으로 나온 결과물이다. 가우스는 현명하고도 냉철한 관찰자로 그의 모든 위대한 업적은 치열한 관찰에서 비롯되었다. 관찰이 중요한 이유는 '생각하고 있다는 증거'이기 때문이다. 생각하기 때문에 관찰하고, 관찰하기 때문에 생각이 더욱 깊어진다. 둘은 상호보완하며 사람을 끝없이 성장시킨다. 나중에는 누구도 침범할 수 없을 정도의 깊은 생각을 하는 사람으로 만들어준다. 깊은 생각은 보이지 않던 것을 보여주는 도구다. 이미 존재하지만 발견하지 못한 것을 발견하게 하는 결정적인 힘이다.

바둑에서 가장 멋진 수도 두기 전에는 보이지 않는다. 하지만 가우스처럼 생각하는 사람에게는 보인다. 움직여야 길이 보이지만, 움직이기 위해서는 깊은 생각의 힘이 필요하다.

등차급수로 쉽게 계산하는 법을 배우지 않은 사람에게 '1부터 100까지 더하라'고 하면 성인이라도 정말 정직하게(?) 하나하나 숫자를 더할 가능성이 높다. 가우스가 어린 시절 1부터 100까지의 더하기를 반으로 접어 50×101의 곱하기로 만들기 전에는 그 간단한 방법을 아무도 떠올리지 못했다.

이유는 간단하다. 생각의 수준을 1단에서 9단까지로 나눈다면, 1단도 쉽지 않겠지만 가우스처럼 9단의 경지에 오르는 사람이 극히 드물기 때문이다. 하지만 완전히 불가능한 건 아니다. 수준이 높아질수록 재능이 아닌 미묘한 생각의 격차가 승패를 좌우하기 때문이다. 이 책을 끝까지 읽어나가며 그 미묘한 차이를 조금씩 채워나가면 언젠가는 생각의 9단 경지에 오를 수 있다.

일단 가우스의 삶을 차근차근 살펴보자. 가우스는 가난한 노동자의 아들로 태어났다. 가우스가 학교에 입학한 1784년 당시 독일의 교육 환경이 훌륭했던 것도 아니었다. 그가 다니던 학교에서는 포악하기로 소문난 뷔트너 선생님이 아이를 가르쳤는데, 선생님은 손에 채찍을 들고 100여 명의 학생 사이를 돌아다니며 강압적인 방법으로 수업을 진행했다. 뷔트너 선생님은 동물을 길들이고 사육하기 위해 만들어진 채찍을 가장 중요한 교육 도구로 삼았다. 질문에 제대로 답하지 못하거나 불량한 태도를 보이는 아이에게는 바로 체벌을 가했다. 독특한 의견을 내거나 가르친 것과 다르게 말하는 창의적인 아이도 마찬가지로 체벌의 대상이었다.

그렇다고 배움에 평등했던 분위기도 아니었다.

100명 이상의 아이를 가르치다 보니 자리를 배치하는 것도 쉽지 않았다. 그래서 해서는 안 되는 절망적인 방법을 생각해냈다.

'학비를 가장 많이 낸 사람 순으로 앉히기'

당시 학부모는 매주 수업비 명목으로 뷔트너 선생님에게 직접 돈을 냈는데, 선생님은 매주 '어떤 부모가 돈을 냈고', '어떤 부모가 돈을 내지 않았는지' 정확하게 기록해서 모두가 볼 수 있도록 교실에 걸어 두었다. 돈을 많이 내지 못하는 가난한 가정의 아이는 온갖 수모를 받으며 가장 뒤에 앉아야 했다.

내가 이렇게 장황하게 당시 독일의 교실을 묘사하는 이유는 지금의 한국과 별다를 게 없음을 말하고 싶기 때문이다. 창의성을 말살했고, 성적에 따라 순위를 정하는 것처럼 돈을 많이 낸 사람 순으로 자리에 앉히고 그 기록을 교실 뒤에 붙여놓았다. 하지만 가우스는 이런 열악한 환경에서도 엄청난 창의력을 발휘하는 사람으로 성장했다. 그건 바로 그의 창의력이 학교가 아닌 가정에서 만들어진 능력이라는 증거라고 볼 수 있다.

가우스의 부모에 대해 한번 살펴보자.

많은 사람이 가우스의 아버지를 비난하며 '지혜로운 아이에게 일을 시켰다'고 말하지만 나는 그렇게 생각하지 않는다. 그는 의도적으로 아들이 작업 현장 가까이에 있기를 바랐다. 아들을 힘들게 하려는 속셈이 아니라, 관찰하는 버릇을 키워주기 위함이었다. 결국 어릴 때부터 삶의 현장 가까이에서 보낸 경험은 가우스가 세상을 관찰하며 깊은 생각의 힘을 갖도록 하는 데 큰 역할을 했다. 그는 주변에 있는 모든 것을 세심하게 관찰했다. 돼지우리 옆의 공구창고에 보관된 못과 나무 그리고 온갖 물건의 개수를 셌다. 뿐만 아니라 어두침침한 창고 안의 기운과 아버지와 인부에게서 나는 냄새까지도 기억했고, 이리저리 날아다니는 나방과 벌

레도 관찰했다. 치열한 관찰은 위대한 질문으로 이어졌다.

가우스는 끊임없이 '왜'라는 질문을 달고 살았고, 매순간 그 답을 찾기 위해 노력했다. 단순히 머리만 좋아서 위대한 업적을 이뤘던 것이 아니다. 내 아이가 가우스처럼 생각 9단의 경지에 오르길 바란다면 늘 이런 질문을 가슴에 지니고 살아야 한다.

'어려움과 고통을 어떻게 하면 더 잘 이해하게 할 수 있을까?'

'내 아이의 재능을 어떻게 찾을 수 있을까?'

'어떻게 하면 더 많은 것을 관찰하게 할 수 있을까?'

'내 간섭이 아이의 관찰을 방해하는 건 아닐까?'

물론 내가 제시한 질문도 아이에게 좋은 영향을 미치지만 가장 좋은 방법은 부모가 직접 아이를 위한 질문을 만들어내는 것이다. 이때 더 멋진 질문을 창조하도록 도움을 줄 문장이 하나 있다.

어떤 사실을 통계로 접근해서 이야기하면 많은 사람이 "나는 그 안에 들지 않을 거야", "나는 상위 10퍼센트 안에 들 자신이 있어"라고 말하며 실행 계획을 구체적으로 설명한다.

그럴 때마다 나는 이렇게 답한다.

"통계를 이기려 하지 말고, 통계에서 벗어나려는 생각을 하세요." 그게 바로 자신이 생각하는 세상을 만들어나가는 창조자의 삶이다. 부모가 아이에게 던지는 질문도 그래야 한다. 경쟁에서 이기려는 관점이 아닌, 경쟁에서 벗어나려는 관점에서 해야 한다. 궁극적으로 내 아이에게 이런 이야기를 들려주는 부모가 되어야 한다.

"기계가 대체할 수 없고, 사양 산업에 속하지 않는, 통계 밖의 삶을 살아라."

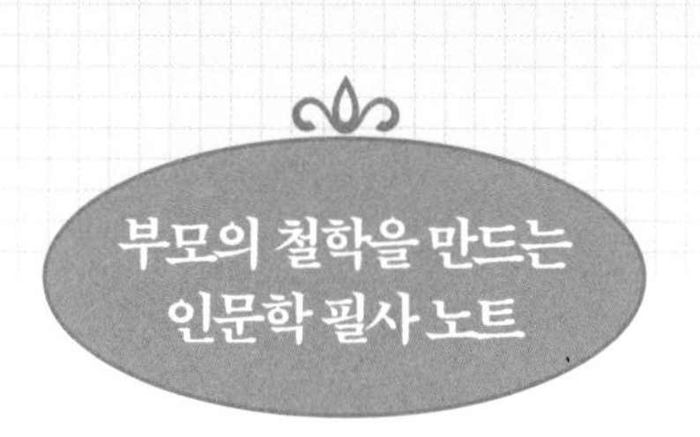

16. 부모의 계획, 반대로 가는 계획도 아름답습니다

세상의 공부로는 가르칠 수 없는 삶의 방식에 대해
자신의 영혼으로 친절하게 가르쳐준 부모의 마음은,
어떤 위대한 수업보다 더 아름답습니다.
그렇게 이제 나는 깨달았습니다.
아이들은 모두 자신의 방식으로 근사한 어른이 될 것이고,
그들이 앞으로 펼칠 이야기는 그들만의 것이지
결코 나의 것이 아니라는 사실을 말이죠.

부모 교육 포인트

독서나 공부 등 아이들과 함께하는 계획은 생각한 대로 제대로 풀리지 않거나, 계획대로 되지 않을 가능성이 매우 높습니다. 미래가 보이지 않아 무작정 기다리거나 참아야 할 때, 부모 마음에서는 분노가 일어나죠. 그러나 계획대로 되지 않는다는 것은 오히려 반겨야 할 일입니다. 내 아이가 남들과 다르다는 사실을 증명하는 거니까요. 다르기 때문에 계획대로 되지 않는 것이고, 그래서 그 다름이 더욱 소중한 거니까요.

아인슈타인 상상력의 비밀

산만한 아이가 가득한 독일의 한 초등학교 교실. 교사는 확신에 찬 목소리로 이렇게 말한다.

"신은 존재하지 않는다."

떠들던 아이들이 주목하자 교사는 더욱 확고하게 주장한다.

"만약 신이 존재한다면 악이 이 세상에 존재하지 않을 것이다. 그러나 이 세상에는 분명 악이 있다. 따라서 신은 존재하지 않는다."

그때 진지한 표정으로 앉아 있던 한 학생이 손을 들고 말한다.

"선생님, 질문이 있습니다. '차가움'이 존재합니까?"

상식적으로 너무 당연한 것을 묻자 반 친구들이 여기저기서 웃기 시작했고, 교사는 굳은 표정으로 "당연히 존재하지. 학생은 추위를 느껴본 적이 없는가?"라고 응수했다.

하지만 학생은 전혀 예상 밖의 답을 내놓는다.

"선생님, 사실 차가움이란 존재하지 않습니다. 우리가 차갑다고 느끼는 것은 실제로는 열이 없기 때문에 그런 것뿐입니다. (중략) 차가움이란 열이 없는 느낌을 설명하기 위해 만들어진 단어입니다."

학생은 계속해서 묻는다.

"어둠이 존재합니까?"

교사가 당연하다는 표정으로 "물론 존재하지"라고 답하자 학생은 기다렸다는 듯 바로 응수했다.

"또 틀리셨습니다. 어둠은 존재하지 않습니다. 어둠은 실제로는 빛이 없다는 것입니다. 우리는 빛을 연구할 수 있지만 어둠은 연구할 수 없습니다. 뉴턴의 프리즘을 이용해 흰색 빛을 여러 색깔로 나누고 각 색깔의 파장을 연구할 수는 있지만 어둠은 측정할 수 없습니다. 빛이 한 줄기라도 들어가면 어둠의 세계를 밝힐 수 있습니다. 그러니 어떤 특정 공간이 얼마나 어두운지 어떻게 알 수 있겠습니까? 우리는 빛이 얼마나 존재하는지만 측정할 수 있을 뿐입니다. 어둠은 빛이 존재하지 않는 상태를 설명하기 위해 만든 단어입니다."

마지막으로 학생이 이렇게 묻는다.

"악은 존재합니까?"

당황한 교사는 이렇게 대답했다.

"물론이지, 내가 강조한 대로 이 세상에는 분명히 악이 존재해. 사람이 사는 곳이라면 어디든 존재하는 수많은 범죄와 폭력이 그것을 증명하지 않는가."

이에 학생은 이렇게 대답하곤 사색에 빠졌다.

"선생님, 악은 존재하지 않습니다. 악은 단지 신이 없는 마음 상태를 나타냅니다. '악'이란 '어둠'이나 '차가움'과 마찬가지로 인간이 신이 없는 상태를 설명하기 위해 만들어낸 단어입니다. 신은 악을 창조하지 않았습니다. 악은 인간의 가슴속에 신의 사랑이 없는 결과입니다. 마치 차가움은 열이 없는 상태에서 비롯되고, 어둠은 빛이 없는 것과 같은 것이지요."

초등학생의 머리에서 나온 생각이라고는 믿기 힘들 정도로 창의적인 주장을 펼친 이 꼬마의 이름은 설명이 필요 없을 정도로 위대한 과학자 앨버트 아인슈타인Albert Einstein이다.

아인슈타인처럼 모든 아이는 창의적인 능력을 갖고 태어난다. 그런데 왜 한국 아이는 그런 창의적인 능력이 중간에 사라질까?

'평범해지기를 바라기 때문이다.'

아이가 부모에게 자주 듣는 말 중 하나는 "남들처럼만 하고 살아라"다. 남들처럼 공부하고, 인사하고, 학원에 다녀라.

'제발, 남들처럼만 살아라.'

독일이라고 아인슈타인을 받아들일 수 있는 교육 환경은 아니었다. 그는 학교에서 버림받았다. 교사들의 평가는 언제나 최악이었다. 하지만 그의 부모는 '바이올린 연주'라는 아주 특별한 방법으로 아인슈타인의 가능성을 열어주었다.

잘 알려지지 않은 사실이지만, 그는 뛰어난 과학자인 동시에 연주회를 열 정도로 인정받는 바이올린 연주자였다. 그의 어머니는 남에게 이해받지 못하고 혼자 노는 아들을 위해 아름다운 음악을 친구로 만들어주었다. 아인슈타인은 처음에는 음악 교육에 거세게 반항했다. 연주하기 싫다고 화를 내며 의자를 집어던지는 등 완강하게 거부하는 바람에 바이올린 선생도 자주 교체되었다. 그래도 어머니는 포기하지 않았다. 그녀는 매일 밤마다 아들과 함께 바이올린을 연주했다. 어머니의 노력으로 억지로 배운 바이올린이지만, 결국 아인슈타인은 누구보다 바이올린을 사랑하게 되었다.

학교의 암기 위주 교육은 그에게 신경쇠약이라는 병을 줬지만, 어머니의 권유로 여섯 살 때부터 시작한 바이올린 연주는 무한한 감성과 이성을 선물해주었다. 풀리지 않는 문제가 생기면 바이올린을 연주했고 바이올린을 연주하다가 갑자기 풀린 문제가 많았다고 한다.

바이올린을 배우기 전 아인슈타인의 주변 사람은 이런 걱정을 했다.

'대화를 하지 않고, 저렇게 매일 혼자 놀기만 하니 혹시 벙어리가 아닐까?'

실제로 아인슈타인은 생후 30개월이 지나도록 말을 하지 못했다. 그런데 어느 날 그가 입을 열었다.

"우유가 너무 뜨거워요!"

완벽한 문장 구사에 놀란 부모가 "왜 지금껏 말을 하지 않았느냐?"고 묻자 그는 이렇게 답하고는 다시 입을 닫았다.

"이전에는 모든 게 말할 필요 없이 괜찮았으니까요."

그의 부모는 그냥 스쳐 보낼 수 있는 아들의 한마디 말에서 특별한 감성과 이성의 힘을 발견했다. 그 시절의 아인슈타인에 대해 조금만 깊게 연구해보면 충분히 부모의 생각에 동의할 것이다.

- 스스로 공부해서 완벽하게 이해한 문장만 세상에 말했다.
- 일곱 살 때까지 자신이 말한 내용을 되풀이하는 습관을 가지고 있었다.

• 말은 하지 않았지만, 종이카드로 집을 짓는 등 사색과 기술이 필요한 작업은 잘해냈다.

그의 부모는 아들에게서 감성과 이성이라는 인간이 가질 수 있는 최고의 경쟁력을 발견했다. 그 감각을 적절하게 섞기 위해 음악을 선택했고, 바이올린을 완강히 거부하는 아들을 매일 독려하며 함께 연주하는 노력 끝에 음악을 사랑하는 사람으로 만들었다.

감성에 이성을 더하는 네 가지 방법

'사랑이 어떻게 변하니?'라는 감성적인 문장은 대중의 사랑을 받지만, 사랑이 변할 수밖에 없는 이성적인 이유를 쓴 글은 사랑받지 못한다. 실제로 이성과 헤어지는 경우에도 마찬가지다. 이별을 말하는 자리에서 "사랑이 어떻게 변하니?"라는 말을 들으면 순간 좋았던 추억이 생각나 마음이 흔들릴 수 있다. 하지만 우리가 헤어지면 안 되는 이유를 논리적으로 길게 이야기하면 끝까지 듣지도 않고 돌아설 것이다.

'노숙자들 밥은 먹게 해줍시다'라는 말은 대중의 호응을 이끌어낼 수 있지만, 그게 사회에 어떤 영향을 미치며 예산을 마련하고 집행하는 것도 쉬운 일이 아니라는 이성적인 글은 외면받는다.

'감성은 짧지만 이성은 길다.'

그러나 우리는 언제나 우리를 유혹하는 짧은 글을 조심해야 한다. 함정이 숨어 있기 때문이다. 대중의 사랑이 필요한 연예인이나 정치인은 언제나 조금 더 감성적이고, 조금 더 짧은 글을 찾아내려 한다. 반대로 말해, 내가 뽑은 정치인과 선택한 물건에 실망하고 후회하는 이유도 바로 거기에 있다. 감성으로만 선택한 것은 언제나 우리의 후회를 불러온다. '아, 이건 사야 해'라는 마음에 구입한 물건은 대개 순간적으로 버려진다. 이성적인 쓸모를 심각하게 생각하지 않았기 때문이다.

나는 아인슈타인의 삶에서 감성과 이성을 적절하게 섞는 네 가지 방법을 찾아냈다.

1. 감성에 이성을 더하라

아인슈타인은 자기 상상력의 근원을 한마디로 이렇게 표현했다.

"나의 배움을 방해하는 유일한 훼방꾼은 내가 받은 교육이다."

누군가에게 받는 교육은 결국 그것을 주입하는 사람의 생각이다. 이런 생각으로는 상상력을 기를 수 없다. 아인슈타인은 교육 받는 것을 거부하고 스스로 세상을 사색하며 영감을 발견했고, 그것을 자기만의 관점으로 받아들였다.

한국에서는 말도 안 되는 사건 사고가 끊이지 않는다. 그때마다 막대한 돈을 써 대비책을 마련하지만 얼마 지나지 않아 더 어처구니없는 사건이 터져 지켜보는 국민을 두려움에 떨게 한다. 그 이유가 뭘까? 아인슈타인은 이렇게 답한다.

"지식은 사건을 해결하지만 상상력은 예방한다."

지금 한국 사회는 지식은 넘치지만 상상력은 희소하다. 그게 바로 사건 사고가 끊이지 않는 이유 중 하나다. 최소한의 상상력을 기르기 위해서는 아이와 평소 이런 훈련을 하면 도움이 된다.

· **대화하라**

먼저 감성적인 표현으로만 가득 채운 대화를 한다. 아이가 "엄마, 아무리 불량식품이라도 어린아이가 먹고 싶다는 데 사줘야 하는 거 아니야?"라고 말하면 "그래, 아이는 소중하니까 원하는 대로 해주는 게 좋겠지?"라는 식으로 감성적인 표현이 가득한 대화를 반복하라.

· **멈출 지점을 포착하라**

대화 도중 이성적인 질문을 할 시점을 포착하라. 이때 아이의 마음은 연약하기 때문에 적절한 시점을 포착하는 게 정말 중요하다. 포착한 후에는 부드럽지만 진지한 목소리로 "혹시 색소랑 방부제가 뭔지 알고 있니? 그건 먹을 수는 있지만 많이 먹으면 몸에 안 좋은 것들이야. 그런데 네가 먹고 싶다는 그 과자에 정말 많이 들어 있단다. 네 말대로 어린아이는 모두 소중한 존재인데 그걸 먹으면 엄마 마음이 어떨까?"라고 이성적인 관점으로 접근해 질문하라.

· **감성 더하기 이성의 힘을 보여주어라**

아마 많은 아이가 쉽게 답하지 못할 것이다. 대답하지 못하는 아이에게 이런 조언을 하라.

"네가 쓴 '소중하다', '특별하다' 등은 감성적인 표현이야. 물론 감성도 중요하지만 타인에게 실망이나 아픔을 주지 않기 위해서는 이성적인 준비를 마친 상태에서 감성으로 설득해야 한단다."

이런 경험을 자주 반복할수록 아이는 그냥 나오는 대로 말하기보다는 상대의 입장을 충분히 고려하고 해결방법까지 생각할 것이다. 자연스럽게 감성에 이성을 더하는 방법을 깨닫게 된다.

2. 꿈과 현실을 구분하라

꿈은 부드러운 시처럼 써야 하지만 현실은 딱딱한 수필처럼 살아야 한다. 노벨상 수상으로 유명인사가 된 아인슈타인은 한 친구에게 이런 편지를 보냈다.

"오늘은 칭송받더라도 내일은 멸시받고 호된 비판까지 당하는 것이 대중에게 소유당한 사람들의 숙명이지."

시인처럼 생각하지만 그것을 실천할 때는 강인한 정신과 이성으로 무장하고 나가야 한다. 감성은 사랑을 이끌어내지만, 이성과 함께하지 않을 경우에는 허무함만 남기기 때문이다.

3. 구체적인 방법을 찾아라

같은 사건을 보여줘도, 남자는 숫자와 기록 등 눈에 보이는 현상에 집중하며 상대를 설득하려 하지만, 여자는 보이지 않는 감성과 배려 등의 감정에 집중하며 상대를 이해하고 공감하려고 한다.

과거에는 둘 다 저마다의 장점이 있었다. 하지만 4차 산업혁명이 본격적으로 시작되는 지금은 두 가지 장점을 겸비한 사람이 되어야 한다. 감성적인 가슴을 가진 자가 이성적인 눈으로 세상을 바라볼 때, 모두를 깜짝 놀라게 할 무언가를 창조할 수 있다. 감성이 구름이라면 이성은 땅이다. 잡히지 않는 뜬구름 같은 이야기를 현실이라는 땅으로 끌고 내려오는 게 바로 이성이다. 아인슈타인은 감성과 이성의 조화에 대한 답을 자연에서 찾았다.

"자연을 자세히 들여다보면 모든 것을 좀 더 잘 이해하게 된다."

그는 늘 자신의 이론을 확장시키기 위해 자연을 관찰하며 구체적인 방법을 찾으려고 노력했다. 자연은 가장 감성적이면서도 이성적인 특성을 가지고 있다. 아름다운 모습을 보여주지만, 그 안을 들여다보면 철저하게 이성적인 부분을 발견할 수 있다. 꽃이 피는 이유는 꽃 안에 피어날 수 있는 재료가 모두 갖춰져 있기 때문이다. 갑자기가 아니라, 봄부터 철저하게 준비된 것이다. 자연에서는 어떤 것도 저절로 이루어지지 않는다. 그래서 우리는 자연의 법칙을 통해 감성과 이성을 동시에 배울 수 있다.

4. 상상할 수 있는 용기가 필요하다

아인슈타인의 삶을 연구하며 상상력의 근원이 무엇인지 알아내려는 사람이 많다. 아인슈타인의 모든 경쟁력을 알아내기 위해서는 그가 남긴 아래 문장을 제대로 이해해야 한다.

'상상력은 지식보다 더 중요하다.'

그의 부모는 아인슈타인에게 재산이 아닌 '상상할 수 있는 용기'를 남겨주었다. 그는 평생 이런 마음으로 살았다.

'사소한 물건도 특별해질 수 있다.'

'버려진 일도 소중한 일이 될 수 있다.'

'변방에 있는 사람도 중심에 설 수 있다.'

그는 모든 물건과 사람, 일을 이런 마음으로 대하며 그것이 가진 가능성을 극대화하고 새로운 것을 만들어냈다.

하지만 상상력을 가지기 위해서는 용기가 필요하다. 지식보다 상상력이 위대한 이유는 남들이 아직 인정하지 않은 불안정한 것을 아주 오랜 기간 사랑하고 아낀 결과물이기 때문이다. 상상으로 태어난 물체는 아주 차갑고 불안정하고 외로워서 계속 안아줘야 한다. 따뜻하게 세상을 데울

난로가 될 때까지, 가능성에 대한 어떤 의심도 없이 안아야 한다.

중요한 건, 포기하지 않는 것이다. 아인슈타인의 부모는 아들의 교육을 위해 최선을 다했다. 아인슈타인이 열여섯 살 때 있었던 일이다. 당시 그는 수학과 물리학 성적은 뛰어났지만 다른 과목은 평균 이하였다. 그의 아버지는 한 강사에게 이런 편지를 썼다.

"아들이 잘하는 과목과 그렇지 못한 과목을 알아내기 위해 오랜 시간 애를 썼습니다."

그의 부모는 평생 아들을 연구했다. 열여섯 살 때까지도 아들이 가장 잘하는 것이 무엇이며, 어떤 일을 할 때 웃고 행복을 느끼는지 자세하게 살펴서 교육에 적용했다.

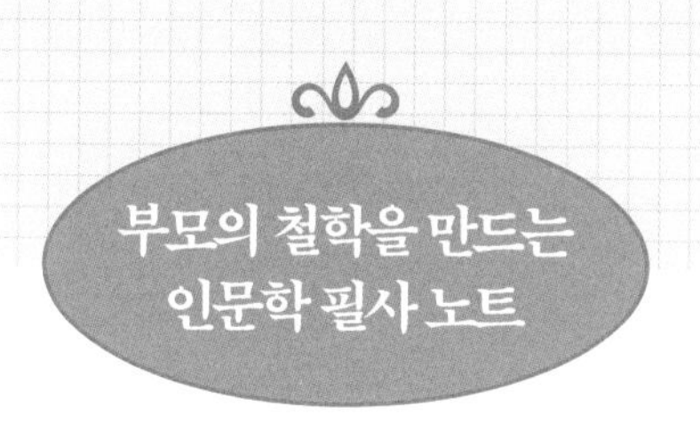

17. 부모의 섬세함, 가장 섬세한 시선은 믿음에서 나온다

아무런 말이 없는 아이는
지금 생각에 깊이 빠진 것이고,
아직 답을 찾지 못한 아이는
더 근사한 답을 찾기 위해서
조금 느리게 도착하는 것입니다.
세상에 틀린 아이는 없습니다.
자신의 개성을 표현하기 위해서,
조금 다른 길을 선택했을 뿐입니다.

부모 교육 포인트

생각하고 있는 아이는 겉으로는 빈둥거리는 아이와 같은 모습을 하고 있어서 쉽게 알아보기 힘들죠. 그래서 부모는 더욱 섬세한 시선으로 다가가야 합니다. 괜히 생각하고 있는 아이를 방해해서는 곤란하니까요. 그런 섬세함을 갖추려면 어떻게 해야 할까요? 자신의 생각을 굳게 믿으면 가능합니다. 스스로 틀리거나 실수를 해도 자신에게 괜찮다고 말해주세요. 자신을 믿으면 더는 무엇도 두렵지 않게 됩니다. 그럼 용기를 갖고 아이를 오랫동안 지켜보며 섬세하게 들여다볼 수 있게 됩니다.

2장

집단지성 시대를 이끄는 인재의 공부법

생각을 멈추지 않고 성장하는 아이의 조건

상기된 얼굴로 피아노 앞에 앉아 연주하는 아이와 그걸 행복한 눈빛으로 바라보는 부모가 있다. 만약 당신이 부모의 지인이고 그 연주를 함께 감상했다면, 연주가 끝난 후 어떤 이야기를 들려줄 예정인가? 참고로 연주는 괜찮았지만 엄청난 재능을 발견하기는 힘들었다. 하지만 연주와는 별 상관없이 대개 이런 평을 들려줄 것이다.

"와, 좋은 연주 잘 들었어요. 저 아이는 분명 멋진 음악가가 될 것 같아요."

그러면 부모는 행복에 들뜬 얼굴로 "아이 뭘요, 더 연습해야죠"라고 말하며 뿌듯하게 아이를 바라볼 것이다.

하지만 자기 아이를 인문학의 대가로 키운 부모였다면 조금 다른 이야기를 들려준다.

"아닙니다. 그건 아주 나중의 일이에요. 게다가 저는 이 아이가 그저 음악을 즐기기를 바랄 뿐입니다. 지금은 많은 것을 경험하는 걸로 충분합니다. 연주자의 길을 선택하는 건 아이의 몫으로 남겨둬야죠."

어떤 생각이 드는가?

실제로 나는 영재 소리를 들으며 자란 아이가 모든 사람의 기대를 한몸에 받으며 외국의 음악 대학을 어렵게 졸업한 후 귀국해서 할 일 없이 삶을 낭비하는 경우를 자주 봤다.

그들을 만나 이야기를 나눠보면 모두 이런 하소연을 한다.

"내가 지금까지 뭘 했는지 모르겠습니다. 제가 음악 말고 뭘 할 수 있을까요? 시간을 돌릴 수 있다면 정말 음악이라는 걸 하지 않았을 겁니다. 음악을 저주합니다."

오직 음악만 바라보며 살게 했기 때문에 일어난 결과다. 음악을 하는 동안 부모가 여전히 물질적으로 넉넉하게 도움을 주면 괜찮지만, 중간에 부모의 일이 잘되지 않거나 예전처럼 지원해줄 수 없게 되면, 아이는 방황하게 된다. 다른 걸 해볼 생각도, 할 수 있는 것도 없기 때문이다. 게다가 음악이 전부인 삶을 살았지만, 정작 한순간도 음악을 사랑한 적은 없었다. 남들이 배우니까 피아노를 시작하고, 남들보다 조금 잘하니까 그걸 전문적으로 배웠을 뿐이다. 모든 시작과 끝에 남이 존재한다. 사랑해야 이해할 수 있고 그것을 배울 수 있다. 하지만 그들은 음악을 이해하기도 전에 테크닉을 배우는 비극적인 교육 방식을 선택했다.

무슨 일을 하든 자기 몫 이상을 해내는 아이로 기르기 위해서는 부모가 다음 다섯 가지 지침을 반드시 기억하고 교육에 적용해야 한다.

1. 서툰 칭찬은 아이의 삶을 망친다

많은 사람이 대답을 잘하거나 조리 있게 말하는 아이를 보면 "너 참 머리가 좋구나"라고 칭찬하며 아이 부모를 바라본다. 눈빛으로 '어때, 내 칭찬에 만족해?'라고 하는 것이다. 그들은 누군가의 아이를 칭찬하는 게 서로를 위해 좋은 일이라고 여긴다. 하지만 그건 착각이다. '내가 바꿀 수 있는 부분과 바꿀 수 없는 부분'을 정확하게 구분해서 언급해줘야 한다. 후천적인 노력이 가능한 부분을 칭찬해야지, 선천적으로 타고난 부분을 칭찬하는 건 길게 보면 그 아이를 망치는 일이기 때문이다. "참 머리가 좋구나" 대신에 "대답하는 걸 보니 공부를 열심히 한 게 느껴지네"라고 노력으로 변한 부분을 칭찬해야 한다. 그래야 아이가 노력의 소중함을 알고 자기 삶에 더욱 집중할 수 있다.

2. 아이의 삶을 방해하는 일상에서 벗어나라

아이 성적이 떨어지면 부모는 고민하다가 이렇게 결심한다.

"반드시 이번에는 성적을 올려야겠다."

하지만 부모의 그 열망이 아이의 삶을 방해하는 거라는 사실을 알아야 한다.

"내가 아니라 아이의 내일을 위해서 하는 일인데요."

"에이, 뭘 이 정도 가지고. 다른 부모는 더 해요!"

물론 부모의 마음도 이해할 수 있다. 하지만 그 모든 이유가 아무리 옳다고 할지라도 아이가 지금 부모에 의해 소중한 삶을 방해받고 있다는 사실은 외면할 수 없다. 중요한 건 부모가 아니라 아이의 의지다. 부모가 어떤 목적을 갖고 다가가면 아이는 자기 목적을 가질 기회를 잃게 된다.

3. '나'라는 존재에 대해 치열하게 질문하게 하라

교육 분야에는 수많은 탄력성이 존재한다. '회복탄력성'도 있고 '자아탄력성'도 있다. 하지만 인문학의 대가를 키운 수많은 부모는 모두 '아이가 끊임없이 나라는 존재에 대해 질문해야 한다'고 생각했기 때문에 '생각 자아탄력성'을 가장 중요하게 여겼다. 우리는 세상으로부터 끊임없이 상처를 받는다. 아이들도 마찬가지다.

"넌 왜 그것밖에 못하는 거니?"

"한 번 알려주면 좀 알아들어라!"

이런 종류의 말은 아이의 마음에 상처를 낸다. 그리고 그 상처는 생각으로 번져, 좋은 생각과 긍정적인 생각을 하지 못하는 아이로 만들어버린다. 하지만 생각 자아탄력성이 있는 아이는 다르다. 빠르게 회복하거나 처음부터 상처를 받지 않는다.

그 능력을 갖추기 위해서는 먼저 생각이 올바로 서야 한다. '좋은 습관'을 가지는 것도 물론 중요하지만 그보다 먼저 '좋은 생각'을 갖춰야 한다. 좋은 습관은 언제 어느 순간 나쁜 습관으로 바뀔 가능성이 있다. 우리는 '생각하지 않으면 습관대로 살게 된다'는 사실을 기억해야 한다. 언제나 나라는 존재에 대해 치열하게 생각하고 질문하는 아이로 키워라. 습관을 이끄는 것은 생각이다. '생각하지 않는 사람'은 '자기의 삶을 습관에 맡기는 것'을 허락한 셈이다.

4. 무작정 투자하지 마라

아이가 원하는 것을 무작정 다 해주는 부모의 행동에 대해 어떻게 생각하는가? 많은 부모가 "그렇게 키우면 아이가 물건과 돈의 소중함을 모르게 될 것이다"라고 답할 것이다. 물론 그것도 맞는 말이다. 하지만 그보다 더 본질적으로 중요한 게 하나 있다.

'갑과 을 등 사회 계급의 존재를 알게 되고, 그것이 주는 달콤함에 취하게 된다.'

루소는《에밀》에서 "제 부모를 노예로 만들고 싶어 하는 어린아이의 욕망에서 계급 질서를 갖춘 세계의 시작이 발견된다"라고 말했다.

부모는 모든 것을 다 주고 싶은 마음에 아이가 원하는 것을 빠르게 제공해주려고 노력한다. 하지만 아이는 그런 부모의 모습을 보며 '저 사람은 내가 원하는 걸 다 해주는 사람이네'라고 생각한다. 아이는 상상력이 풍부하지만 그렇다고 성인군자는 아니다. 루소가 말한 것처럼 아이는 단순하다. 쾌락에 쉽게 빠지고, 달콤함이 주는 유혹에 약하다. 아이에게 무작정 베풀지 마라. 아이는 '갑'과 '을'을 배우게 되고, 자기보다 못한 사람을 이용해서 먹고살아야겠다는 생각까지 할 수도 있다. 지금은 그런 생각이 들지 않겠지만, 인생은 작은 돌이 모여 하나의 산을 이루는 거라는 말을 기억하자.

5. 다른 답을 원한다면 질문을 바꿔라

시험을 보고 돌아온 아이에게 가장 먼저 하는 질문은 무엇인가? 과거로 돌아가 아주 경건한 마음으로 당신의 행동과 말을 떠올려보자. 당신이 이 질문에 정신을 차리고 답해야 하는 이유는 바로 당신의 교육 방향을 극명하게 보여주기 때문이다. 아마도 많은 부모가 "시험 잘 봤니?"라는 질문으로 시작하고, 그다음으로 이어지는 질문도 대개 이런 순서를 벗어나지 않을 것이다.

"그래, 수학은 몇 개 틀렸니?"

"그래서 그게 몇 점인데?"

"90점이라고? 점수는 중요하지 않아. 네 위에 누구누구 있니?"

많은 부모가 등수까지 알아야 직성이 풀린다는 마음으로 집요하게 묻는다. 점수가 잘 나온 건 상관없다. 시험이 쉬울 수도 있기 때문이다. 오직 경쟁자를 이겨서 높은 등수를 차지하는 게 지상 최대의 목표다. 아는 동네 엄마의 자식들보다 낮은 등수는 용납할 수 없다. 그래서 "네 위에 누구누구 있니?"라는 질문도 빠뜨리지 않는다. 아이의 입에서 "친구보다 잘 봤어요"라는 말이 나오는 걸 듣고 싶은가? 아니면 "열심히 한 덕분에 지난번 시험보다 점수가 잘 나왔어요"가 듣고 싶은가? 원하는 답을 이끌어낼 질문을 하라. 아이는 당신이 질문한 대로 답할 것이고, 답한 대로 살 것이다.

지금 당신의 아이에게 수수께끼 하나를 풀게 해보라.

"집이 불에 타서 모든 게 사라져도 안전하게 지킬 수 있는 재산이 뭘까?"

아이가 쉽게 답하지 못하면 이런 힌트를 주어라.

"참고로, 그것은 모양도 색도 냄새도 없단다."

아마 맞히기 쉽지 않을 것이다.

먼저 당신은 답이 뭐라고 생각하는가? 세상에 하나밖에 없는 고가의 보석? 아니면 셀 수 없이 쌓여 있는 돈? 하지만 모양이 없다는 힌트 때문에 그것도 딱히 답은 아닐 거라는 생각이 들 것이다.

답은 '지성知性'이다.

지성이 중요한 이유는 그것만이 유일한 나만의 것이기 때문이다. 모든 것은 시대 상황이나 주변 환경에 의해 사라질 수 있지만 내 생각만은 언제나 내 편이다.

유대인 부모가 '지성'의 중요성을 강조하기 위해 아이에게 묻는 수수께끼다.

'생각을 멈추지 않고 성장하는 아이의 조건'을 달리 생각해보면 '성장하는 아이는 생각을 멈추지 않는다'라고 볼 수 있다. 그것이 우리 아이가 생각을 멈추지 않는 지성인으로 살아야 하는 이유다.

쇼펜하우어는《수필과 이삭줍기》에서 이렇게 말했다.

"무엇을 기다리거나 아무것도 하지 않을 때 지팡이, 나이프, 포크 같은 물건을 손에 쥐고 두들기는 행동을 하거나 어떤 소리를 내지 않고 가만히 있는 사람이 있다면, 나는 그 사람을 백 명 중의 한 명에 속 하는 인간으로 존경하겠다. 아마 이 사람은 '생각'이라는 것을 하고 있을 것이다."

현실로 각색을 하면 그의 이야기 중 지팡이와 나이프 등을 손에 쥐고 두들기는 행동을 하는 사람은 펜과 종이를 들고 무언가를 끊임없이 적는 사람을 말하고, 어떤 소리도 내지 않고 가만히 있는 사람은 적은 것을 사색하며 나만의 것으로 만드는 사람을 말한다고 볼 수 있다. 과거에도 아무 생각 없이 시간을 보내는 사람이 많았다. 지금은 스마트폰을 들고 그러고 있다. 물론 모두가 '나는 그래도 뭔가 다른 사람보다는 생산적인 것을 하고 있어'라며 스스로를 위로하겠지만 그건 착각일 가능성이 높다.

앞서 언급한 것처럼 아이를 지성인으로 만들기 위해서는 독서와 글쓰기, 그리고 사색이 필요하다.

'독서'는 '유능한 사람'을 만들고, '글쓰기'는 '유연한 사람'을 만들고,

'사색'은 '유연함과 유능함을 겸비한 어른'을 만든다.

우리는 실력이 부족할 때 김치에 빗대 '아직 덜 익었네'라는 말을 자주 쓴다. 지성인이 되려면 아직 멀었다는 뜻이다. 독서와 글쓰기는 홀로 설 수 없다. 지성인이 되고 싶다면 독서와 글쓰기로 유능하고 유연한 사고를 겸비한 후에, 반드시 사색이라는 통로로 들어서야 한다. 그 안에서 우리는 그간 독서와 글쓰기로 쌓아온 수많은 지식을 최고의 수준으로 숙성시킬 수 있다. 이번 장 '집단지성 시대를 이끄는 인재의 공부법'에서는 깊은 수준의 독서와 글쓰기, 사색에 필요한 다양한 자녀교육법을 소개할 것이다. 믿음이 중요하다. '내 아이라면 가능하다'는 생각으로 접근하면 모든 것이 어렵지 않다.

• • •

지성인의 삶을 산다는 것

지난 몇 년간 성인을 위로하는 책이 유행했다. 그런데 이제는 그 유행의 방향이 아이를 둔 부모를 향하고 있다. 간단하게 한 줄로 요약하면 이렇다.

'내 아이 충분히 괜찮아요.'

'조금 부족하지만 잘하고 있답니다.'

이렇게 부모와 아이에게 힘을 주는 메시지를 담은 책이 많은 인기를 얻고 있다. 그런데 정말 괜찮을까? 괜찮다며 위로하는 그들은 정작 그렇게 번 돈으로 자기 자식을 최고 교육 시설을 갖춘 유럽이나 미국 학교로 유학을 보내는 건 아닐까? "괜찮아요, 한국에서 받는 교육만으로도 충분해요. 우리 너무 걱정하지 말기로 해요"라는 말로 미혹하는 건 아닐까?

그들의 생각은 알 수 없으나, 이것 하나만은 분명하다.

'괜찮아요'라는 말로는 괜찮아질 수 없다. 상처는 시간이 지나면 지날

수록 더 악화된다. 위로로 낫는 상처는 없다. 나중에는 아예 치료를 포기한 채 살게 될 수도 있다.

지금 아이가 당신에게 이렇게 속삭이는 소리가 들리지 않는가?

"엄마, 제 몸은 자라는 데 생각은 멈춰 있어요. 그래도 이거 괜찮은 건가요?"

아이의 성장에 있어 '이 정도면 됐다'라고 할 수 있는 충분한 하루는 없다. 아이의 하루는 언제나 차이가 있어야 한다. 어제보다 오늘, 오늘보다 내일 더 큰 차이를 내며 성장해야 한다. 지성인의 삶을 산다는 것은 격이 다른 일상을 보낸다는 것을 의미하기 때문이다.

사전적으로 지성인知性人이란 '생각하는 사람'이라는 뜻으로, 철학에서는 '인간의 본질은 이성적인 사고를 하는 데 있다'고 본다. 다시 말해, 이성적인 사고를 하지 못하는 사람은 지성인이 아니다.

유럽에는 지성인을 구분하는 특별한 기준이 있다. 그들은 배운 티를 내지 않고, 있는 티를 내지 않고, 없는 티를 내지 않는 등 세 가지 티를 내지 않는 사람을 지성인이라고 부른다. 조금이라도 배우면 자랑하고 싶고, 수중에 돈이 생기면 그걸 공개적으로 쓰고 싶고, 없을 때는 모든 것을 포기하고 싶은 게 인지상정이지만, 지성인은 무섭게 자기 욕구를 절제한다.

국제적인 지성의 산실 하버드 케네디스쿨에서 입학 자격을 심사할 때 가장 중점적으로 묻는 게 다음 두 가지다.

"당신은 누구입니까?"

"우리가 왜 당신을 뽑아야 합니까?"

그들이 입학 자격 심사 때 그 많은 질문 중 위의 두 가지를 선택한 이유는 간단하다. 여기에 대한 답이 지원자의 지성을 판단할 단초를 제공하기 때문이다.

지식은 안으로 쌓이고, 지성은 밖으로 퍼진다.

쌓이기만 하면 어떻게 될까?

'썩는다.'

세상의 수많은 엘리트 범죄와 각종 비리가 그것을 증명한다. 많은 것을 보고 듣고 배우며 지식을 쌓지만 마무리가 좋지 않은 이유는 모든 지식이 안으로만 쌓여 썩었기 때문이다. 바꿔 말해 그들은 '지식인'이지 '지성인'은 아니었던 것이다.

하버드 대학교 교수이자 사상가인 에드워드 사이드Edward W. Said는 지성인의 조건으로 다음 여덟 가지를 꼽는다.

- '비난'이 아닌 '비판'을 할 줄 아는 사람
- 논리적으로 자기주장을 할 줄 아는 사람
- 집단적 사고, 계급, 인종, 성별 등 사회 통념과 상식에 끊임없이 의문을 던지는 사람
- 건강하고 합리적 논쟁을 지속적으로 생산하는 사람
- 정의를 위해서라면 어떤 위험도 감수하는 사람
- 자기모순에 용기 있고 당당하게 마주하는 사람
- 단도직입적이며, 누구와도 토론할 준비가 된 사람
- 세속적이지만 상대적 독립성을 유지하는 사람

위에 나열한 모든 정의를 종합하면 어떤 단체를 맹목적으로 추종하고 누군가를 맹목적으로 지지하는 사람은 지성인이 아니다. 마찬가지로 어

떤 상황을 의심 없이 받아들이고 누군가를 비난하는 데만 열을 올리는 사람도 지성인이 아니다. 지성인이란 언제나 어제보다 나은 오늘을, 오늘보다 나은 내일을 만들기 위해 끊임없이 자기 혁신을 하는 사람이다. 그래서 많은 사람이 부자가 되는 것보다 지성인으로 사는 게 더 어렵고 가치 있는 삶이라 말한다. 여기 그 삶을 누구보다 완벽하게 살았던 사람이 한 명 있다.

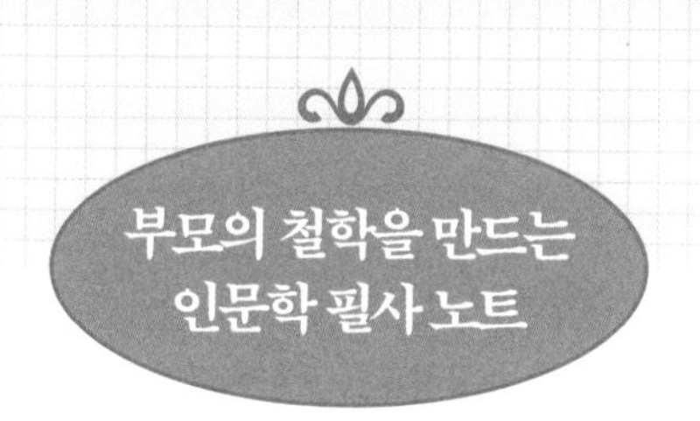

18. 부모의 선택, 근사한 결과를 만나는 가장 좋은 방법

굳이 계획을 말하는데 공을 들일 필요는 없습니다.
우리의 눈길을 사로잡는 것은 화려한 계획이 아닌,
사소하더라도 스스로 이뤄낸 결과이기 때문이죠.
100개를 시작할 예정이라고 말하기보다
하나를 해낸 경험을 나누는 순간,
나의 언어에 비로소 힘이 실립니다.
계획하지 않고 움직이겠습니다.
말하지 않고 보여주겠습니다.

부모 교육 포인트

그게 무엇이든 너무 오래 고른다는 것은, 원하는 것이 없는 것일 가능성이 높아요. 고민이 길어진다면 일단 물러나서 생각하세요. 차분하게 자신에게 질문하는 거죠.

"내가 진정으로 원하는 것이 무엇인가?"

이런 질문을 통해 우리는 보이지 않는 것을 보는 지적인 기술, 안목을 키울 수 있어요. 아이와의 관계에서 중요한 선택을 할 때마다 최선의 것을 고를 수 있다면, 근사한 결과를 만날 수 있겠죠.

평범한 아이를 지성인의 길로 인도한 소크라테스의 다섯 가지 가르침

기원전 427년, 펠로폰네소스 전쟁이 한창이었던 때 그리스의 귀족 집안에서 한 아이가 태어났다. 부와 명예를 두 손에 갖고 태어난 것처럼 보였지만, 안타깝게도 그의 아버지는 아이가 어릴 때 세상을 떠나고 만다.

당시 귀족 집안 아이가 다들 그랬던 것처럼, 그도 소년 시절부터 정치에 관심을 가졌다. 다시 말해, 다들 정치를 한다고 하니 선택한 것일 뿐 정치에 특별한 뜻이 있던 것은 아니었다. 요즘 많은 한국 청년이 대학에서 고급 교육을 받고 약속이라도 한 것처럼 공무원 준비를 하는 것과 다를 바 없었다. 그러던 어느 날, 별생각 없이 살던 그에게 삶을 바꾼 운명적인 만남이 찾아온다. 자기가 쓴 희곡을 가지고 디오니소스 극장으로 가던 중, 허름한 옷차림에 부스스한 머리를 한 소크라테스가 열정적으로 시민들에게 연설하는 광경을 보게 되는데, 그때 외친 소크라테스의 한마디가 그의 삶을 송두리째 바꿔놓았다.

“인간이 인간답게 살기 위해서는 먼저 자신부터 알아야 한다.”

‘이제야 내가 가야 할 길을 발견했다’고 생각한 그는 손에 쥔 희곡 원고와 함께 정치가의 꿈도 던져버렸다. 그러고는 바로 소크라테스를 찾아가 그의 제자가 되었다. 스무 살 때 예순세 살의 소크라테스를 만난 그는 스승이 세상을 떠날 때까지 9년 동안 함께 지냈고, 마침내 세상에 길이 남을 최고의 지성인으로 성장했다.

그 청년의 이름이 바로 플라톤이다. 우리가 아는 소크라테스의 말과 사상은 거의 대부분 플라톤의 기록으로 전해져 내려온다. 플라톤이 부유한 환경에서 고급 교육을 받으며 성장했지만, 지성인이 될 수 없었던 이유는 아버지가 일찍 돌아가셔서 아버지처럼 자상하고 냉철하게 삶의 길을 알려줄 어른이 주변에 없었기 때문이다. 그랬던 그는 소크라테스를 만난 이후 비로소 지성인의 삶을 시작할 수 있었다. 우리는 그의 삶을 따라 하는 것만으로 지성인이 느낄 수 있는 일곱 가지 혜택을 삶에서 누리게 된다.

- 어떤 거짓도 의도적으로 받아들이지 않고, 오직 진리만 가까이 한다.
- 육체를 통해 오는 즐거움에는 관심이 없고, 지혜를 사랑하는 마음만 간직한 채 산다.
- 세속적인 삶에 초연하며, 모든 일에 편협하지 않고, 언제나 전체를 보며 접근한다.
- 고도의 절제력으로 심하게 낭비하거나 재물에 집착하지 않는다.
- 비겁하지도 저속하지도 않아 자신의 중심을 지키며 과장을 하지 않는다.
- 무엇이든 쉽게 배우며 고상하고 우아해서 기품이 흐른다.

• 모든 일에 절도 있고 호의적인 성향으로 사람들의 존경을 받는다.

앞에 제시한 에드워드 사이드의 지성인의 조건과 거의 모든 부분이 유사하다는 것을 볼 수 있다. 아무리 시대가 흘러도 지성인의 조건과 의미는 변하지 않는다. 그렇다면 지금 시대에도 유효한 소크라테스가 플라톤에게 전수한 지성인으로 사는 방법은 무엇일까? 그의 삶에서 우리가 쉽게 실천 가능한 다섯 가지 방법을 찾아낼 수 있다.

1. 진리를 사랑하는 사람으로 살아라

소크라테스가 생각한 지성인의 제1덕목이다. 그는 진리를 사랑하고 그것을 실천하는 것은 지성인이 반드시 해야 할 의무라고 여겼다. '어떤 마음으로 진리를 사랑해야 하는지'에 대해 그는 분명한 어조로 이렇게 조언했다.

"진리를 사랑하는 사람은 그것을 실천하며 가르친다. 남에게 미움받더라도 고난당하는 것을 두려워하지 않고 보다 나은 삶을 살아가도록 자신과 다른 사람의 삶을 돌보는 데 최선을 다한다."

어렵게 생각할 필요가 없다. 진리는 언제나 우리 주변에 있다. 자녀와 함께 눈이 많이 오면 동네 청소를 하고, 주변을 산책하며 쓰레기를 줍는 것만으로도 진리를 사랑하는 마음을 가르칠 수 있다.

2. 철학을 입어라

소크라테스의 삶을 한 문장으로 줄이면 '인간은 철학을 입는다'라고 표현할 수 있다. 철학은 본질적으로 '지혜를 사랑한다'는 뜻이다. 아이에게 철학의 마음을 가르치는 건 매우 어렵다. 하지만 삶으로 보여준다는 생각을 하면 쉽게 접근할 수 있다. 부모의 삶을 보여주는 게 바로 철학의 시작이기 때문이다.

아이와 함께 조용히 무언가를 관찰하는 시간을 자주 가져라. 아이가 조금 더 치밀하게 생각하고, 완벽하게 행동하게 된다. 용도를 아직 모르는 물건을 하나 주면서 "무엇에 사용하는 물건일까?"라는 질문을 던져 관찰하게 하라.

아이는 머릿속으로 수없이 많은 시행착오를 반복하다 지식과 지식이 마찰해 지혜가 되는 순간 자신감 넘치는 목소리로 자신이 발견한 답을 내놓을 것이다. 세상이 정한 답이 아닐 수도 있다. 하지만 '아이가 발견한 답이 정답일 필요는 없다'는 사실을 기억하라. 스스로 생각하며 그것이 지혜가 되는 순간을 경험한 것만으로도 아이의 시도는 충분히 값지기 때문이다.

3. 놀라움을 경험하라

모든 아이는 지식에 대한 욕구를 갖고 태어나고, 부모는 그 욕구를 진실한 교육을 통해 실현시킬 수 있다. 하지만 많은 아이가 세상에 노출되면서 배움에 대한 욕구를 잃는다. 한국의 교육과 주변 상황이 아이를 그렇게 만들기 때문이다. 그래서 배움에 대한 욕구를 꾸준히 활활 타오르게 만들어야 한다.

만약 자녀가 배움에 대한 의지를 잃은 상태라면 먼저 대상에 대한 '놀라움'을 느끼도록 해야 한다. 무언가를 보고 놀란다는 것은 '그것에 관심이 있다'는 것인 동시에 '내가 아직 그것을 제대로 알지 못하고 있구나' 라는 무지의 자각을 의미한다. 그 두 가지 감정은 아이에게 '그것을 배우고 싶다'라는 강력한 의지를 갖게 만든다.

아이와 함께 무언가를 경험하며 만나는 모든 것을 '놀라움의 관점'에서 바라보라. 많은 사람이 거의 비슷한 환경에서 살아간다. 다만 그것을 놀라움의 관점에서 바라보는 사람이 있는 반면, 지루한 일상의 반복이라고 생각하는 사람이 있을 뿐이다. 전자를 선택해 아이의 일상에 놀라움을 선물하라.

4. 자기 말을 실천하라

플라톤이 소크라테스와 함께 보낸 기간은 9년 정도였다. 소크라테스는 모두가 지켜보는 가운데 삶을 구걸하지 않고 감옥에서 당당하게 죽음을 맞이했다. 중간에 탈옥을 권한 사람도 많았지만, 그는 결코 자기의 뜻을 굽히지 않았다. 자기 말을 그대로 실천하는 스승을 보며, 플라톤은 한 단계 더 높은 지성인의 삶을 살게 되었다. 하지만 간혹 이런 생각을 해본다.

'소크라테스가 죽음을 선택하지 않았다면 어떻게 되었을까?'

물론 여전히 훌륭한 철학자로 남았겠지만, 지금처럼 위대한 정신을 가진 실천하는 철학가로 인식되지는 못했을 것이다. 어쩌면 플라톤이 스승을 존경하는 마음으로 집필한《파이돈》,《소크라테스의 변명》,《크리톤》,《향연》같은 대작을 만나지 못했을 수도 있다. 영국의 철학자 화이트헤드Alfred North Whitehead도 "모든 서양철학은 플라톤 철학의 각주에 불과하다"라는 말을 할 수 없었을 것이다. 소크라테스가 죽음을 선택하지 않았다면, 이 모두가 존재하지 않았을 수도 있다. 자녀 교육도 마찬가지다. 그것이 분명 불이익을 가져올지라도, 부모가 늘 강조하는 삶의 원칙이라면 불이익을 감수하고 실천하는 모습을 보여주어라. 자기가 한 말을 실천하는 부모를 보며 당신의 아이는 원칙을 사랑하는 지성인으로 성장할 것이다.

5. 모든 인간을 사랑하라

플라톤이 쓴《파이돈》은 재판에서 사형을 선고받은 소크라테스의 임종 순간을 그려낸 작품이다. 거기에는 지성인으로 성장하게 돕는 수많은 글이 있지만, 본질이 될 수 있는 글을 단 하나만 꼽는다면 바로 이것이다.

"이론을 싫어하는 사람이 되지 않도록 해야 한다네. 인간에게 이보다 더 나쁜 일은 일어날 수 없을 거야. 사람을 싫어하는 사람도 있고 이론을 싫어하는 사람도 있지만, 모두 같은 원인에서 생기니까. 답은 세상에 대한 무지라네. 사람을 싫어하는 것은 무경험에서 오는 지나친 자신으로부터 생기지. 자네가 어떤 사람을 전적으로 진실하고 건전하고 믿을 만하다고 생각했는데 얼마 후에 그가 거짓투성이고 악한 사람이라는 게 밝혀졌다고 하세. 또 한 사람, 그리고 또 한 사람, 이렇게 여러 번 같은 일을 겪으면 특히 가장 믿고 가까운 친구라고 생각하던 사람에게 당해서 그 친구들과 자주 다투게 된다면, 그는 결국 모든 사람을 미워하게 되고 인간 중에는 착한 사람이 한 사람도 없다고 믿게 되네."

많은 사람이 이 부분을 소크라테스가 '타인에 대한 무지가 주는 폐해'를 강조한 거라고 생각하지만 나는 그가 단순하게 그 상황을 지적하기 위해 이 말을 했다고 여기지 않는다. 소크라테스는 "타인에 대한 진실한 사랑이 모든 문제를 푸는 해법이다"라고 말하고 싶었던 것이다. 그게 바로 지성인이 갖춰야 할 마음가짐이기 때문이다.

사랑으로 시작한 사람은 선한 마음으로 포기하지 않고 목표한 것을 아름답게 이뤄내지만, 돈 때문에 시작한 사람은 중간에 포기하거나 혹시 목표를 이뤄내더라도 끝을 아름답게 마무리하지 못하고 온갖 부정과 편법 등으로 추한 모습을 보여준다. 비리와 편법으로 높은 자리에 오른 지식인이 그것을 아주 잘 증명하고 있다.

다시 말하지만 지식은 안으로 쌓이고, 지성은 밖으로 퍼진다. 소크라테스는 자기의 삶으로 그것을 완벽하게 증명했다. 그의 지성은 죽음의 순간에 더 선명해졌다. 많은 사람이 죽기 전에 유언을 남긴다.

하지만 그는 별다른 유언을 남기지 않았다. 이유는 간단하다. 그의 삶 자체가 가장 명징한 유언이기 때문이다. 그는 자기가 말하고 깨달은 대로 살았다.

지성인의 삶을 살기 위해 갖춰야 할 관점

'한국 교육 문제 심각하다.'

'공교육과 사교육을 구분하지 못하는 한국 교육의 현실.'

'한국에서 발생하는 모든 문제는 교육에서 시작.'

지금 대한민국에서는 연일 이런 기사가 생산되고 있다. 진정한 교육은 인간을 변화시킬 수 있으며, 사회를 아름답게 할 힘을 갖고 있다. 반대로 말하면, 대한민국의 교육은 인간도 사회도 변화시키지 못하는 죽은 교육이다.

우리나라의 교육은 한마디로 이렇게 표현할 수 있다.

"과정은 틀려도 된다. 아니, 아예 없어도 된다. 그저 빠르게 답만 맞혀라."

나는 여기에서 소름이 쫙 돋는다. 과정이 아닌 그저 결과만 바라보는 교육이 결국 지금 한국에 만연한 부패와 부정의 중심 아닌가. 많은 사람이 노력하기보다는 돈과 연줄로 빠르게 올라가려고 하고, 실력으로 겨루기보다는 무리의 힘을 빌려 세상의 중심에 서려 한다.

소크라테스가 남긴 지성인이 되기 위한 다섯 가지 가르침을 자녀의 삶에 적용하기 위해서는 반드시 삶을 바라보는 아이의 관점을 대폭 조정해줘야 한다. 세상이 정한 정답만을 찾는 삶이 아닌, 스스로 생각하며 문제를 풀어나가는 과정을 즐기는 삶을 살게 해야 한다.

세상은 거대한 극장이고, 내 주변에 사는 모든 사람의 삶은 한 편의 영화다. 우리는 그들을 만나 대화를 나누고 교감하며 영감을 받는다. 하지만 어떤 영감도 느끼지 못하는 사람도 있다. 그들의 특징은 '인정'의 늪에 빠져 있는 것이다. 인정의 늪에 빠진 사람은 아무리 많은 지식을 쌓아도 지성인이 될 수 없다.

같은 그림을 감상해도 사람에 따라 전혀 다른 의견을 내놓는다. 어떻게든 장점을 찾아내 칭찬하는 사람이 있는 반면 "그림체도 엉망이고, 다른 작가들이 노력하는 걸 생각하면 도저히 당신을 인정할 수가 없다"라며 비난하는 사람도 있다. 당신은 어떤가? 무언가를 평가할 때 '인정'이라는 단어를 자주 사용하는가?

가끔 주변을 보면, 온 세상이 성공을 돕는 것처럼 보이는 사람이 있다. 그의 일상을 보면 이런 생각이 든다.

- 적절한 순간에 필요한 정보를 얻는다.
- 적절한 순간에 필요한 사람을 얻는다.
- 적절한 순간에 필요한 아이디어를 얻는다.

그들의 성공은 어쩌면 세상이 이미 정해놓은 각본처럼 움직인다는 생각이 든다. 하지만 그건 사실이 아니다. 그들도 우리와 마찬가지로 같은 세상에서 같은 사람과 같은 풍경을 바라보며 사는 평범한 인물이다. 다른 점이 하나 있다면 관점의 차이다. 그들에게는 무언가를 바라보며 '내가 저건 인정한다'라고 하는 오만함이 없다. '인정의 관점'이 아니라 '포용의 관점'으로 세상을 바라본다. 인정의 관점은 상황을 분석하는 데서 끝나지만, 포용은 분석 이후 연결과 창조 단계까지 일사불란하게 이어진다.

"우리 영화 볼까?"라는 질문을 받으면 대개 이렇게 응수하게 된다.

"재미, 감동, 액션 중 어떤 영화를 원해?"

사실 재미와 감동, 액션의 본질은 '자극'이다. 우리는 자극을 주는 상품에 익숙해져 있다. 문제는 거기에서 빠져나오지 못한다는 데 있다. 괴테도 훌륭한 그림이나 책, 연극을 보며 수많은 영감과 자극을 받았다. 하지만 중요한 건 자극 그 이후다. 그는 곧 자극의 늪에서 빠져나와 사색을 시작했고 수준을 높이는 질문을 던졌다.

"이토록 위대한 작품을 어떻게 만들었을까?"

"나는 이 작품의 장점을 어떻게 내 작품에 적용시킬 수 있을까?"

"단순하게 적용 수준을 뛰어넘어, 세상을 놀라게 할 작품을 만들기 위해 무엇을 해야 하는가?"

괴테는 전혀 자극을 주지 않는 지루한 연극이라도 끝까지 감상했다. 자극을 주는 연극에서 받을 수 없는, 반대의 깨달음을 얻을 수 있었기 때문이다.

"관객은 무엇에 지루함을 느끼는가?"

"자극을 주지 않는 대본의 조건은 무엇인가?"

"지루하지 않은 글을 쓰기 위해서는 어떻게 해야 하는가?"

괴테의 사례에서 본 것처럼 소크라테스를 비롯한 수많은 인문학의 대가는 '인정'보다는 '여기에서 배울 것은 무엇인가?', '배우지 말아야 할 것은 무엇인가?'를 생각했다.

인정이란 겸손하지 않고, 고압적이며, 폐쇄적인 사람이 자주 쓰는 단어다.

나랑 별다를 게 없어 보이는 사람이 세상의 인정을 받으니 그 자체를 인정하기 싫은 것뿐이다. 아무도 당신의 인정을 필요로 하지 않는다는 사실을 알아야 한다. 대신 '그처럼 세상의 인정을 받기 위해 무엇을 배우고 무엇을 버려야 하는지'를 연구하자. 비난으로 이룰 수 있는 건 파멸뿐이다.

아이가 '내가 발견하지 못했을 뿐 무엇을 보든 분명 얻을 게 있다' 는 사실을 알게 해야 한다. 그런 아이는 누구를 만나든 그 만남을 소중하게 생각한다. 지혜는 소중하게 생각하는 사람에게서만 얻을 수 있다. 인문학 대가의 삶은 우리에게 이렇게 조언한다.

"감동에 빠지지 말고 삶에 연결하라. 삶의 연어가 되라. 모든 흐름을 거꾸로 타고 올라가, 나를 자극한 이 작품에 무엇이 존재하는지 본질적인 원인을 모두 파악하라."

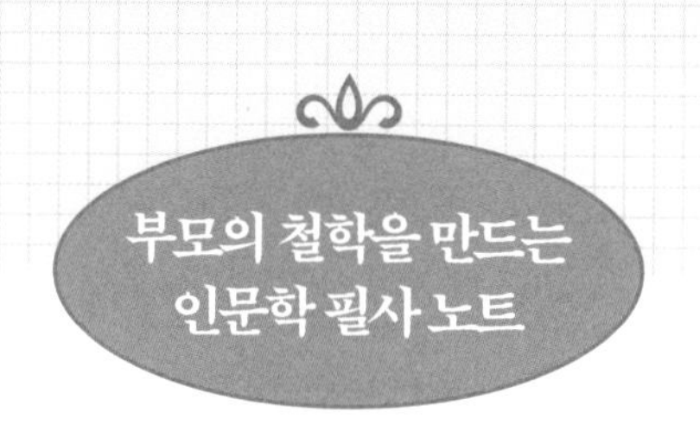

19. 부모의 경탄, 우리는 자기 수준에 맞는 것만 칭찬할 수 있다

자신이 무언가를 열심히 한다는 사실은
굳이 세상에 알릴 필요는 없습니다.
그 가치를 아는 사람은 이미 알고 있고,
가치를 모르는 사람은 말해도 모르기 때문입니다.
내 삶이 진실하다면 굳이 다른 말이 필요 없죠.
결국 수준에 맞는 사람과 만나게 되니까요.

부모 교육 포인트

세상에는 지적 수준이라는 것이 있죠. 그게 왜 중요할까요? 수준 높은 것을 순순히 받아들일 만한 내적 소양을 가진 사람은 흔하지 않기 때문입니다. 지금도 주변에서 적이라는 이유 하나로 배척하고 비난하는 사람들이 그걸 증명하죠. 사람은 결국 자신이 아는 것만 경탄하고 칭찬할 수 있습니다. 칭찬하는 수준이 곧 그 사람의 수준이라고 볼 수 있지요. 적에게서도 빛나는 가치를 발견할 수 있는 사람은 그것마저 자신이 소유하게 될 것입니다.

부모를 위한 비트겐슈타인 사고법

한 휴학생이 누군가에게 전화를 건다.

자신이 원하는 것을 해결하기 위해 당장 박사학위가 필요했던 그는 상대방에게 꽤 성급한 목소리로 "여기로 오세요"라고 짧게 말한 후 전화기를 내려놓는다. 통화 시간은 길지 않았다. '여기로 오라'는 말에 '알겠다'라는 답이 대화의 전부였다. 그런데 놀랍게도 휴학생의 전화를 받고 달려온 사람은 영국 최고의 명문 케임브리지 대학이 자랑하는 당대의 유명 학자 무어George Edward Moore 교수였다.

한 나라를 대표하는 최고의 교수가 휴학생의 전화에 부리나케 달려오다니. 대체 이들에게는 어떤 사연이 숨어 있는 걸까?

하지만 그건 서막에 불과했다.

무어 교수는 도착하자마자 책상에 앉아 휴학생이 구술하는 내용을 받아 타자를 쳤다. 뒷짐을 지고 고상하게 움직이며 차분하게 이야기를 들려주는 휴학생의 모습이 차라리 교수처럼 보였다. 무어 교수가 타자를 쳐 완성한 서류는 박사학위 논문으로 제출되었고 훗날《논리 철학 논고》라는 제목으로 발간되었다.

이 휴학생의 이름이 바로 20세기 가장 영향력 있는 인물 100명 중에 포함된 유일한 철학자 루트비히 비트겐슈타인Ludwig Josef Johann Wittgenstein이다.

그의 삶은 '더 나은 인간이 되기 위한 노력'의 연속이었다.

많은 사람이 그를 천재적인 두뇌의 소유자라고 생각한다. 타고난 천재 말이다. 하지만 나는 그의 성장에 아버지의 결정적인 선택이 있었고, 그 선택이 삶을 바꿔놓았다는 사실을 알게 되었다.

비트겐슈타인은 1889년, 오스트리아 빈에서 부유한 철강 재벌의 여덟 자녀 중 막내로 태어났다. 어린 시절 그의 집에는 일곱 대의 그랜드 피아노가 있었고 클림트, 모제르, 로댕 같은 당대 최고 예술가의 작품이 벽에 걸려 있었다. 지금도 그렇지만 부자에게는 부자들만의 길이 있다. 하지만 그의 아버지는 여덟 남매 모두 빈의 명문가 자녀가 다니는 문법학교와 인문계 고등학교(김나지움)로 진학시키지 않았다. 그것이 아들의 교육을 위한 그의 첫 번째 선택이었다. 획일적인 주입식 교육에 반대했던 아버지는 대신 여덟 남매에게 개인교사를 붙여 각자 자기에게 꼭 맞는 것을 배우고 그것을 삶에서 실천할 수 있도록 했다. 두 번째 선택은 비트겐슈타인을 린츠에 있는 공업고등학교로 진학시킨 것이었다. 기계를 다루는 데 특출난 아들의 재능을 보고 선택한 것이었다.

그다음은 '기다림'이라는 세 번째 선택이다. 그는 서둘지 않았다. 아들의 성장을 묵묵히 기다리며 지켜봤다. 방임이 아닌 믿음이었다. 그는 아주 가끔 지인을 시켜 아들이 어떻게 지내는지 확인하기만 했다. 대학에 진학해서 한 학기가 끝날 무렵이었다. 그는 맏딸 헤르미네를 보내 그의 소식을 전해 들었다. 막내아들의 스승인 러셀Bertrand Russell은 이런 이야기를 들려주었다.

"비트겐슈타인은 이제 스물을 갓 넘겼는데도 거의 모든 면에서 나를 능가하고 있습니다. 당신은 곧 철학의 위대한 진보를 볼 수 있을 것입니다."

물론 비트겐슈타인의 노력도 상당했다. 그는 더 나은 인간이 되겠다는 목표를 실천하기 위해 공식 하나를 '발명'해냈다.

"다른 이들이 전진할 때 나는 머물러 있을 것이다."

그가 스스로 발명한 공식의 핵심이 무엇이라고 생각하는가? 비트겐슈타인 사고법의 중심은 바로 머물러서 그것을 관찰하는 '공간에 대한 사랑'이다. 1948년 가을, 그는 제자이자 친구였던 드루리M. Drury에게 이렇게 말했다.

"내가 보기에 헤겔Georg Wilhelm Friedrich Hegel은 '언제나 제각각 달라 보이는 사물도 실제로는 모두 동일하다'고 말하고자 한 것 같네. 반면에 내게 중요한 것은 모두 똑같아 보이는 사물이 사실은 제각각 다르다는 점을 입증하는 일이지."

사랑하지 않으면 보이지 않는다. 우리는 사랑하는 사람에게서만 배울 수 있다. 그는 모두가 같다고 말하는 그것을 분리하여 의미를 부여하는 삶을 살았다. 누구보다 '공간을 사랑하는 사람'이었다는 사실을 증명하는 대목이다.

요즘 아이는 지도를 볼 줄 모른다. 달리 말하면, 공간에 대한 해석과 사랑이 부족하다. 내게 주어진 일을 더 완벽하게 처리하고 싶다면 공간에 대한 사랑을 간직하고 있어야 한다. 그것이 눈에 보이는 오프라인 세상의 공간이든 온라인이든 말이다.

그럼 어떤 방법으로 '공간'이라는 개념에 접근해야 할까?

'아이가 중학교에 진학하면 유럽 여행을 하기 힘들다'는 이유로 한 가족이 무려 29박 30일 일정으로 유럽으로 떠났다. 맞벌이인 그들에게는 굉장한 모험이었다. 돌아오면 자기 의자가 없어질 수도 있다는 막연한 두려움을 안고 떠난 여행이었다. 하지만 나는 그들이 블로그에 올린 여행기를 읽으며 안타까운 마음을 금할 수 없었다.

유럽의 모든 것을 제대로 느끼고 싶었던 그들은 일단 자동차를 렌트했다. 거기까지는 아주 좋았다. 그런데 나는 그들이 니스 근교를 지나가며 쓴 글과 사진을 보다가 깜짝 놀랐다.

"한참 예쁜 마을을 구경하고 있는데 이상한 공동묘지가 나왔다. 헉, 아침이지만 무서운 마음에 우리는 빠르게 지나갔다."

그런데 그들이 놀라 지나친 그 장소는 바로 위대한 예술가인 샤갈Marc Chagall의 무덤이 있는 곳이었다. 샤갈은 97세의 나이로 생을 마감했는데 마지막 20년을 생폴드방스에서 보내면서 수많은 작품을 남겼다.

그래서 샤갈의 무덤은 생전의 바람대로 제2의 고향이라 불리는 그 곳에 안치되었다. 하지만 이 가족은 그 중요한 역사적 장소를 심지어 '무섭다'라고 하며 스쳐 지나갔다. 나중에 알게 되었지만 더욱 안타까운 것은 아들이 미술을 좋아하는데 그중에서도 샤갈의 그림을 아주 좋아했다는 것이다.

그들은 지나쳐야 할 곳에서는 멈췄고, 멈춰야 할 곳에서는 액셀을 밟아 빠르게 지나갔다. 뭔가를 이해한다는 것은 그것에 대해 잘 앎을 의미한다. 아는 만큼 보인다. 역사적인 지식과 상황을 모르면 당신은 거기에 있어도 있는 게 아니다.

공간에 대한 사랑은 '공부'의 개념에서 접근하면 교육하기 힘들다. 그것은 '암기'가 아닌 '이해'의 영역이기 때문이다. 그래서 가장 적합한 것이 바로 역사 교육을 적용한 방법이다. 역사책을 제대로 읽을 줄 알게 되면, 공간에 대한 기본적인 사랑을 느끼게 된다. 역사적인 사건의 동기나 원인이 무엇인지 알면서 그 공간에 머물렀던 수많은 사람의 다양한 마음을 이해하게 되기 때문이다. 하지만 그것을 그대로 받아들여서는 안 된다. 반드시 다음에 제시하는 세 가지 생각 필터를 거쳐야만 한다.

1. 사건에 관여한 인물의 사고방식을 연구하라

'같은 풍경은 없다, 같은 사람도 같은 상황도 없다'라는 마음으로 인물의 사고방식을 연구하라. 이건 비트겐슈타인의 지론이기도 했다. 흔한 것에서 신비로움을 발견하고 싶다면, 대상을 다양한 관점으로 바라봐야 한다. 다양한 인생을 살고 싶다면 다양한 사고방식을 가져야 한다. 비트겐슈타인이 이미 여덟 살에 "왜 거짓말을 하는 것이 유리할 때에도 사람은 정직해야만 할까?"라는 문제를 고민했다는 사실을 상기하자. 거짓말은 어떤 상황에서도 하면 안 되는 나쁜 행동이라고만 가르치는 건 아이를 진짜 거짓말쟁이로 만들 수도 있는 위험한 교육이다. 정직을 추구하는 교육은 좋지만, 다양한 상황에서 왜 그런 선택을 해야 하는지 알려줘야 한다.

2. 사건에 얽힌 인물의 이해관계를 조사하라

'상황이 사람을 변하게 한다'라는 마음으로 사건에 얽힌 인물의 이해관계를 면밀하게 조사해야 한다. 어떤 위대한 인물도 위대하지 않은 구석이 있기 마련이고, 아무리 보잘것없는 삶을 살았다 할지라도 위대한 구석이 있기 마련이다. 인간의 감정은 언제나 격렬하게 움직이고, 환경도 그에 따라 변하기 때문이다. 하지만 현재를 사는 수많은 사람이 자기의 일 혹은 이권에 연결하기 위해 일관된 관점으로 누군가를 바라보고 평가한다. 다시 강조하지만 그런 속임수에 빠지지 않기 위해서는 상황이 사람을 변하게 한다는 대전제를 가슴에 담고 인물의 이해관계를 파악해야 한다.

3. 글 쓴 사람의 사고방식과 관점을 분석하라

많은 사람이 다양한 사건과 상황에 맞닥뜨릴 때마다 상식으로 도망치려고 한다. 그게 편안하고 안전하다고 생각하기 때문이다. 하지만 세상에 존재하는 수많은 사람의 마음에 접속하기 위해서는 상식에서 빠져나와야 한다.

비트겐슈타인은 이렇게 조언한다.

"살아 있는 한 수많은 문제가 눈앞에 나타나는 법이다. 그 문제와 정면으로 맞서라. 싸워라. 결코 도망치지 마라. 상식을 꺼내 들고 그 문제를 해결하려 하지 마라. '상식은 이렇다'며 변명하지 마라. 누구나 알고 있는 상식은 그 자리에 있는 사람을 달랠 수 있지만 실제로 문제를 해결하진 못한다. 문제의 늪에 흠뻑 빠져 발버둥칠지라도 필사적으로 싸워라. 그리고 마침내 승리하여 자기의 힘으로 그 늪에서 기어 나와라."

같은 사건도 바라보는 사람에 따라 전혀 다른 해석이 가능하다. 우리가 알아야 할 것은 그들의 생각을 넘어 내 생각이다.

연구하고, 조사하고, 분석하는 과정을 통해야만 우리는 그들이 보는 역사에서 벗어나 '내 머리와 가슴으로 느끼고 생각한 역사'를 만날 수 있다. 그게 바로 이 교육의 핵심이다.

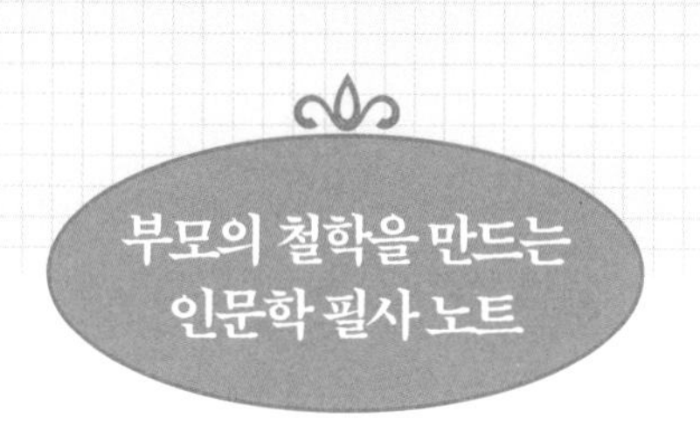

20. 부모의 실패, 멋진 실패가 삶의 철학으로 쌓입니다

아이들의 성공과 실패에 연연하지 않을 수 있다면
우리는 진정으로 아이와 함께 있을 수 있습니다.
더 잘해야 한다는 욕망과 지지 않아야 한다는
주변의 따가운 시선과 재촉이 부모의 마음을
자꾸만 아이에게서 떠나게 만듭니다.
나는 아이를 있는 그대로 받아들이겠습니다.
더 많은 시간 따뜻한 마음으로 함께 있겠습니다.

부모 교육 포인트

실패는 철학을 완성하기 위해 꼭 필요한 지적 도구입니다. 하지만 도움이 되지 않는 실패가 있어요. 바로, 비슷한 실패입니다. 계속해서 비슷한 실패를 반복하면서도 늘 하던 방식대로 하고 있다면, 그 일에 대한 철학이 없다는 증거입니다. 다른 실패를 해야 실패도 자산이 되죠. 두 가지 자세를 바로 잡아야 해요. 하나는 어떤 자리에서든 실패를 주도하면 됩니다. 또 하나는, 실패를 거듭함에도 불구하고 또 다시 생각하는 태도입니다. 생각하는 자는 결국 자기 삶의 주인공이 되어, 근사한 모습으로 가장 앞에 서게 되기 때문입니다.

비트겐슈타인 사고법을 내 아이에게 적용하는 다섯 가지 방법

내가 비트겐슈타인의 사고법을 아이들에게 적용시키려는 이유는 그가 단지 천재적인 능력을 보여줬기 때문은 아니다. 그는 오스트리아 부자의 아들로 태어났지만 결국 나중에는 전 재산을 기부하고 시골 초등학교 선생님이 되었다. 그리고 평소 자녀교육의 중요성을 절감하며 공교육에 종사하는 사람에게 이런 말을 남겼다.

"아이의 즐거움에만 중점을 둔 학교가 과연 바람직할까? 아이가 나름대로 고민하고 아파하는 경험을 사전에 없애버려도 좋을까? 고민하고 아파하는 것도 아이를 인간답게 키우는 방법 중 하나가 아닐까?"

그가 강조한 교육의 본질을 제대로 이해하기 위해서는 그의 삶부터 알아야 한다. 그의 삶을 한마디로 줄이면 이렇게 표현할 수 있다.

'말할 수 없는 것에 대해서는 침묵하라.'

침묵을 강조한 게 아니다. 반대로 '말할 수 있을 때까지 생각하라'는 진리로의 열정을 강조한 것이다. 말할 자격을 갖춰야 한다. 아이를 때려서라도 가르치겠다는 마음을 가졌다는 것은 아이의 문제를 충분히 생각하지 않았다는 증거다. 그는 "언어는 생각을 태우는 자동차와 같다"라고 말했다. 무언가 제대로 표현할 수 없다면 충분히 생각하지 못한 것이다. 체벌은 분노로 물건을 부수는 것과 같다. 힘으로 새싹이 돋게 할 수는 없다. 태양열과 깨끗한 물, 그리고 빛이 충분히 내리쬘 때 비로소 싹이 튼다. 빨리 성장시키기 위해서 힘으로 잡아당겨봤자 싹이 돋기는커녕 오히려 죽고 만다.

나는 비트겐슈타인의 삶을 연구하며 '때리지 않고, 소리치지 않고' 내 아이를 스스로 생각할 수 있는 최고의 지능을 가진 아이로 키우는 다섯 가지 방법을 찾아냈다. 비트겐슈타인은 모든 사람에게 가치가 있다고 강조했다. '비교'보다는 '가치'를 논하는 마음으로 아이를 대해야 한다. 비교로 가치의 우열을 결정하는 버릇은 버리고 어떤 사람이든 어떤 물건이든 각각의 가치와 아름다움이 있다는 생각을 가지자.

1. '침묵의 소중함'을 알게 하라

많은 부모가 아이에게 말을 잘하는 법을 가르친다. 하지만 정작 중요한 '침묵하는 법'을 알려주는 부모는 별로 없다. 가장 고요한 내면의 상태를 유지하는 사람만이 타인의 소리에 귀 기울일 수 있다. "인간은 생각하는 갈대다"라고 말할 정도로 사색과 홀로 있는 시간을 중요하게 생각했던 철학자 파스칼Blaise Pascal은 이렇게 조언했다.

"모든 인간의 불행은 방 안에 홀로 조용히 앉아 있지 못하는 데서 비롯된다."

소리는 그 자체로 아름답지 않다. 침묵할 수 있는 아이가 소리를 낼 때 비로소 소리는 아름다워진다. 그때 아이의 입은 그저 소리를 내는 인체의 기관이 아니라 침묵을 통해 발견한 영감과 지혜를 세상에 내보내는 '지적인 통로'의 역할을 하기 때문이다.

케임브리지 시절 초창기에 비트겐슈타인이 스승 버트런드 러셀과 나눈 문답도 이와 같은 의미에서 이해할 수 있다. 러셀은 몇 시간이나 침묵하고 있는 그에게 "자네는 논리학에 대해 생각하고 있나, 아니면 자기의 죄업에 관해 생각하는가?"라고 물었다. 그는 이렇게 답했다.

"두 가지 모두에 관해서 생각하고 있습니다."

그것은 그의 신념과도 같았다. 어떤 상황에서든 그 안에서의 자기 자신을 파악하려 노력했고, 동시에 인생에 어떤 의미를 부여하고 있는지 생각했다.

세상은 언제나 아이들에게 움직이라고 한다. 가만히 앉아 무언가를 생각하며 시간을 보내는 사람을 외톨이라고 하며, 앉아서 생각하는 아이를 자꾸만 일으켜 세운다. 하지만 고요한 곳에서 고독을 즐기는 사람만이 다양한 분위기에도 적응할 수 있다. 아무리 맛있는 음식도 계속 먹으면 무감각해지는 것처럼, 어떤 자극을 지속하면 아이는 무감각해질 뿐이다. 고독과 친구가 될 수 있는 아이만이 세상 모든 것과 친구가 된다. 그들로부터 아무도 발견하지 못한 영감을 발견할 수 있다. 아이가 홀로 남아 무언가를 생각하고 있다면 방해하지 마라. 간식을 주거나 선풍기를 틀어주는 일조차도 아이의 생각을 방해하는 행동이라는 사실을 기억하라.

2. '서툰 독서'는 '독약'이 될 수도 있다

지식은 자동차에 주유를 하는 것처럼 주입식 교육으로 쌓을 수 있지만, 지혜는 반드시 스스로의 사색을 통해 얻는다. 사색을 통해 마음에 일어난 질문에 답하며 비로소 지혜가 얻어지기 때문이다. 하지만 자동차에 주유를 하는 것처럼 남의 지식을 받아들인 사람은 방향도, 목적지도 모른 채 그저 달리는 것밖에는 할 수 없다.

물론 독서는 지적인 삶을 돕는 아주 좋은 친구다. 하지만 약간 다른 관점에서 보면 스스로 생각하지 않고 무언가를 쉽게 얻고 싶은 욕망을 가진 자들이 주로 이용하는 수단이라고 볼 수 있다. 비트겐슈타인은 '독서'와 '배움', 그리고 '생각' 중 딱 하나만 골라야 한다면 단연코 생각을 추천했다. 많은 부모가 아이에게 독서교육을 시킨다. 이때 반드시 명심해야 할 원칙 두 가지가 있다.

- 가급적이면 스스로 생각하는 습관을 가지게 하라.
- 정말 궁금하거나 누군가 알려주지 않으면 절대 알 수 없는 지식만 책을 통해 배우도록 하라(단 시와 소설 등의 문학 서적은 자유롭게 읽게 해도 괜찮다).

비트겐슈타인은 누이 헤르미네가 초등학교 교사가 되겠다고 결심하자 이렇게 조언했다.

"누나를 보면 닫힌 창문을 통해 바깥을 내다보고 있는 사람이 떠오른답니다. 막 창밖을 지나는 보행자를 보며, 그가 왜 저렇게 괴상하게 움직이는지 의아해하는 사람 말이지요. 바깥에 휘몰아치는 폭풍우 때문에 그가 힘겹게 한 걸음씩 옮기고 있는 중인 줄도 모른 채요."

연장자에게 이런 조언을 할 수 있는 사람은 흔치 않다. 그의 시선은 언제나 여기와 저기를 지혜로 연결해서 통합했다. 독서를 통해 지혜를 얻는 자의 가장 올바른 예다. 지식을 지혜로 만들어주지 못하는 독서는 그 사람의 지적인 성장을 죽이는 최악의 독약이다. 하지만 비참하게도 우리 아이들은 충분히 이해할 수 있는 것들을 암기해야 하는 현실에서 살아간다. 질문이 원활하게 이뤄지지 않으면 결국 억지로 그것을 암기해야 한다. 하지만 암기는 아주 기초적인 학습 수단이다. 처음에는 어느 정도 암기가 필요하지만 일정 수준 이상이 되면 내가 모르는 것에 대한 질문을 던지면서 스스로 깨우쳐야 한다. 근본적으로 암기란 누군가 정리한 것을 외우는 행위다. 타인의 생각에 의지해 지식을 쌓다 보면 당연히 그 사람 이상의 수준에 도달할 수 없다.

3. 사유의 종착점은 자유다

'언어의 한계가 곧 나의 한계다.'

영원히 자유를 찾아 떠나라는, 그가 남긴 최후의 가르침이다.

내가 '자유를 얻으라'고 말하면 이런 식으로 오해하는 사람이 많다.

"가족이 있는데 어떻게 자기 마음대로 살 수 있나요?"

가족을 외면하거나, 해외여행을 떠나 얻는 자유는 진정한 자유가 아니다. 그건 단순한 도피다. 그가 말하는 자유란 눈에 보이는 삶의 자유가 아니다. 세상의 통념과 편견 그리고 습관에서 벗어나라는 말이다. 우리는 그것들에서 벗어날 때, 언어의 한계를 깨 진정한 자유를 얻을 수 있다.

철학자이자 소설가인 움베르토 에코Umberto Eco는 주변 환경으로부터 자유자재로 스스로를 단절시켜 어디에서든 집필 활동을 했다.

"오늘 아침 당신이 초인종을 울리고 나서 나는 엘리베이터를 기다려야 했고, 문 앞에 도착하기까지 몇 초가 걸렸죠. 당신을 기다리는 몇 초

동안 나는 현재 쓰고 있는 새 작품에 대해 생각했습니다. 나는 화장실에서도 기차에서도 일할 수 있어요."

어디서든 일하고 새로운 것을 발견할 수 있다. 자기의 관점에 자유를 허락하면 한계가 사라진다. 비트겐슈타인은 그 상태를 이렇게 표현했다.

"과거의 건축 재료를 현대 건축물에 도입했다고 가정해보자. 그 경우 그것을 쓴 부분만 예스럽게 느껴질까? 아니다. 지금까지 없던 참신한 건축물이 된다. 이처럼 옛것도 생각하기 나름이다. 옛것을 옛것 그대로 두면 고리타분한 것이 되어버린다. 그러나 옛것을 현재에 활용하면 매우 새로운 것이 된다. 무엇이든 자신이 어떻게 받아들이느냐에 따라 참신한 것으로 탈바꿈한다."

그의 말을 아이에게 전해주면서, 필사를 통해 이해할 수 있게 하면 자유롭게 생각하는 사람으로 성장하는 데 도움이 될 것이다.

4. 공간에 대한 사랑이 아이의 지적인 수준을 결정한다

그는 많은 지인으로부터 이런 평가를 받았다.

"비트겐슈타인은 모든 상황을 철저하게 분석하고 완벽하게 마무리했다."

누이 헤르미네는 다음과 같은 일화를 제시했다.

"한번은 열쇠구멍을 정확히 뚫는 작업을 맡은 철물공이 그가 작업 한 게 마음에 들지 않아 직접 나선 동생에게 물었어요. '이보시오, 당신에게는 그 1밀리미터가 그토록 중요하오?' 그러자 질문이 미처 끝나기도 전에 힘이 넘치는 목소리로 '그렇소!'라는 대답이 떨어졌죠. 너무 소리가 커서 철물공이 깜짝 놀랄 정도였어요. 동생은 단 0.5밀리미터에 신경을 곤두세우는 일이 다반사였을 정도로 수치에 예민한 감각을 지니고 있었어요."

비트겐슈타인은 구석구석까지 무한정 주의를 기울여가며 완벽하게 일을 마무리했다. 그 이유는 아주 간단하다.

'그에게는 그 모든 공간이 소중했기 때문이다.'

비트겐슈타인은 시간과 돈보다 더 큰 존재인 공간을 아주 뜨겁게 사랑했던 사람이다.

'공간에 비하면 시간과 돈은 사소하다.' 가장 중요한 부분이다.

그는 "생각이란 스스로 어떤 영상을 그리는 것이다. 어떤 것이 자기 눈앞에 또렷이 그려지는 게 생각하는 것이다"라고 말했다. 아이에게 공간에 대한 사랑을 전해주기 위해서는 공간이 무엇인지 알려줘야 한다. 우리는 사물을 직선적으로 생각하는 버릇이 있다. 그 이유는 직선이 빠르고 간단하기 때문이다. 아이에게 느림의 기쁨을 알려주면 직선이 아닌 곡선을 선택할 것이고, 자연스럽게 그 공간을 접하게 될 것이다. 늘 가던 길도 조금 일찍 출발해서 곡선으로 돌아가게 해보라. 부모가 함께 가면 더욱 좋다. 직선으로 갈 때는 볼 수 없었던 모든 사물에 대해 설명하고 공간을 느끼게 하라.

레고와 같은 블록을 자주 접하게 하는 것도 좋다. 새로운 레고를 계속 살 필요는 없다. 같은 레고로 다양하게 구성하는 힘을 기르는 게 중요하다. 기계를 제작하고 구상한다는 것은 사실 공간과의 끝없는 싸움이다. 선과 선을 잇고 서로 맞물려 돌아가게 하는 것이 본질이 아니다. 기계를 원활하게 돌아가게 하는 건 '더 효율적으로 공간을 이용하기 위해서는 각종 재료를 어떻게 배치해야 하는가?'에 대한 답이기 때문이다.

5. 미치도록 경탄하라

1914년, 1차 세계대전이 터지자 비트겐슈타인은 주저 없이 입대했다. 면제 대상이었지만 자원했고, 후방에서 장교로 활동할 수도 있었지만 전방으로 달려가 언제나 가장 먼저 위험한 임무를 맡았으며, 몇 개의 훈장을 받았을 정도로 혁혁한 성과를 내기도 했다.

그가 많은 사람이 두려워하는 전장으로 달려간 이유는 무엇일까? 애국심? 그 이유는 생각보다 단순했고 극히 개인적이었다.

'죽음에 직면해보는 경험을 통해 좀 더 나은 사람이 되고 싶었다.'

더 나은 사람이 되기 위해 떠난 생명을 담보로 한 지적인 여행이었다. 하지만 그는 전쟁터에서도 자기 일을 잊지 않았다. 1918년, 이탈리아 전선에서 포로가 되기까지 전쟁터에서 보낸 5년 동안, 그는 철학적 작업을 계속했다. 이것이 바로 생전에 출간된 유일한 철학서 《논리 철학 논고》다.

중요한 건 그가 전쟁터에 나가 글을 써 책을 냈다는 사실이 아니다. '경탄'이다.

경탄은 인간이 도달할 수 있는 최상의 경지를 의미한다. 그가 전쟁터에서 최고의 기록을 남긴 것처럼, 경탄은 철학으로 발전하게 마련이다. 그러나 경탄할 줄 아는 능력을 갖는 것은 쉽지 않다.

비밀은 그의 일기에 있다. 그는 자대에 배치 받고 이틀 후인 1914년 8월 9일부터 일기를 썼다. 처음에는 개인적인 이야기를 적었지만 8월 15일부터는 달랐다. 왼쪽에는 군대에서 겪은 이야기를 남들이 알아 볼 수 없게 암호를 섞어 썼고, 오른쪽에는 겪은 이야기에 의미를 부여해서 사유할 수 있는 글을 썼다. 그게 바로 모든 일에 경탄하는 그만의 방법이었다. 일상에서 일어나는 사소한 일을 생각하며 어떤 의미를 부여하면 우리는 그것에 경탄하게 된다. 평범한 아이도 충분히 따라 할 수 있는 방법이다. 비트겐슈타인이 했던 것처럼 왼쪽에는 겪었던 일을 사실적으로 쓰게 하고, 오른쪽에는 그 일을 겪으며 느꼈던 자기 마음을 솔직하게 적게 해보자. 작은 경탄이 모여 위대한 사색의 결과물을 만들 것이다.

결국 모든 사고의 시작과 끝은 경탄이다.

비트겐슈타인은 아무도 존경하지 않았다. 소크라테스의 문답을 읽은 후, 그는 자신이 느낀 감정을 이렇게 표현했다.

"이 무슨 어처구니없는 시간 낭비란 말인가! 아무것도 증명해내거나 설명할 수 없다면 이런 논쟁 따위가 무슨 소용인가?"

그렇다고 그가 비난만 한 것은 아니다. 그는 누군가를 존경하지는 않았지만, 경탄에는 인색하지 않았다. 사고력을 혁신적으로 발전시키고 싶다면 경탄할 줄 아는 사람이 되어야 한다.

내 아이의 지적 수준을 높이는 경탄의 기술

'지적인 아이'는 다양한 분야의 책을 읽어 방대한 지식을 소유한 아이를 말하고 '경탄할 줄 아이'는 그 수준을 뛰어넘어 모든 지식의 본질을 볼 줄 아는 아이를 말한다. 바로 하나를 배우면 열을 깨우치는 아이들이다.

《사색이 자본이다》에서 충분히 언급했지만 경탄이란 '인간이 무언가를 보고 느낄 수 있는 최상의 경지'다. 또 어른만 도달할 수 있는 세월이 주는 명예가 아니므로 아이도 연습을 통해 충분히 경탄하는 수준에 도달할 수 있다. 다음에 제시하는 세 단계를 통해 지적인 감각을 단련하면, 누구나 자기 삶에서 경탄하며 살 수 있다.

본격적인 과정에 들어가기 전에 먼저 아이에게 다음 글을 반복해서 읽게 하라.

- 내가 아는 것은 적고, 세상에는 나보다 지적인 사람이 많다.

- 나는 누군가를 가르치기보다 그들에게 듣고 배우기를 원한다.
- 자기의 지식을 뽐내기 위해 남을 가르치려는 사람의 성장은 언젠가 멈춘다.

위의 세 가지가 바로 경탄하는 아이의 공통점이다. 이 공통점을 삶의 원칙으로 삼고 일상을 보내면, 조금 더 수월하게 경탄하는 수준에 도달할 수 있다.

이제 경탄에 이르는 세 단계를 소개한다.

1. 놀라다

경탄이 무엇인지 모르는 수준이라 놀라운 사건을 봐도 아무것도 발견하지 못한다. 그 안에 있는 수많은 신비로운 작용이 눈에 보이지 않기 때문이다. 이때 아이 자신이 '모른다는 것은 부끄러운 일도 나쁜 일도 아니다'라는 사실을 인지하고 있어야 한다.

경탄의 1단계는 엄청난 사건을 봐도 그저 놀라는 반응만 할 수 있다. 평균적인 지적 수준의 아이라면 누구나 도달할 수 있는 수준이다. 하지만 2단계인 '경이롭다' 수준에 도달하기 위해서 반드시 필요한 게 하나 있다.

'시를 읽고 필사하라.'

어려운 시를 읽힐 필요는 없다. 중요한 건, 어려운 단어와 문장이 아니라 그 안에 담긴 의미다. 짧더라도 분명한 의미가 담긴 시를 읽고 필사하게 하라. 많은 단체에서 추천하는 시도, 교과서에 실린 시도 좋지만 '경이롭다' 수준에 도달하기 위해서는 '가장 낮은 곳에서, 외롭고, 쓸쓸하게 남아 있는 것들'을 노래한 시를 읽게 해야 한다. 바닥은 기본이다. 기본을 탄탄하게 다져야 고귀한 정신을 얻을 수 있다.

2. 경이롭다

스스로 경탄할 대상을 발견할 능력을 갖추게 되고, 그것의 위대함을 조금씩 알아가는 수준이다. 아이는 시를 읽고 필사하며 세상에서 일어나는 아주 작은 일까지 감지하게 될 것이다. 수많은 위대한 인물은 어릴 때부터 시를 즐겼다. 왜 그들은 거의 단 한 명의 예외도 없을 정도로 어릴 때부터 시를 가까이 했을까?

'자작시를 쓰는 수준에 도달하기 위해서다.'

시를 읽는다는 것은 소비자, 시를 쓴다는 것은 창조자가 되는 것이다. 그들의 목적은 창조였다.

아이에게 시를 쓰게 하라. 이를 통해 소비만 하는 게 아니라 창조도 할 수 있음을 알려준다. 자작시를 쓰면서 남이 쓴 시를 읽을 때는 몰랐던 사물의 심연을 들여다보는 연습을 하게 되는 긍정적인 효과도 누릴 수 있다.

처음에는 시를 쓰는 게 쉽지 않을 것이다. 완벽하게 시를 쓰는 데 필요한 기간을 3개월로 잡고 시작하라. 첫 달에는 시가 아닌 일기 수준의 글을 매일 쓰게 한다. 내용이 길수록, 에피소드도 많을수록 좋다. 두 번째 달에는 에피소드 하나로 열 줄을 쓰는 연습을 하라. 마지막 달에는 지난 두 달 동안 썼던 모든 글을 다섯 줄로 줄이는 연습을 하라. 일기가 시로 변해가는 모습을 아이가 느끼면서, 스스로 자기의 글에 경탄하게 될 것이다. 2단계에서는 바로 이 경험이 핵심이다.

3. 경탄하다

무언가에 경탄한다는 것은 그 안에 숨은 '본질'과 '과정' 그리고 그것이 지향하는 '목표'를 한 번에 꿰뚫어 봄을 의미한다. 또 그것의 위대함을 알아차리는 데서 멈추는 게 아니라, 그 위대함을 내 삶에 접목할 수 있다는 것을 뜻한다.

사물과 하나가 되는 수준을 뛰어넘어 그 안에 마음대로 들어갔다 나올 정도의 수준에 이르렀을 때, 우리는 비로소 그것에 대해 경탄할 수 있게 된다.

그런 수준에 도달하기 위해서는 시를 포함한 모든 예술을 감상할 수 있어야 한다.

단순하게 시를 읽고, 음악을 듣고, 그림을 보는 건 감상이 아니다. 감상이란 그것의 형태를 보는 데 그치지 않고 내 안에 스미게 해야 한다. 그 능력을 기르기 위해서는 기계에서 나오는 음악보다 생음악이 좋고 다양한 예술을 자주 접해야 한다.

내가 이렇게 말하면 많은 분이 다음과 같이 응수한다.

"돈이 너무 많이 듭니다."

그건 착각이다. 예술을 즐기는 데는 많은 돈이 들지 않는다. 돈이 많이 든다고 하는 사람은 예술을 즐기기 위해 노력해본 경험이 없을 가능성이 높다. 즐길 마음이 있으면 길이 보인다. 최고의 예술을 즐기기 위해 막대한 돈을 지불하려고 들면 분명 예술은 사치에 가까울 정도로 돈이 많이 드는 취미다. 하지만 아이는 직접 피아노를 연주하고 자기 입으로 노래를 부르고, 그 연주에 맞춰 춤을 추고, 춤을 추며 느낀 영감을 그림으로 그리면서 살아 있는 예술을 만날 수 있다. 그게 무엇이든 즐기면 그게 바로 최고의 예술이다.

누구보다 경탄의 위대함을 강조했던 괴테는 이렇게 말했다.

"이웃과 사귈 때 그들에게 현재 상태에 걸맞은 태도로 대하는 것은 그들을 더 나쁘게 할 따름이다. 그들을 실제보다 뛰어난 사람으로 대함으로써 우리는 그들을 보다 나은 인물로 만들 수 있다."

사람의 수준을 고양시키는 것은 본인의 노력일 수도 있지만, 상당 부분 그들을 바라보는 타인의 시각이 결정하기도 한다.

《가장 낮은 데서 피는 꽃》과《그럼에도 우리는 행복하다》에서 충분히 언급했지만, 나는 필리핀의 세계 3대 도시 빈민가 톤도에서 괴테의 말을 실제로 체험했다. 처음 톤도에 방문했을 때는 식사도 제대로 해결할 수 없을 정도로 가난한 모습을 보며 '과연 이 아이들에게도 예술이라는 게 존재할까?'라는 의문을 가졌던 게 사실이다. 하지만 그 생각이 내 자만이었음을 인정하는 데는 긴 시간이 필요하지 않았다.

- 종이가 없지만 바닥에 손으로 그림을 그렸다.
- 낡은 악기로 아름다운 음악을 연주했다.
- 친구들은 그 곁에서 함께 춤을 추며 즐겁게 시간을 보냈다.

그 모습 자체가 세상에서 가장 아름다운 예술이었다. 그들은 서로의 가능성을 믿었다. 그 마음은 서로에게 긍정적인 영향을 주었고, 무언가를 알아간다는 기쁨을 알게 해주었다. 그건 돈과는 전혀 상관이 없는 일이다. 그저 그걸 하기로 마음을 먹으면 된다.

그래서 부모의 역할이 중요하다. 아이의 가능성을 쉽게 재단하지 말아야 한다. 부모가 잘라버린 가능성은 버려져 사라질 것이고, 부모가 믿고 지지하는 만큼 아이의 가능성은 꽃처럼 활짝 피어난다.

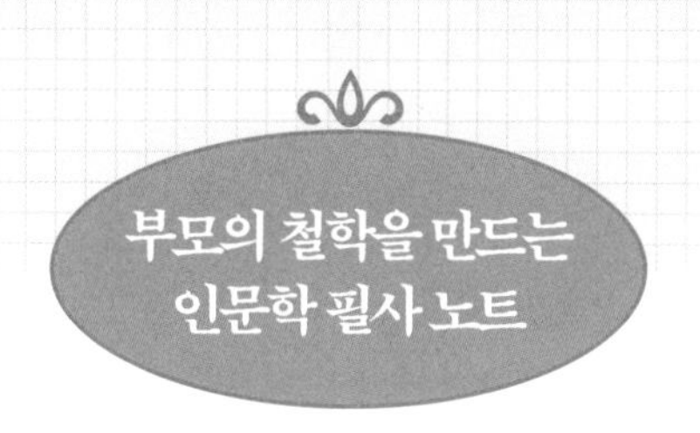

21. 부모의 자존감, 세상이 아닌 나만의 기준으로 살게 만드는 힘

자존감은 모두가 나를 지지하고 응원할 거라는
막연한 믿음에서 나오는 것이 아니라,
아무도 나를 지지하지 않아도
나는 앞으로 가고 싶은 길을 가겠다는
탄탄한 내면의 힘에서 나옵니다.
나는 나를 구성하는 모든 것을 믿습니다.

부모 교육 포인트

세상에 쉬운 일은 없죠. 남이 한 번에 해내는 일을 나는 쉽게 해내지 못한다고, 그런 자신을 책망할 필요는 없어요. 자존감은 모두가 나를 지지하고 응원할 거라는 막연한 믿음에서 나오는 것이 아니라, 아무도 나를 지지하지 않아도 나는 앞으로 가고 싶은 길을 가겠다는 내면의 힘에서 나옵니다. 그 철학과 힘을 잊지 말아요.

질문은 세상을 향해 던지는
크고 강력한 그물망이다
질문하는 자만이 지혜를 얻을 수 있다

4부

평천하

平天下

세상을 다스린
수천 년의 지혜를 압축한 질문

1장

시대와 장소를 뛰어넘어 아이의 삶을 바꾸는 고전 질문법

• • •

아이의 삶을 바꾸는 위대한 질문을 찾아내는 법

책과 이론에도 고전이 있듯 질문에도 고전이 있다. 아주 오랜 시간 사람을 성장시키는 데 큰 역할을 했던 '고전 질문법'이 바로 그것이다. 질문이란 제한된 환경에서 한 사람에게 무한한 가능성의 문을 열어주는 열쇠다. 중요한 것은 '내 아이의 열쇠 질문key question을 발견해야 한다'는 사실이다. 많은 부모가 시간이 없다는 이유로, 조금 더 빠르게 아이의 재능을 찾아주겠다는 이유로 열쇠를 찾는 대신 망치를 가져와 문을 부순다. 어리석게도 문을 부수는 게 아이의 재능을 발견하는 가장 빠른 방법이라고 생각한다.

그럼, 백번 양보해서 그렇게 해서 아이의 재능을 찾는 데 성공했다고 치자. 그럼 부서진 아이의 마음은 어쩔 텐가? 아이의 마음보다 재능을 발견하는 게 더 중요한가? 부서진 아이의 마음은 평생 치유되기 힘들 수도 있다. 당신은 먼 훗날 아이의 재능을 찾았다는 기쁨보다, 아이의 마음에 상처를 줬다는 생각에 치유할 수 없는 고통을 받을 것이다. 지금 너무 춥다고, 배가 고파 견딜 수 없다며 문을 부수고 안으로 들어갈 수는 없다. 내 아이를 위해서라면 더욱더 그렇다.

'세상에 질문하는 바보는 없다.'

이 말이 쉽게 이해되지 않을 수 있다. 이해하기 쉽게 반대로 표현하면 이렇다.

'세상에 바보 같은 질문은 없다.'

무언가에 대한 질문을 한다는 것은 적어도 그것에 대해 알고 흥미를 느낀다는 것이다.

2010년, 우리는 질문하지 못하는 바보들을 만났다. G20 회의가 끝나고 오바마Barack Obama 대통령이 기자회견을 열었다. 자기 말을 마친 후 그는 이렇게 이야기했다.

"한국 기자들에게 질문권을 드리고 싶네요. 정말 훌륭한 개최국 역할을 해주셨으니까요."

하지만 장내는 조용했다. 한국 기자가 아무도 손을 들지 않자 오바마는 한국 기자를 배려하는 차원에서 이렇게 말했다.

"한국어로 질문하면 아마도 통역이 필요할 겁니다. 아니, 꼭 통역이 필요할 겁니다."

그는 '꼭'이라는 말까지 넣어서 한국 기자가 편안하게 한국어로 질문할 수 있게 배려했다. 하지만 손을 들고 일어선 것은 중국 기자였다.

"한국 기자가 하지 않으니 제가 아시아 대표로 질문하고 싶습니다."

하지만 오바마는 '한국 기자에게 질문을 요청한 것'이라고 양해를 구하고, 다시 한국 기자에게 질문할 기회를 주었다.

"질문하고 싶은 한국 기자는 없나요? 아무도 없나요?"

다시 적막이 흘렀고 오바마는 살짝 미소를 지으며 상황을 전환시켰다. 결국 질문할 권리는 중국 기자에게 넘어갔다.

여기에서 중요한 건, 한국 기자가 영어를 못해 질문을 못한 게 아니라는 사실이다. 그들은 말 그대로 질문할 줄 몰라서 못한 것이다.

'우리는 왜 질문하지 못할까?'

한국은 노력만으로 할 수 있는 일은 누구보다 잘하지만 혁신적인 상상이 필요한 부분에서는 두각을 나타내지 못한다. '더 좋은 질문'을 생각해내지 못한 대가로 '남 좋은 일'만 하고 있는 셈이다. 지금 우리에게는 송곳처럼 날카롭고, 칼날처럼 예리한 질문이 필요하다.

인문학 공부의 핵심은 질문에 있다. 우리가 맞이하는 현실은 과거에 수없이 던진 질문의 답이다. 우리의 현실을 바꿀 힘이 질문에 있다. 그래서 내가 고전 질문법의 힘을 강조하며 일상에서 아이에게 좋은 질문을 자주 던져야 한다고 말하면 많은 부모가 바로 이렇게 질문한다.

"어떻게 하면 좋은 질문을 할 수 있나요?"

"구체적인 질문법을 좀 알려주세요."

그런데 내가 아무리 질문법에 대해 가르쳐줘도 별 쓸모가 없다. 그들의 질문은 언제나 그저 질문으로 끝나기 때문이다. 아이에게 질문하지 않고, 내게만 질문하는 부모들에게 나는 늘 이렇게 조언한다.

1. 질문을 경험하라

무언가를 할 때는 그것에 대한 생각으로 가득해야 한다. 물론 이 책을 읽으며 수많은 질문을 발견할 수 있을 것이다. 하지만 가장 중요한 것은 그 질문을 스스로 경험하는 것이다. 대개 질문에 대한 답은 질문을 경험하며 나온다. '왜 내 아이는 공감 능력이 떨어지는 걸까?'라는 질문을 그저 질문으로 남겨두지 말고, 아이와 대화하며 그 질문을 경험해야 한다. 그래야 자연스럽게 아이에게 공감 능력을 키워줄 방법을 터득하게 된다. 방법만 터득하려고 하다 보면 정작 실천하려는 의지는 약해진다.

2. 이기심을 버려라

부모가 가진 이기심을 조심해야 한다. 많은 부모가 아이의 미래를 자기가 원하는 대로 만들려고 한다. 그러면 반드시 부작용이 생긴다. 부모가 이기적인 생각을 하자마자 아이는 자기가 가진 본래의 모습을 잃고 가장 평범한 사람의 삶을 살게 될 것이다. 여기서 '평범한 사람'이란 '다를 게 없는 사람'을 뜻한다. 있어도 없어도 존재감이 없는, 자기 색이 없는 사람이다. 부모 자신을 위한 질문이 아닌 아이의 아름다운 내일을 위한 질문을 던져야 한다.

3. 질문의 수준을 높여라

'그 사람의 질문이 그 사람의 모든 것이다.'

그 사람이 던진 질문이 성격과 꿈, 삶의 자세 등 모든 것을 말해준다. 질문으로 아이의 삶을 바꾸고 싶다면 부모가 먼저 고전 질문법을 사용할 수준에 도달해야 한다. 답하는 아이의 수준을 높이고 싶다면, 부모가 스스로 질문의 수준을 높여야 한다.

물론 질문의 수준을 높이기 위해서는 생각보다 긴 시간이 필요하다. 생각 회로 자체를 손봐야 하기 때문이다. 하지만 '경쟁 구도에서 벗어나 생각하는 것'만으로도 그 시간을 조금은 줄일 수 있다.

최고의 인터뷰어가 아무리 인터뷰를 많이 한 사람을 만나도 새로운 답을 얻어낼 수 있는 건, 시선을 좁혀 인터뷰 대상에게만 집중하기 때문이다. 인터뷰 대상에게 집중하지 못하면 새로운 질문을 생각해낼 수도, 좋은 답을 기대할 수도 없다.

#1.

2016년, 소설가 한강의 《채식주의자》가 맨부커 인터내셔널 상을 받으면서, 당시 문학 관련 인터뷰에서 그녀에 관한 이야기가 빠지지 않고 나왔다. 문제는 한강과 전혀 상관이 없는 사람에게도 이런 방식으로 한강에 대해 질문했다는 사실이다.

"한강이 당신보다 나은 점이 뭐라고 생각하시나요?"

"한강과 당신 중 누가 더 인기가 많다고 생각하시나요?"

"한강에게 라이벌 의식이나 질투를 느낀 적이 없었나요?"

그들은 밑도 끝도 없는 질문으로 경쟁 구도를 형성하고, 파괴하고, 다시 형성하기를 반복한다. 한국은 언제나 '이제 우리도 경쟁에서 벗어나야 한다'라고 하지만 바보처럼 스스로 경쟁을 부추기며 산다. '동양과 서양', '남성과 여성', '선진국과 후진국' 등의 구도에서 우리는 평생 경쟁하며 살고 있다.

#2.

2013년, 독일 현지에서 발레리나 강수진과 대화를 나눈 적이 있다. 당시 그녀의 인생철학에서 굉장히 많은 영감을 얻었는데, 그중 가장 기억에 남는 부분이 하나 있다.

한국의 방송이나 신문은 언제나 그녀를 이렇게 소개한다.

"스위스 로잔 국제발레콩쿠르에서 한국인 최초로 1위를 거머쥐었다. 이듬해 독일 슈투트가르트 발레단에 동양인 최연소 무용수로 입단했다. 1999년에는 동양인 최초로 무용계의 오스카 상으로 불리는 브누아 드 라 당스Benois de la Dance 최고 여성무용수로 선정되었다."

무엇이 느껴지는가?

'한국인 최초', '동양인 최연소', '동양인 최초.'

한국 사람은 '최초'와 '동양인' 혹은 '한국인'이라는 키워드를 좋아한다. 그렇게 스스로 벽을 쌓고 수준을 나눠버린다.

그녀가 한국 언론과 인터뷰를 하면서 가장 답답하게 생각한 부분이 그것이었다. 정작 자신은 동양인이라고 무시를 당하거나 힘들다고 생각한 적이 없는데, 한국의 언론은 자꾸만 '동양인이라서, 여성이라서'라는 키워드를 앞세워 차별과 고통받았던 사건에 대해 물었다는 것이다. 그녀는 '데뷔 이후 한 번도 동양 사람이라는 콤플렉스를 가진 적이 없었고, 실력이 있다면 해외에서도 동양인이란 편견 없이 대한다'라는 생각을 했기 때문에 발레에 열중할 수 있었는데 말이다.

질문은 언제나 상대의 중심을 바라보며 해야 한다. 부모도 마찬가지다. 내 아이의 재능과 좋아하는 것을 알아내기 위해서는 아이에게 집중해야 한다. 하지만 많은 부모가 여전히 '같은 반 아이', '옆집 아이'와 비교하며 경쟁 구도를 형성한 상태에서 질문한다. 옆집 아이는 옆집 아이 부모에게 맡기고, 내 아이만 바라보라.

아이의 멋진 답을 기대한다면, 부모가 그에 맞는 멋진 질문을 던져야 한다. 경쟁 구도에서 던진 질문은 아이를 경쟁하게 만든다. 멋진 질문으로 아이의 삶을 바꿔주고 싶다면, 경쟁 구도에서 벗어나 아이를 자유롭게 할 수 있는 질문을 던져라.

천 개의 눈과 심장을 가진 아이

여기, 늘 무언가를 열심히 적는 남자가 있다.

그는 마흔 살 때부터 학문과 사물의 이치를 깨친 바를 틈틈이 적어 나갔다. 학식이 높았기 때문에 주변에 조언을 구하는 사람이 많았는데, 이에 대한 답변을 아무리 사소한 것도 잊지 않고 모조리 적었다. 도대체 이유가 뭘까?

'그는 무슨 이유로 자기의 생각을 기록해두는 걸까?'

책으로 내려고? 그렇다고 그에게 딱히 책을 쓸 생각이 있었던 것도 아니었다. 그렇게 40년이 흘렀다. 중년의 남성은 이제 백발이 성성한 노인이 되었다. 물론 그는 여전히 지난 40년 동안 자신이 생각한 것과 조언한 내용을 멈추지 않고 기록했다.

그리고 훗날 집안 조카들이 그의 기록을 모아 책으로 정리했는데, 그 책의 제목이 바로《성호사설》이고, 40년 동안 자기의 생각을 기록한 이의 이름은 조선시대를 대표하는 실학자 이익이다.

《성호사설》은 조선시대를 대표하는 손꼽히는 명저인 동시에, 본인이 직접 40년 이상 꼼꼼히 자기 생각을 써왔으므로 이익의 학문과 사상의 집대성이라 할 수 있다.

〈천지문天地門〉, 〈만물문萬物門〉, 〈인사문人事門〉, 〈경사문經史門〉, 〈시문문詩文門〉 등으로 분류해 총 3,007편의 글이 실려 있으며, 방대한 분야를 두루 다루면서도 주제별로 세분화하여 실었기 때문에 지의 백과사전으로 불린다.

실제로 우리는 그의 책을 통해 다음 세 가지를 배울 수 있다.

- 역사, 지리, 과학에 대한 '해박한 지식'
- 사물에 대하여 꼼꼼히 검토하고 '연구하는 마음 자세'
- 시대를 앞서는 근대적 역사관과 '폭넓은 견해'

《성호사설》은 결국 이익이 평생 세상에 질문하고 발견한 것들의 합이다. 궁금한 모든 것에 호기심을 갖고 질문을 통해 얻어낸 생각을 기록하면 위대한 결과물을 창조할 수 있다. 하지만 질문을 한다고 모든 사람이 위대한 결과물을 창조할 수 있는 건 아니다. 그가 조선 실학사상의 진수라고 불리는 이 책을 집필할 수 있었던 이유는 그에게 세상을 바라보는 아주 특별한 다섯 가지 시선이 있었기 때문이다.

- 서양의 새로운 지식을 광범위하게 받아들였다.
- 개방적인 마음으로 당대의 사물과 학문적 경향을 바라보았다.

- 학문을 현실 세계에 적용하고자 했다.
- 비판적 태도로 사회 현상을 바라보았다.
- 우리 국토와 국민을 사랑하는 마음을 잊지 않았다.

나는 위에 제시한 다섯 가지 시선을 한 줄로 줄여 '천 개의 눈과 심장을 가진 사람'이라고 부른다. 많은 눈으로 세상을 관찰했고, 천 명의 마음을 대변할 수 있을 정도로 다양한 사람의 입장을 배려했기 때문이다. 그는 지극히 세심한 시선으로 세상에 존재하는 아주 사소한 것까지 관찰하고 분석했다. 그가《성호사설》이라는 위대한 결과물을 만들어낼 수 있었던 가장 결정적인 이유는 천 개의 눈과 심장으로 세상에 가장 예리한 질문을 던졌기 때문이다.

프랑스의 사상가 몽테뉴Michel De Montaigne는 현명한 사람이 반드시 갖춰야 할 조건으로 '왜?'라고 질문하는 것을 꼽았다. 한 아이가 지적인 어른으로 성장하기 위해서는 어떤 사건을 바라볼 때 반드시 '왜?'라는 질문을 가지고 있어야 한다. 물론 많은 부모가 그 사실을 안다. 그런데도 질문 교육이 제대로 이뤄지지 않는 이유는 뭘까?

정작 부모 자신이 질문 없는 삶을 살고 있기 때문이다. 아이가 '왜?'라는 생각을 갖게 하려면 부모가 자주 아이 옆에서 "왜 그럴까?"라는 질문을 던질 필요가 있다. 신문을 보다가도, 산책을 하다가도 기습적으로 질문을 던져야 한다.

"하늘은 왜 파랄까?"

"비는 왜 내리는 걸까?"

"동물도 생각할 수 있을까?"

끊임없이 생각을 자극할 질문을 던져야 세상을 바라보는 아이의 시야가 넓어지고 이익처럼 천 개의 눈과 심장을 가진 사람이 될 수 있다. 나는 시대를 앞서간 수많은 인문학 대가의 삶에서 천 개의 눈과 심장을 가진 사람이 되는 다섯 가지 비결을 발견했다.

1. 그림으로 예리한 감각을 키워라

그림을 그리기 위해서는 일단 사물을 주시해야 한다. 가장 예리하게 바라보는 사람이 가장 세밀하게 표현할 수 있다. 그림은 예리한 감각을 키우는 데 최적화된 예술이다. 여기서 색다른 사실을 하나 말하려 한다. 프랑스에는 한국 아이가 즐겨 사용하는 끝이 뭉툭한 크레파스가 없다. '세상에, 예술의 나라에 크레파스가 없다니' 하는 의문을 품거나 놀라는 사람이 많을 것이다. 그 이유에 대해 한 프랑스 교육자는 이렇게 말했다.

"크레파스같이 뭉툭한 걸로 그린 그림과 아주 가느다란 색연필로 그린 그림을 생각해보세요. 뭐가 다를까요?"

이 질문에 어떤 생각이 드는가?

프랑스 교육자는 조금 더 자세하게 설명했다.

"어린아이는 상상력이 급격하게 발달합니다. 예리한 감각을 키우기에 가장 적절한 시기인 셈이죠. 그림을 그릴 때 사물의 형태와 색상을 세밀하게 표현하는 것이 좋습니다. 그런데 우리가 왜 뭉툭한 크레파스로 그림을 그려야 하죠? 뭉툭한 크레파스로는 대상을 세밀하게 표현하지 못할 겁니다."

이렇게 생활에서 아이가 예리한 감각을 키우도록 도와야 한다. 뭉툭한 크레파스 대신 끝이 예리한 색연필로 그림을 그리는 것만으로도 아이는 대상을 분석하는 감각을 키울 수 있다. 가급적이면 자연을 그리게 하는 게 좋다. 자연을 그리며 계절의 세심한 변화를 감지할 수 있는 아이로 키워라. 봄에만 피는 꽃과 여름에만 피는 꽃을 관찰하며 더욱 감각을 예리하게 다듬을 수 있다. 이때 중요한 건, 아이가 멋진 그림을 그리는 것보다는 그림에 자기 생각을 세심하게 표현하는 데 더 집중하게 해야 한다는 점이다.

2. 그것을 실제로 보게 하라

아이에게 가르치지 말고 경험하게 해야 한다. '가르치다'와 '경험하다'는 말 사이에는 결정적인 차이가 하나 숨어 있다. '가르치다'는 주입식이고 '경험하다'는 자기주도적이다. 천 개의 눈과 심장을 가진 아이로 키우려면 모든 것을 직접 경험해야 한다. 인간의 한계를 경신하게 돕는 '직관'이라는 것도 결국 경험으로 얻을 수 있기 때문이다.《색채론》을 쓸 정도로 색에 특별한 관심을 가졌던 괴테는 눈의 힘으로 자기 안에 잠자고 있는 수많은 감각을 깨울 수 있다고 생각했다.

지금 한 번 아이에게 산을 그리게 해보라. 아이가 그린 산이 어떤가? 나무와 구름, 하늘의 모양과 색이 지금 창밖으로 보이는 것과 같은가 다른가? 그럼 누구의 것과 유사하다고 생각하는가? 아마도 바로 당신의 생각과 거의 일치할 것이다. 많은 부모가 아이에게 대상을 직접 보여주지 않고, 부모가 이미 알고 있던 것을 설명해주면서 간접 경험으로 그리게 한다. 아이는 결국 부모의 생각을 그리는 것이다.

3. 다르게 표현할 수 있게 하라

어떤 큰 사교 모임을 나와 한 학자가 집으로 가고 있었다. 사람들이 물었다.

"모임이 만족스러우셨습니까?"

학자가 쉽게 답하지 못하자, 질문을 바꿨다.

"그게 책이라면 읽겠소?"

"안 읽을 거요."

어떤가? 표현이 참 멋지다고 생각하지 않는가? 괴테의 《잠언과 성찰》 중에서 〈사교〉라는 글이다. 그는 직설적으로 모임에 대해 평가하기보다는 '책'이라는 도구를 사용해 품위를 잃지 않고 비판했다. 사물을 다르게 볼 수 있는 사람만이 가능한 표현이다.

위대한 삶을 살았던 사람의 삶을 살펴보면 공통점을 찾을 수 있다.

'물리학자이자 시인이었다.'

'언어학자이자 시인이었다.'

'건축가이자 시인이었다.'

문과든 이과든 자기 분야에 상관없이 그들은 뜨겁게 시를 사랑했다. 아주 어렸을 때부터 시에 마음을 빼앗기고, 시의 형식과 리듬이 주는 아름다움에 빠져 저절로 시를 쓸 수밖에 없었다. 그들이 주장하는 과학과 인문학이 우리의 영혼을 울리는 이유는 그 안에 시인의 영혼이 숨 쉬고 있기 때문이다. 시인은 같은 공간에 있어도 다른 사람이 발견하지 못하는 것을 발견하고, 깊고 투명한 눈으로 그것을 관찰한다. 그 관점이 그들이 하는 일에 다른 사람과 구별되는 차별성을 불어 넣는다. 무언가를 다르게 표현할 줄 안다는 사실은 결국 시인의 눈을 가졌다는 의미다.

내 아이에게 시인의 감각을 길러줘야 한다. 가장 쉽게 '다르게 표현하기' 능력을 기르는 방법이 하나 있다. 먼저 아이가 가장 좋아하는 단어 하나를 선택하라. '과자'라는 단어를 선택했다면 아이에게 '과자'를 열 글자 이상으로 풀어 써보라고 하라. 아이들은 의외로 굉장히 세심하게 자기감정을 표현할 줄 안다. 아마 어렵지 않게 '내 마음을 행복하게 하는 것', '보고 싶지만 볼 수 없는 이름' 등을 생각해낼 것이다. 아이는 원래 세심한 감각을 타고났다. 부모가 그걸 방치하고 단련해주지 않았을 뿐이다. 하루에 10분 이상 '다르게 표현하기'를 삶에서 실천해보라. 곧 시인의 감각을 가지게 될 것이다.

4. 성격과 사는 환경이 모두 다른 친구를 사귀게 하라

몽테뉴의 아버지는 아들이 젖을 떼자마자 나무꾼이 모여 사는 마을에 보냈다. 이유는 간단하다. 수많은 사람을 접하게 해주고 싶었기 때문이다. 거기에서 어린 몽테뉴는 서민의 검소하고 힘든 생활을 직접 경험했고, 그들이 귀족을 먹여 살리기 위해 얼마나 고생하는지 배웠다. 이렇게 수많은 사람을 접한 덕분에 그는 지적인 성장의 길에 들어서는 감각을 가지게 되었다.

하지만 한국의 아이들은 학원에 다니느라 친구와 대화를 나눌 시간이 별로 없다. 혹시 그런 기회가 주어진다 해도 부모에 의해 선별된 극소수 친구들과의 대화만 허락될 뿐이다.

친구에 대한 모든 기준을 바꿔야 한다. 친구는 단지 남는 시간을 함께 보내기 위해서가 아니라, 그를 통해 내가 모르는 세상을 보기 위해 사귀어야 한다. 돈과 공부의 관점에서 벗어나야 한다. 부자이거나 공부를 잘하는 건 아주 사소한 부분이기 때문이다. 각자 다른 개성과 재능을 가지고 있다는 게 중요하다. 그런 친구를 만나면서 내 아이가 그들의 개성과 재능을 받아들일 기회를 가질 수 있다.

5. 모든 감각을 깨우는 질문을 하라

유치원에 아이를 찾으러 가야 하는데 회사 일이 늦게 끝나서 정해진 시간을 넘어 도착했을 때, 많은 부모가 아이에게 이렇게 말한다.

"늦어서 미안해. 오래 기다렸지?"

물론 늦어서 미안한 감정을 표현한 질문이다. 하지만 말이란 언제나 듣는 사람의 입장을 생각해봐야 한다. 부모의 서툰 질문으로 인해 아이는 상처를 받고, 생각지도 못한 부정적인 영향을 받게 된다.

- 나는 '기다려야만 하는 존재'라는 생각을 하게 된다.
- 혼자서 할 수 있는 게 별로 없는 존재라고 인식하게 된다.
- 점점 새로운 것에 도전하지 않는 아이로 성장한다.

이게 질문의 놀라운 힘이다. 질문은 어떻게 사용하느냐에 따라 한 사람의 감각을 깨울 수도 죽일 수도 있다. 질문을 아이의 감각을 깨우는 데 사용하고 싶다면 동작에 초점을 맞춰야 한다.

"엄마는 회사에서 30분이나 더 일을 하고 왔는데, 우리 귀염둥이는 유치원에서 뭘 하고 있었어?"

물론 늦는 동안 선생님의 눈치를 봤을 아이를 생각하면 마음이 아파 쉽게 할 수 없는 표현일 수도 있다. 하지만 단순히 늦게 오는 엄마를 기다리기만 하는 존재가 아니라 엄마가 일하는 것처럼 아이도 무언가를 하고 있었다는 사실을 스스로 인식하게 하려면 마음을 다잡고 표현해야 한다. 그래야 아이가 자기가 한 일을 자각하고, 그것을 감각적으로 표현할 수 있게 된다.

한 소년이 연구에 집중하고 있다. 주어진 모든 시간을 투자해서 치열하게 연구하지만, 도저히 진도가 나가지 않자 깊은 한숨을 내쉰다. 그렇게 연구에 매달려 보내던 어느 날 밤.

그는 자기의 연구를 완성할 수 있는 결정적인 영감을 꿈에서 발견한다. 원주민의 공격을 받는 꿈이었는데 그가 기억하는 건 '원주민이 끝에 구멍을 뚫은 창을 들고 있었다'는 사실밖에는 없었다. 보통 사람이라면 '에이, 이게 뭐야'라고 하며 바로 잊었을 것이다. 하지만 그는 평범한 풍경에서 특별한 것을 발견했다. 창끝에 뚫린 구멍을 바라보며 기계의 바늘 끝에 구멍을 뚫는 상상을 한 것이다. 그 상상이 위대한 이유는 그가 그토록 치열하게 연구하던 대상이 바로 재봉기였기 때문이다. 그는 그렇게 자신이 생각한 것을 바로 실천으로 옮겨 '재봉기'라는 세상에 없던 물건을 창조했다.

이야기의 주인공인 일라이어스 하우Elias Howe는 열여섯 살에 기계 견습공을 시작으로, 열여덟 살에 기계 기술공이 된 후, 스물네 살에 비로소 실용적인 재봉기를 완성한 인물이다. 당시 획기적인 발명품인 재봉기를 열여섯 살에 고안하고 마침내 제작까지 성공해낸 결정적인 힘은 어디에 있었을까?

그는 그냥 스쳐 지나갈 수도 있는 자기의 꿈 안에서 재봉기를 만들 결정적인 단서를 '발견'했다. 여기에서 중요한 건 발명이 아니라 발견이다.

발견이란 아이디어와 같다. 아이디어는 번개처럼 순간적으로 '확' 하고 발생하는 것을 낚아채는 게 아니라 언제나 주변에 있지만 미처 알아채지 못한 것을 발견하는 행위다. 그것은 오직 내 안에 존재하는 감각으로만 가능하다.

인간에게 주어진 모든 감각을 완벽하게 즐길 줄 아는 사람은 세상에서 가장 위대한 삶을 살 수 있다. 그러므로 '볼 수 있다', '들을 수 있다'라고 쉽게 말하지 마라. '볼 수 있다'를 당연하게 여기면 눈에 보이지 않는 것을 발견할 수 없다. 위에 제시한 다섯 가지 방법을 통해 아이는 천 개의 눈과 심장을 가진 사람으로 성장할 것이다. 다시 말해, 온몸의 감각을 자유자재로 제어하는 시인이 될 것이다.

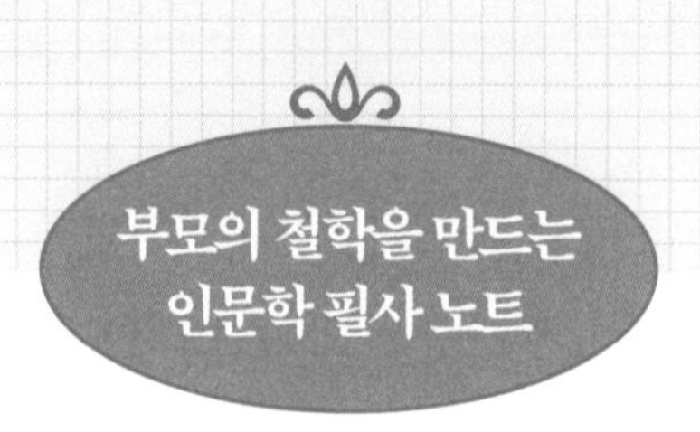

22. 부모의 다가서기, 집착이 아닌 사랑으로의 승화

나는 아이에게 무엇을 원하고 있을까?
아이의 마음은 지금 무슨 말을 하고 있나?
부모의 삶은 결국 이 두 가지 질문의 반복입니다.
중요한 건 순간순간 찾아오는 불안과 두려움이라는 놈에게
나를 빼앗기지 않는 일상을 보내야 한다는 사실이죠.
우리 가족을 사랑하기에 나는 나를 지킬 수 있습니다.

부모 교육 포인트

"아이들은 '풀어야 할 숙제'인가요, 아니면 '안아야 할 생명'인가요?" 아이의 모든 문제를 풀어야 한다고 생각하면 아이는 자신의 존재를 숙제처럼 여길 것이고, 늘 곁에서 차분히 지켜보며 오랫동안 믿으면 아이는 자기 생명의 가치를 느끼게 될 것입니다. 부모가 추구하는 방향이 아이가 생각하는 것과 일치하면 '사랑'이라고 말할 수 있지만, 서로 추구하는 방향이 다를 때는 '집착'이라고 부를 수밖에 없어요.

내 아이의 모든 가능성을 열어주는 질문하는 두뇌 만들기

자녀교육에 있어 가장 중요한 질문은 '무엇을 가르칠 것인가?'와 '어떻게 가르칠 것인가?'다. '무엇을 가르칠 것인가?'에 대한 답은 굉장히 다양한데, 수리적인 부분을 강조하는 사람도 있고 언어적인 부분을 강조하는 사람이 있다. 하지만 더 큰 문제는 '어떻게 가르칠 것인가?'다. 독서와 쓰기에 대한 방법도 굉장히 다양하다. 서로 자기 방법이 효율적이라고 주장하며 책을 내고 학원을 차리기도 한다. 또 어떤 이들은 그런 주장을 맹목적으로 추종하기도 한다.

오랜 시간 내 고민은 단 하나였다.

'무엇을 어떻게 가르쳐야 하는가?'

위대한 천재 혹은 학업적인 부분에서 뛰어난 성과를 거둔 사람을 분석하기도 했다. 자기 분야의 독보적인 존재로 이름을 떨치는 사람, 맨손으로 기업을 세워 수많은 창업 초보자의 존경을 받는 대표, 세계 최고의 예술가를 만나 인터뷰를 하기도 했다. 그들을 연구하며 알게 된 사실이 하나 있다.

'천재는 하늘이 아니라, 질문이 주는 선물이다.'

갑자기 아이의 지능을 바꿀 수는 없다. 하지만 가지고 있는 가능성을 최대한 끄집어낼 수는 있다. 그것만으로도 아이는 천재적인 능력을 발휘한다. 위대한 인문학의 대가를 기른 부모의 질문법을 실행하면 어떤 아이도 최고의 능력을 발휘할 수 있다.

어린 니체는 누군가에게 야단을 맞거나 비난을 받으면 이런 방식으로 해결해나갔다.

· 본능적인 반응

니체는 성격상 부끄러움을 많이 탔다. 그래서 누군가에게 지적을 받거나 야단을 맞으면 일단 고개를 숙이며 얼굴을 붉혔다.

· 냉정함 찾기

하지만 정신만은 당당했다. 그는 붉은 얼굴을 한 채 어딘가로 걸어갔다. 아무 말도 하지 않고 어딘가에 앉아 흥분을 가라앉히고 다시 눈을 떴다.

· 성찰의 시작

거기에 앉아 어린 니체는 사색에 빠져 자기에게 이런 질문을 던졌다. '내가 잘못한 것인가?'

· 답 구하기

내 잘못이라는 생각이 들면 바로 나와서 머리를 숙이고 용서를 빌었지만, 그게 아니라고 생각하면 움직이지도 말하지도 않았다.

니체는 어릴 때부터 여동생에게 신적인 존재였다. 여덟 살 남자아이가 자기보다 어린 여동생에게 존경받는다는 것은 상상도 하기 힘든 일이다. 어린 니체가 그런 일을 가능하게 만든 것은 가만히 앉아 자기에게 질문하는 시간을 통해 누구보다 도덕적이고 빛나는 삶을 살았기 때문이다.

간혹 니체가 '외골수'였다고 말하는 사람도 있다. 맞는 말이다. 하지만 그건 그가 홀로 앉아 치열하게 질문하는 시간이 많았기 때문일 것이다. 니체가 쌓은 모든 인문학적인 성과는 그가 자신과 세상에 던진 질문의 합이다. 질문이 없었다면, 니체도 없었을 것이다. 부끄러움을 많이 타는 소심한 성격의 니체를 세기의 인문학자로 만든 힘이 질문에 있었다. 물론 이것은 비밀이 아니다. 질문이 사람의 삶에 수많은 가능성을 부여한다는 사실은 이미 많은 이들이 안다. 문제는 그 방법이다. 부모는 아이가 니체처럼 질문으로 무언가를 창조하게 만들기 위해서는 어릴 때부터 다음 다섯 가지 방법을 실천해주어야 한다.

1. 질문의 크기가 답의 크기를 결정한다

부모가 던지는 질문의 크기가 아이가 내놓는 답의 크기를 결정한다. 위대한 답을 원한다면 부모 스스로가 이런 질문을 자주 해야 한다.

'내가 너무 성급하게 내 능력의 한계를 정하는 것은 아닐까?'

부모의 한계는 결국 아이의 한계로 이어진다. 모든 것을 할 수 있는 아이로 만들고 싶다면, 부모 스스로 모든 것을 할 수 있다는 자신감을 가져야 한다. 아이의 관점과 시야를 넓히기 전에 부모가 먼저 더 다양한 관점으로 넓은 세상을 바라볼 수 있어야 한다.

미국의 35대 대통령 존 F. 케네디John F. Kennedy의 어머니인 로즈 케네디Rose Kennedy는 아들이 어릴 때부터 아주 특별한 방법으로 역사 교육을 시켰다. 하루는 아이들을 차에 태우고 몇 시간을 달려 미국 정신의 근원이자 출발지인 플리머스 부두로 갔다. 그러고 차에서 내리자마자 아무것도 존재하지 않았던 황무지에 가족의 보금자리를 만들기 위해 온갖 위험에 맞섰던 용감했던 영국인 남성과 여성에 대한 이야기를 들려주었다.

여기에서 중요한 건 거기까지 차를 몰고 간 그녀의 과감함이나 해박한 역사 지식이 아니다. 그녀의 교육법에는 두 가지 특징이 있었다.

- 같은 상황을 반복적으로 보여준다.
- 매번 다른 질문을 한다.

그녀는 아이들이 같은 상황에 지루함을 느끼지 않게 학교 선생님 같은 어조로 이렇게 질문했다.

"우리가 왜 여기에 왔을까?"

"순례자들이 누구였을까?"

그들은 언제나 차를 타고 직접 가서 대상을 자세하게 관찰했다. 그러고 집에 돌아오면 어머니는 무엇을 보고 어떤 생각을 했는지 상세하게 질문했다. 그녀는 케네디가 담대한 정신을 가진 어른으로 성장하도록 우선 세상을 바라보는 자기의 관점과 시야를 넓혔다. 이 관점은 질문을 통해 그대로 케네디에게 전해졌다.

2. 창조자의 삶을 사랑하게 하라

아이는 그것이 새로운 것이든 익숙한 것이든 언제나 '왜?'라고 질문할 수 있어야 한다. 창조의 신이 어느 곳에서 우리에게 말을 걸지 알 수 없기 때문이다. 창조란 결국 질문의 연속으로 이뤄진다. 극단적으로 표현하자면, 아이는 질문하기 위해 살아야 한다. 물론 말로 창조자의 삶을 강조하는 건 참 쉽다. 창조자의 삶을 살게 하고 싶다면, 그게 아이의 입장에서 절실하게 느껴져야 한다.

아이와 함께 식사를 하면서 이런 대화를 해보라.

"먹을 것을 생산하는 것이 제한된 사람에게만 허용된다고 생각해 보자. 어떤 일이 일어날 것 같니?"

아이가 쉽게 답할 수 없을지도 모른다. 그런 생각은 한 번도 한 적이 없기 때문이다. 하지만 시간을 두고 계속 생각하게 하라. 절대 먼저 답을 말해주지 마라.

그래도 자기 생각을 끄집어내지 못하면 살짝 힌트를 주어라.

"네가 좋아하는 피자를 너만 만들어서 팔 수 있다고 생각해보렴."

"아, 가격을 제 마음대로 정할 수 있을 것 같아요."

"품질이 안 좋아질 수도 있겠네요."

다양한 생각이 쏟아질 것이다. 그럼 결정적인 질문을 던져라.

"그래 맞아. 누군가에게 무언가를 생산할 수 있는 독점권을 주는 건 참 위험한 일이야. 그럼 네가 컴퓨터로 게임을 하고, 텔레비전을 시청하는 일은 어떻다고 생각하니?"

"글쎄요, 무슨 말인지 모르겠는데요."

"네가 좋아하는 게임이랑 만화 영화도 사실 누군가의 독점적인 생각으로 만들어진 거란다. 그들만의 창작품이라는 거지. 음식을 누군가에게 혼자 생산하게 만들면 품질이 저하되고 가격이 오르는 것처럼, 게임이랑 만화도 마찬가지란다. 누군가의 창작품을 소비하는 입장에만 있으면 결국 그들의 노예로 살게 되는 거지. 우리는 그것을 소비하는 데만 그치지 말고 생산할 수 있게 노력해야 해. 네가 만든 걸 누군가 가지고 놀고 즐긴다고 생각해봐. 멋지지 않니?"

대화를 통해 창조자의 삶이 위대하다는 사실을 절실하게 느낀 아이는 저절로 질문하는 삶을 살게 될 것이다.

3. 모든 질문을 허용하라

세상을 바꾼 인문학의 대가를 키운 부모의 삶을 볼 때마다 이런 풍경이 저절로 그려진다.

그는 귀찮은 기색 하나 없이 아이를 무릎에 앉힌 채 자기의 일을 한다. 아이가 그의 작품을 보며 "이게 뭐야?"라고 물을 때마다 그는 자신이 지금 무엇을 하고 있는지 자세하게 알려준다. 곁에서 볼 때 짜증이 날 만큼 아이의 질문이 이어졌지만 그는 아이를 무릎에서 내려놓지 않고 아이를 바라보며 행복이 가득한 미소를 짓는다.

어떻게 자기 일을 완벽하게 하면서 아이의 질문에 일일이 정성을 다해 답할 수 있을까? 일반 가정에서는 이런 비명 소리가 자주 들리는 게 사실이다.

"너! 지금 엄마 일하는 거 안 보이니?"

귀찮기 때문에 나오는 말이다. 아이가 아무리 멋진 질문을 해도 받아주지 않는다. 그게 바로 금요일 저녁에는 웃으며 아이를 돌보지만, 일요일 저녁이 되면 만사가 귀찮아져 아이에게 쉽게 화를 내는 보통 부모의 전형적인 모습이다.

구글의 창업자 래리 페이지Larry Page는 식사시간마다 부모와 격렬하게 토론을 했다. 자기 생각을 밝히고 이에 대한 아들의 생각을 묻는 부모의 질문 공세에 답하기 위해 생각을 멈출 수 없었다. 식사가 끝난 후 많은 시간이 흘러도 쉽게 잠에 들 수 없었다. 질문이 그의 머릿속에서 떠나지 않았기 때문이다.

아이는 질문하고 답하는 과정을 통해 자기의 일에 연결할 수 있는 영감을 발견한다. 그게 아무리 사소할지라도 아이에게는 무엇보다 소중한 과정이다. 아이의 질문에 일일이 답하는 건 물론 힘들다. 하지만 '아이는 내 창조력을 깨우는 원천'이라고 생각하면 이야기는 달라진다. 아이를 '내 일을 망치는 방해꾼으로 만들지, 내 일을 돕는 창조자로 만들지'를 결정하는 건 바로 부모 자신이다.

서로 미루지도 마라. 돈을 많이 버는 사람은 쉴 수 있고, 집에 더 오래 머물러 있는 사람이 교육을 전담해야 한다고 생각하지 마라. 더 사랑하는 사람이 아이의 질문에 답해주는 거다. 인문학의 대가를 키운 부모가 그랬던 것처럼, 내 아이와 묻고 답하는 그 순간이 가장 멋진 교육이라는 사실을 기억하라.

4. 물음표와 느낌표를 오가는 삶을 살아라

너무 빠르게 말을 하면 알아듣기가 힘들다. 사실, 나도 말이 꽤 빠른 사람이었다. 20대에는 정말 말이 빨라서 사람들이 내 말을 완벽하게 알아듣기 힘들 정도였다. 혼자서 많은 고민을 했다. '말을 좀 느리게 할 방법이 없을까?' 하지만 그건 생각만큼 쉬운 일이 아니었다. 아무리 자각을 해도 저절로 말이 빠르게 나왔기 때문이다. 결국 서른 살 때야 비로소 천천히 말하게 되었다. 그리고 최근에서야 내가 천천히 말할 수 있게 된 이유를 알게 되었다.

답은 '물음표'와 '느낌표'였다. 질문하는 삶을 사는 사람은 무엇을 대하든 본능적으로 그것에 의문을 가지는 동시에 영감을 얻는다. 그래서 말이 빨랐던 사람도 질문하는 삶을 시작하면 점점 느려지게 된다. 질문하는 아이는 고요한 상태에서 자기 생각을 풀기 위해 자꾸만 말이 느려진다. 아이가 말을 느리게 한다고 걱정하지 마라. 말이 느려진다는 것은 생각이 깊어진다는 증거고, 생각이 깊어진다는 것은 아이가 자기 삶을 살기 시작했다는 방증이다.

이어령 박사는 내게 이렇게 이야기했다.

"내 인생은 물음표와 느낌표 사이를 시계추처럼 오고 가는 삶이었다. 유식하거나 천재였던 게 아니라, 궁금한 게 많았을 뿐이다. 모든 사람이 당연하게 여겨도 스스로 납득이 안 되면 하나라도 그냥 넘어 가지 않았다. 물음표와 느낌표 사이를 오고 가는 것이 내 인생이고 이 사이에 하루하루의 삶이 있었다. 어제와 똑같은 삶은 용서할 수 없다. 그건 산 게 아니다. 관습적 삶을 반복하면 산 게 아니다."

질문할 줄 아는 아이는 언제나 빈틈이 없다. 빈틈이 없다는 것은 빡빡하다는 것이 아니라, 그것을 해야 할 때와 참아야 할 때를 정확하게 알고 실천한다는 의미다. 최고급 식당에서 몸에 딱 맞는 슈트를 빼입은 멋진 종업원이 식사를 즐기는 테이블 곁에서 손님을 빈틈없이 관찰하다가 무언가를 해야 할 상황이 되면 1초의 망설임도 없이 다가가 와인을 따르고, 식기를 교체하고, 물을 따르는 것처럼 절도와 기품이 넘친다. '느낌표'와 '물음표'를 오가며 사는, 질문하는 아이만이 누릴 수 있는 특권이다.

5. 더 좋은 답이 존재한다

우리는 가끔 꿈을 이뤘다고 생각했는데 행복하지 않고 목표로 정했던 직장에 취업했는데 마음에 들지 않는 현실과 마주할 때가 있다. 내가 찾아낸 답이 마음에 들지 않는다면 내 질문을 의심해야 한다.

'좋은 질문은 반드시 좋은 답을 찾아낸다.'

그렇게 많은 사람이 짜장면을 먹으며 짬뽕을 그리워했고, 짬뽕을 먹으며 짜장면을 그리워했는데, 그 둘을 합친 짬짜면은 시간이 꽤 지난 후에야 탄생했다. 분식점에 가도 마찬가지다. 김밥과 순대, 떡볶이를 모두 주문해서 먹고 싶은데 양이 너무 많아서 다음을 기약했던 수많은 사람의 바람 덕분에 한 사람이 이 모두를 즐길 수 있게 한 '김떡순'이라는 메뉴가 탄생했다. 사실, 결과만 놓고 보면 그렇게 오랜 세월이 필요한 아이디어는 아니었다. 단지 생각을 한 번 비틀면 구상할 수 있었던 메뉴인데, 우리는 왜 그걸 못했던 걸까?

'더 좋은 답이 존재한다'는 사실을 믿지 않았기 때문이다. 그러면 더 좋은 답을 찾기 위한 질문 자체를 하지 않게 된다. 그리고 생각을 멈추고 관성대로 살게 된다.

중요한 건 질문의 방향이다. '더 팔 생각'으로 접근하면 답은 숨어버린다. '상대의 바람을 이뤄주고 싶다'는 순수한 마음으로 접근해야 답이 내 앞으로 걸어 나온다. 언제 어디서든 문제를 해결할 가장 좋은 질문은 바로 이것이다.

'어떻게 하면 도움을 줄 수 있을까?'

아이에게 교육하기 쉽지는 않을 것이다. 내가 아이들을 위해 쓴 글을 아이와 함께 읽으며 그 마음을 느끼게 해보라.

가난한 사람을 만나면
그가 왜 가난할 수밖에 없는지 따지기 전에
당장 달려가서 도와라.

불행한 사람을 만나면
그가 왜 행복할 수 없는지 분석하기 전에
당장 달려가서 안아주어라.

실패한 사람을 만나면
그가 성공할 수 없는 이유를 주장하기 전에
당장 달려가 용기를 주어라.

이 모든 방법이 올바로 작동하기 위해서는 부모가 '결론을 정하고 질문하는 습관'을 버려야 한다. 성적이 잘 나오지 않는 아이에게 '지금 공부하는 게 중요하다'라는 결론을 정해두고 질문하면 아이도 그 마음을 느낀다. 부모가 던진 질문의 앞, 중간, 뒤가 전혀 맞지 않기 때문이다. '대체 무슨 말이 하고 싶은 거지? 그냥 공부 열심히 하라고 하면 되잖아'라는 생각만 하게 된다.

결론을 정하고 질문하는 사람은 결국 중간에 거짓말을 하게 된다. 세상에 존재하는 모든 정보와 지식 중 자기 입맛에 맞는 것만 고르다가 적당한 게 없으면 나중에는 단어를, 문장 전체를 수정해서 자기 의견에 끼워 맞추기 때문이다.

편안하게 원하는 것을 얻으려 하지 말고, 그 질문을 겪어라. 세상의 모든 가르침을 한 문장으로 정리하면 '공짜는 없다'이고, 세상의 모든 질문을 한 문장으로 정리하면 '더 좋은 질문은 있다'이다. 아이를 위해 더 치열하게 생각하라. 그게 질문에 관한 모든 가르침의 끝이다.

소크라테스 질문법

당신이 생각하는 질문의 대가는 누구인가? 범위를 좁혀 단 한 명만 꼽는다면 누구를 선택할 것인가? 나는 '최고의 질문가'를 알고 있다. 질문 하나로 상대를 제압하고, 의중을 세심하게 파악하고, 마음 깊숙한 곳까지 면밀하게 들여다본 최고의 질문가 소크라테스는 이런 말을 남겼다.

"질문하지 않는 삶은 사람으로서 살 가치가 있는 삶이 아니다."

세상에서 일어나는 모든 일에 '왜?'냐고 묻지 않고 산다는 것은 스스로 사람이 누릴 수 있는 모든 권리를 포기한 채 숨을 멈추고 죽음을 향해 달려가는 것과 같다. 소크라테스가 질문을 강조한 이유는 위대한 답을 얻고 싶다면 위대한 질문을 던질 줄 알아야 한다는 사실을 알리기 위함이었고, 그런 질문을 던지기 위해서는 스스로 생각하고 논쟁할 수 있는 사람이 되어야 한다고 여겼기 때문이다. 하지만 생각하며 산다는 것은 말처럼 쉬운 일이 아니다. 소크라테스가 살던 시대에도 그랬고, 지금도 마찬가지다. 생각하는 교육을 강조하지만 그 끝이 언제나 허망한 이유는 쉽지 않기 때문이다.

이유는 간단하다.

스스로 생각하는 능력은 있으면 좋지만 없어도 사는 데 큰 불편함을 느끼지 않기 때문이다. 게다가 학교에서 그것을 제대로 가르쳐주기도 힘들고, 사회는 조금 더 편안하게 사람을 평가할 수 있는 주입식 교육을 원한다. 가장 큰 문제는 그 비참한 울타리 안에서 큰 불편함을 느끼지 못한다는 사실이다. 변해야 한다고 생각은 하지만 그 시작이 참 두렵다.

요즘 세상을 둘러보면 다음 세 가지 문제로 머리 아픈 사람이 많다.

- 다수가 만족할 만한 정책이 나오지 않지만, 그냥 산다.
- 무엇이 가치 있는 삶인지 모른 채, 그냥 산다.
- 매일 새벽까지 열심히 공부하지만 그 이유는 모른 채, 그냥 산다.

답을 찾지 못하는 이유는 치열하게 질문하지 않았기 때문이다. 학생과 직장인을 비롯하여 이 시대를 사는 거의 모든 사람이 자기에게 질문하지 않는 삶을 살고 있다. 문제는 거기에서 그치지 않는다. 스스로 생각할 능력이 없는 사람은 남의 말에 쉽게 휘둘린다. 나를 유혹하는 사람의 말에서 허점을 찾기 위해서는 치열하게 질문하는 과정이 필요한데 그걸 할 능력이 없기 때문이다. 세상에 사람을 속여서 먹고 사는 사기꾼이 많은 이유는 물론 각박해지는 세상 탓도 있겠지만, 본질은 스스로에게 질문하지 않는 '생각 부재의 현상'에 있다. 그들이 왜 나에게 접근해서 나를 유혹하고 끈질기게 내 곁에 붙어 있는지, 이 모든 의혹에 대해 질문하지 않고 그대로 믿기 때문이다. 사람을 믿는 것은 참 중요한 덕목이다. 하지만 알고 믿는 것과 모르고 믿는 것은 전혀 다른 문제다.

만일 소크라테스가 우리 앞에 나타난다면 큰 목소리로 이렇게 조언할 것이다.

- **소음을 차단하라**

  당신을 유혹하는 사람의 말과 행동을 멈추게 하라. 아무리 말해도 멈추지 않으면, 스스로 귀를 막고 듣지 마라.

- **다시 귀를 열어라**

  그들이 주장하는 말을 아주 깊이 생각하는 시간을 가져라. 처음부터 끝까지 그들의 말을 그들의 입장에서 생각해보라.

- **내 생각과 그의 생각을 비교하라**

  전체적인 내용이 파악되었다면 이번에는 최대한 비판적인 관점에서 사색하며 그들의 말을 분석하라.

이런 과정을 거치면 더는 누군가에게 유혹당하거나 휘둘리지 않게 될 것이다. 만약 위의 3가지를 제대로 수행하기 힘들다면, 다음에 제시하는 글을 읽으며 스스로를 독려하라.

- 우유부단함은 생각하고 있지 않다는 증거다.
- 누군가의 의견에 잘 따른다는 것은 내 생각이 없다는 증거다.
- 남을 비판할 수 없다는 것은 자신도 비판할 수 없다는 것이며, 곧 생각할 능력이 없다는 증거다.

간혹 착각하는 사람이 있는데 여기서 반드시 기억해야 할 건 '상대를 적으로 바라보지는 말아야 한다'는 사실이다. 상대를 적으로 보면 아군은 오직 나밖에 없는 게 된다. 반대로 상대를 적이 아닌 나를 도울 사람으로 보면, 모든 이들이 내게 영감을 준다. 적은 내가 스스로 만드는 것이다. 질문이란 어둠만 가득한 내 삶에 빛을 보여주는 일이다. 질문하지 않는 것은 자기 삶을 앞이 보이지 않는 어둠에 맡기는 것과 마찬가지다. 깜깜한 밤에 지팡이에 의지해 걷게 되면 어떤가? 앞에 뭐가 있는지 알 수 없기 때문에 자꾸만 부정적인 생각만 많아진다. '질문'이 아닌 '의심'만 많아진다.

어둠에 갇히지 않기 위해서는 나만의 관점으로 사물을 바라보고, 사물에 대해 생각하고, 질문을 제기해야 한다. 소크라테스 질문법은 실제 삶에서 발생하는 문제와 삶에 바로 적용할 수 있는 실용적인 사물에 대한 이해를 추구한다. 삶의 직접적인 문제를 해결해가는 과정에서 비로소 많은 질문을 만날 수 있다.

'석유는 왜 땅속에 있는 걸까?'

'이 책을 쓴 이유는 뭘까?'

'사람은 왜 꿈을 가져야 하는 걸까?'

이렇게 수많은 질문이 서로 다른 방향으로 뻗어나갈 수 있다. 아이를 위한 질문법 교육은 특히 부모가 먼저 시작해야 하고, 경험을 통해 완벽하게 질문에 대한 개념을 정리하고 있어야 한다. 완벽하게 아는 것만 제대로 교육할 수 있기 때문이다.

소크라테스 질문법의 핵심은 아이가 좋아하는 주제로 접근해야 한다는 것이다. 누구나 마찬가지다 가장 좋아하는 상대나 물건에 대해 더 많이 생각하고 애정이 있는 법이다. 가령 피아노 학원을 다니는 문제로 접근한다면 이런 방식으로 해보라.

1. 주제 던지기

요즘에는 초등학생도 배울 게 참 많다. 그래서 피아노 학원에서 어느 정도 연주할 실력을 갖추게 되면, 다른 학원에 다니기 위해 그만둘 시점을 고민하게 된다. 하지만 피아노로 배울 수 있는 감성적인 부분도 배제할 수 없어 부모는 고민에 빠진다. 이때 아이에게 의견을 물어보라. "너는 어떻게 생각하니?"라는 질문으로 아이가 피아노 연주에 대해 어떤 생각을 갖고 있는지 스스로 파악할 수 있게 하라. 많은 시간이 걸려도 괜찮다. 질문은 그 시작이 중요하니, 최대한 아이를 배려하라.

소크라테스 질문법을 학교나 교육기관에서 가르치기 어려운 이유는 그저 까다롭기 때문만은 아니다. 수학과 영어처럼 교과목 중 하나로 채택되는 것만으로는 부족하기 때문이다. 질문법이 모든 교육의 중심이 되어야 한다. 질문을 중심에 두고 나머지 과목을 교육해야 한다. 사실 교실에서는 불가능하다. 유일한 답은 가정이라는 마음으로 정성을 다해야 한다.

2. 의견 모으기

아이가 자기 생각을 말했다면, 이번에는 동네 친구나 같은 반 아이들의 의견도 참고할 수 있게 하라. 이때 부모가 나서면 질문이 부정적인 방향으로 흐를 수 있으니, 아이가 매일 스스로 친구를 만나 자연스럽게 "피아노 학원에 다니는 걸 어떻게 생각하니?"라는 질문을 던지게 하라. 답변 목록을 종이에 정리해서 아이와 함께 천천히 읽어보라. 어느 정도 내용을 파악한 후에는 "다른 친구들은 이렇게 생각하는구나. 그럼 네 생각은 어떠니?"라고 질문하며 아이가 전체 내용을 스스로 정리하게 독려하라. 이때 자기의 생각을 쓰게 하는 것이 중요하다. 미국 전 학교의 교육관 또는 교육 이념을 변화시킨 소크라테스 교육법의 지지자 존 듀이John Dewey는 아이들이 '자기 생각에 책임지는 법'과 '호기심과 비판 정신을 지니고 사는 법'을 배워야 한다고 주장했다. 그러기 위해 그는 소크라테스 교육법을 제시했다. 친구들의 생각과 자기 생각을 적절하게 결합해서 정리하는 동안 비판 정신을 지니게 될 것이고, 그것을 기록하며 자기 말에 책임을 져야 한다는 사실도 저절로 깨닫게 되기 때문이다. 요즘 많은 아이가 어른도 읽기 어려운 책을 읽는다. 하지만 다가가 책 내용을 질문하면 답은 수준 이하다.

이유는 간단하다. 어떤 의문도 없이 그저 읽고 있기 때문이다. 질문하는 삶이 힘들기 때문에, 노예가 주인을 의지하는 것처럼 책에 의존한다. 친구의 의견을 듣고 자기 생각과 결합해 그것을 적는 행위를 통해 그런 삶에서 벗어날 수 있다.

3. 더 좋은 답 찾아내기

마지막 단계에서는 부모의 끈질긴 노력이 중요하다. 아이가 친구들의 의견을 종합해서 자기 결론을 말하면, 친구들 한 명 한 명의 의견을 예로 들면서 "그 친구는 왜 그렇게 생각할까?"라는 질문을 던져야 한다. 이때 충분한 교감이 필요하기 때문에 친구의 성격과 삶의 태도 등을 부모가 미리 인지하고 있어야 한다. 그래야 아이와 제대로 대화를 나눌 수 있다. 모든 대화가 끝나면, 아이가 스스로 가장 좋은 답을 하나 찾게 하라. 부모는 현실적인 어려움이 있다 해도 아이가 찾은 그 답을 실천할 수 있게 도와줘야 한다.

세 단계 질문 과정을 수행하며 아이는 자연스럽게 소크라테스 질문법을 배우게 될 것이다. 다른 친구의 생각도 옳다고 여기고, 그럴 만한 이유가 있다는 사실을 알게 되면서 아이는 변하기 시작한다. 자신이 말한 것에 책임을 지지 않던 아이가 책임을 지는 아이로 변하는 것이다.

아이가 자기 말과 행동에 책임을 지지 않는 이유는 그게 스스로의 책임이라고 여기지 않기 때문이다. 다른 사람 탓이라고 생각하기 때문이다. 하지만 다른 사람의 입장을 알게 되면서, 적어도 내가 말한 것은 내가 책임을 져야 한다고 생각하는 사람으로 성장한다.

중요한 건 삶이다. 알게 된 것을 삶에서 실천하게 하라. 아이는 부모에게 들은 것이 아니라, 자기가 삶에서 실천한 경험을 통해 배운다. 역시 소크라테스 교육법을 지지하고 사랑했던 미국의 사상가 브론슨 올컷Amos Bronson Alcott은 이렇게 말했다.

"교육은 영혼에서 시작한다. 그 영혼을 세상의 사물과 결합하고, 스스로를 성찰하는 과정을 통해 사물의 현실과 형태를 알게 되는 과정이다. 교육은 자기실현이다."

그러므로 부모의 가르침은 언제나 주장이 아니라 질문의 형태를 취해야 한다. 질문으로 이뤄지는 교육은 주장으로 일관된 교육보다 어렵다. 질문은 주장 그 이후의 일이기 때문이다. 자기의 주장이 완전하게 정립된 이후에 비로소 그것을 어떤 방법으로 질문할지 생각하게 된다. 질문을 생각하는 과정도 굉장히 힘들기 때문에 중간에 포기하고 '그냥 주장으로 교육을 빠르게 진행해도 괜찮지 않을까?'라는 유혹에 빠지게 된다. 하지만 그럴 때는 이런 생각을 해보라.

'사랑하는 사람은 포기하지 않는다.'

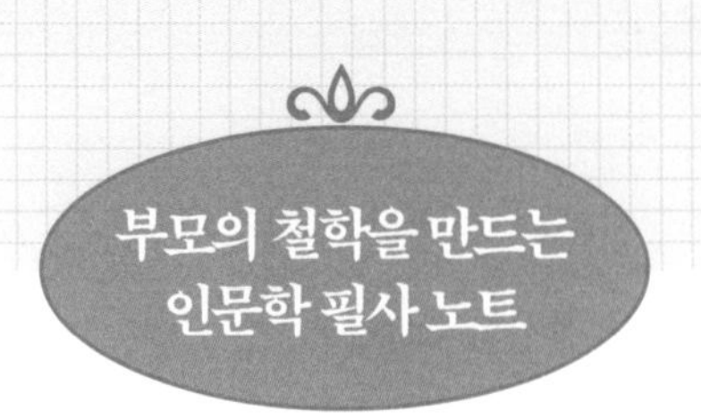

23. 부모의 우선순위, 너무 많은 리스트는 오히려 성장을 막습니다

아이들에게 다 알려주려고 하지 말아요.
악보 읽는 법을 배우지 못했다고,
음악을 감상하지 못하는 것은 아닙니다.
세상이 정한 규칙을 알려주지 않으면,
자유 안에서 자기만의 규칙을 세울 테니까요.

부모 교육 포인트

주변을 둘러보면 많은 부모가 아이를 위해 많은 일을 하지만, 그에 비해서 성과는 누구도 만족할 수 없을 정도로 너무 적습니다. 그 이유는 우선순위가 잘못되었기 때문입니다. 순위에 너무 많은 것들이 들어가 있어서죠. '나는 아이에게 무엇을 원하고 있나?' 한번 생각해보세요. 5가지 이상이 있으면, 그건 욕망이지 우선순위라고 볼 수 없습니다. 원하는 리스트를 줄여야 집중할 수 있고, 성장은 그 안에서만 이루어집니다.

내 아이의 인생을 바꾸는 질문형 인성 교육

좋은 인성을 가진 아이들에게서 나타나는 공통점이 하나 있다. 바로 자신에 대한 강한 믿음이다. 올바른 인성을 길러주기 위해서는 아이가 스스로 '특정한 행동을 수행할 수 있다'는 일종의 자신감을 가지고 있어야 한다. 단어 자체가 어렵게 들리겠지만 쉽게 말하자면, 그 신념이 바로 우리가 흔히 말하는 '자기효능감'이다.

보통 아이는 어떤 일을 할 때 마음처럼 되지 않으면 핑계를 대며 "이건 내 잘못이 아니야"라고 말한다. 하지만 자기효능감이 높은 아이는 성공이나 실패의 원인을 밖에서 찾기보다 '내가 실수한 부분이 뭘까?'라며 자기의 노력을 기준으로 판단한다. 그래서 자기효능감이 높은 아이는 그렇지 않은 아이보다 인성이 좋은 어른으로 성장할 가능성이 높다.

이 자기효능감은 마트에서도 얼마든지 키워줄 수 있다. 마트에서 아이의 행동을 자세히 살피면, 부모가 물건을 고를 때 아이도 나름대로 어떻게든 팔을 뻗어 물건을 만지작거리는 걸 볼 수 있다. 자기도 뭔가를 골라보려고 애를 쓰는 것이다. 유제품 코너에서 치즈를 살 때도 부모가 하나를 집으면 아이도 해맑게 웃으며 자기 마음에 드는 치즈를 집어 장바구니에 넣곤 한다. 그런데 이때 엄마의 순간적인 반응이 아이의 자기효능감을 좌우한다.

"유통기한이 임박한 걸 고르면 어떡하니!"

"가만히 있어, 이건 네가 먹기에는 아직 일러!"

자기가 어렵게 고른 물건을 부모가 장바구니에서 꺼내 다시 제자리로 가져다놓을 때 아이는 어떤 감정을 느낄까? 아이 입장에서는 나름대로 까다롭게 선택했는데 그게 엄마를 돕는 것도 아니었고, 그렇다고 선택에 대한 인정을 받은 것도 아니어서 깊은 실망을 하게 된다. 그런 일이 반복되면 아이는 자기가 하는 게 모두 '쓸데없는 짓'이라고 생각하게 되고, 나중에는 '나는 쓸모없는 존재야'라고 여기는 자기 부정 상태에 빠진다.

부모는 언제 어디서든 아이에게 자기효능감을 심어주는 대화를 해야 한다. 앞의 예를 들자면, 아이가 스스로 선택한 상품을 세심하게 바라보며 이렇게 말하는 게 좋다.

"잘 골랐네. 그런데 이제부터는 좀 더 유통기한이 넉넉한 걸로 선택하면 어떨까?"

"이건 네가 초등학교에 입학하면 먹기로 하고, 지금 당장은 네가 먹을 수 있는 걸 골라보는 게 어떨까?"

이때 '이렇게 하자'보다는 '이렇게 해보는 게 어떨까?'라는 청유형 질문을 해야 아이가 올바른 자기효능감을 가질 수 있다.

아이는 뭐든지 쉽게 받아들이기 때문에 한 번의 핀잔으로 영원히 되돌릴 수 없는 먼 길을 가게 될 수도 있다. 반대로, 웃으며 칭찬하고 적절하게 격려해주면 아이는 더 잘 선택할 수 있는 방법을 연구한다. 그렇게 아이는 자기효능감을 쌓아갈 것이고, 그러면 기타 긍정적인 효과도 기대할 수 있다.

- 부모가 물건을 선택하는 모습을 유심히 관찰하며 선택받는 물건의 특징이 무엇이고, 선택받지 못하는 물건에는 어떤 공통점이 있는지 비교 분석하면서 나름의 선택 기준을 정하게 된다.
- '선택의 기준을 정했다'라는 사실은 '보는 눈이 생겼다'를 의미하기에 아이는 부모가 고른 물건보다 더 좋은 물건을 골라내는 안목으로 세상을 바라볼 것이다.
- "꼬마가 안목이 대단하네"라는 말을 자주 듣게 되면서 자기 존재에 대한 자부심도 커진다.

물론 아이에게 자기효능감을 심어준다는 목적으로 무턱대고 칭찬하는 것은 오히려 안 좋은 영향을 미친다.

'서툰 칭찬은 상처만 남길 뿐이다.'

누가 봐도 부적절한 물건을 골랐는데 '너무 잘 골랐네. 역시 네가 최고야!'라고 칭찬하면 당장은 괜찮지만 훗날 아이는 부모의 기준과 사회의 기준이 너무 달라 혼란을 느끼게 된다. 그러므로 반드시 칭찬할 만한 요인이 발견될 때 그 짧은 순간을 놓치지 말고 적절하게 아이를 칭찬하는 게 중요하다.

어떤 아이가 자기 생각을 당당하게 말할 수 있을까?

자신감이 넘치는 아이?

부잣집 아이?

지식이 풍부한 아이?

모두 틀렸다.

자유롭게 상상할 용기를 가진 아이가 어떤 자리에서도 흔들리지 않는 눈빛으로 자기 생각을 당당하게 말한다. 그 작고 약한 아이가 당당한 이유는 입 밖으로 나오는 이야기가 모두 자기 생각과 경험으로 알아낸 것들이기에 굳건한 자신감을 갖기 때문이다. 어디서 배운 이야기를 할 때는 망설여진다. 간혹 스피치를 배워 당당한 표정으로 말하는 아이도 있는데, 눈빛에서 흔들리거나 자신감이 결여된 것이 보인다.

질문으로 완성하는 지적인 읽기법

각종 포털 사이트를 보면 초등학생이 이런 요청을 남긴 걸 볼 수 있다.

'○○○에 대해서 간략하게 알려주세요.'

학교나 학원의 숙제로 나온, 어떤 책에 대해 간략하게 알려달라는 것이다. 그런데 사실 그 정도 정보는 본인이 직접 검색을 하면 공개된 자료를 통해 충분히 찾을 수 있다.

대체 이들은 왜 스스로 찾지 않고 누군가의 도움을 바라는 걸까? 답은 간단하다. 더 간략한 정보를 원하기 때문이다.

내가 보기에는 이미 충분히 간략하게 정리가 되어 있어서 '여기에 자기 생각을 넣어서 숙제를 할 수 있을까?'라는 걱정이 들 정도인데 그들은 아예 이렇게 요구하기까지 한다.

'더 짧게 요약해주시면 안 될까요?'

요즘 아이들에게는 두 가지 문제가 있다.

- 질문 능력이 없다.
- 독해 능력이 없다.

'질문력'과 '독해력'은 서로 이어져 있다. 책을 읽고 완벽하게 이해하는 데 필요한 독해력은 오직 문답을 반복하면서 기를 수 있기 때문이다. 결국 질문할 줄 모르는 그들은 문장을 독해할 수 없으므로 안타깝게도 남의 생각을 그대로 옮겨 적는 수밖에 없다.

아이에게 좋은 책을 사주기만 하는 것은 장님에게 좋은 지팡이를 사주는 걸로 할 일을 다 했다고 생각하는 것과 같다. 부모가 사준 책을 읽는 것만으로는 턱없이 부족하다. 아니, 단순한 독서는 수천 번을 반복해도 어떤 변화가 일어나지 않는다.

요즘에는 초등학생도 인문고전을 읽는다. 잘 모르는 사람은 그 어려운 책을 읽으니 굉장히 똑똑하다고 여길 수 있지만, 실상을 들여다보면 글자만 볼 뿐 내용은 전혀 받아들이지 못하는 아이가 많다. 안타깝지만 그들은 '읽기만 하는 바보'로 자라고 있다. 그 불행의 늪에서 빠져나오기 위해서는 책을 읽을 때 어떤 사건에 관한 사소한 질문을 반복해 던지면서 깨달음을 얻는 데 영감을 주는 큰 질문big question을 발견하게 돕는 '지적인 읽기법'을 실천해야 한다.

지적인 읽기법을 제대로 실천한 아이는 같은 책을 반복해서 읽는다. 이해가 되지 않기 때문이 아니라 읽을 때마다 매번 새로운 게 보이기 때문이다. 그리고 중요한 건 '다른 책을 읽다 보면 전에 읽었던 책의 내용과 새롭게 연결이 된다'는 점이다.

주의사항이 하나 있다.

'아이의 질문을 끌어내는 데는 오랜 시간이 걸릴 수 있다'라는 사실을 가슴 깊이 이해하고, 그 시간을 지루해하거나 상황을 종료시키려고 하지 말아야 한다. 24시간 걸려 겨우 질문 하나가 나올지라도 '질문이 적음'에 한탄하기보다는 '질문을 시작했다'는 것에 감사해야 한다.

1. 자기의 수준을 점검하라

"나는 오늘 이 책을 읽었어"라고 자신 있게 말할 수 있는가?

'책' 부분에 어떤 종류를 넣어도 좋다. 그 일을 자신 있게 했다고 말할 수 있는가? 하루 5시간 독서를 해도 그저 눈만 종이 위를 달리고 있을 뿐, 머리와 마음이 움직이지 않았다면 당신은 그저 가만히 앉아 있는 연습을 무려 5시간이나 한 것이다. 만약 그렇지 않다면, 당신이 5시간 동안 읽은 책을 10분 정도 발표할 수 있어야 한다. 무엇을 읽었고, 무엇을 깨달았으며, 앞으로 어떻게 살 것인지 간략하게 강연할 수 있어야 한다. 책을 천 권 읽었으면, 각기 다른 주제로 천 번을 강연할 수 있어야 한다. 다시 한 번 묻는다.

"당신은 지금까지 몇 권을 읽었는가?"

2. 암기하지 마라

유능한 질문가들은 '암기 과목'이라는 말 자체를 좋아하지 않는다. 물론 세상을 이해하기 위해서는 기본적인 사실은 배워야 한다. 하지만 그 변화의 기본 원리를 제대로 이해했다면 굳이 암기하지 않아도 잊어버리지 않는다. 멀리 있는 친구에게 공을 전달하기 위해서는 공을 더 강하게 차야 한다는 원리를 완벽하게 이해한 아이가 그것을 암기할 필요가 없는 것처럼 말이다.

3. 끊임없이 의심하고 질문해서 본질을 찾아내라

다른 사람에게 질문하면 생생한 정보를 빨리 얻을 수 있다. 그러나 질문을 하지 않으면 낡은 정보가, 그것도 조금밖에 들어오지 않는다. 세상 모든 일에 해답이 있다면 아무 문제도 없을 것이다. 하지만 세상일이 그렇게 단순하지만은 않다. 세상일에는 반드시 양면이 있으며, 이런 복잡한 사회에서 실패하지 않으려면 끊임없이 공부하고 질문하며 항상 사물의 본질을 판별하고자 노력해야 한다. 두뇌를 회전시키고 지식을 축적해야 한다.

4. 스스로 교훈을 깨우치며 지적인 읽기법을 완성하게 하라

모든 독서는 스스로 시작해서 스스로 끝내야 한다. 그 이유는 독서를 통해 알아서 교훈을 깨우쳐야 하기 때문이다. 교훈은 주입되는 순간 가치를 잃는다. 이에 되도록 분량이 적고 이해하기 쉬운 책을 골라서 아이가 교훈을 도출하게 해야 한다. 다만 책을 선정할 때 학교에서 배우는 내용은 피하는 게 좋다.

이미 학교에서 배웠거나, 곧 학교에서 배울 내용에는 누군가 정한 교훈이 들어 있다. 아이가 아무리 자신의 관점에서 교훈을 찾아냈다 하더라도 학교에서 배운 내용과 일치되지 않으면 혼란을 겪을 수 있으므로 피하는 게 좋다. 세상을 풍자한 책을 골라 읽게 하자. 여기서 우리는 '풍자와 교훈'의 의미를 잘 생각해봐야 한다. 풍자란 사실을 곧이곧대로 드러내지 않고 과장하거나 비꼬아서 표현한 것이다. 부모의 질문으로 아이는 풍자 안에 숨어 있는 진짜 의미를 발견할 수 있게 된다. 풍자를 만날 때마다 "주인공은 왜 저렇게 말했을까?", "사람들은 왜 저 사람에게 특이한 별명을 붙여준 걸까?"라는 질문을 던져, 이야기가 품은 전체적인 내용을 흡수할 큰 질문을 찾게 하라. 그게 바로 아이가 스스로 교훈을 발견하는 가장 좋은 방법이다.

혹시 위의 네 단계를 아무리 반복해도 '지적인 읽기법'의 효과가 나타나지 않는다면, 부모는 자기의 상태를 한번 점검해봐야 한다.

아이와 어떤 책 내용에 관해 이야기를 나눌 때 가장 나쁜 행동은 내용을 이미 알고 있다고 생각해서 읽지 않고 대화에 나서는 것이다.

몇 년 전에 읽었거나, 심지어 지난달에 읽었어도 자격 미달이다. 반드시 아이와 대화를 나누기 바로 전에 읽고 책에 담긴 표현과 주제, 질문을 다시 생각해봐야 한다. 예전에 읽은 어렴풋한 기억을 뒤적여서 질문을 생각한다면 오늘 읽은 것만큼 생생하고 구체적인 질문을 떠올릴 수 없을 것이다.

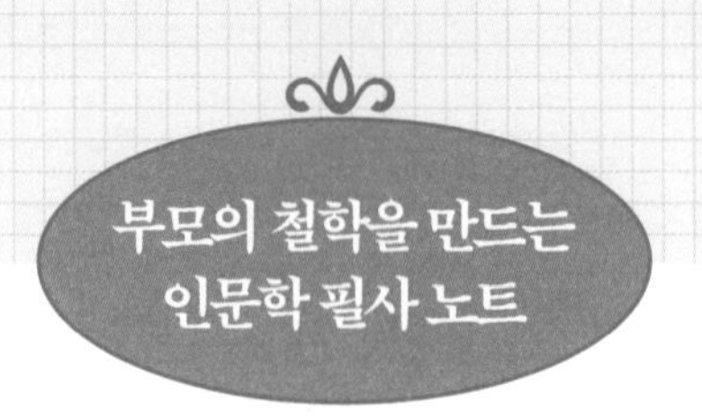

24. 부모의 사색, 가족의 운명을 결정하는 사색의 깊이

링컨은 책을 두 권 읽은 사람이
책을 한 권 읽은 사람을 지배한다고 말했어요.
여기에 나는 매우 중요한 사실을 하나 덧붙일 생각입니다.
두 권 읽은 사람은 한 권 읽은 사람을 '지배'하지만,
같은 책을 세 번 읽은 사람은 모두를 '포용'합니다.
두 번 읽은 사람은 차이를 발견하는 수준에 그치지만,
세 번 반복해서 읽으면 모두를 이해하기 때문입니다.

부모 교육 포인트

배가 덜 나온 것처럼 숨겨주는 옷은 있지만, 세상에 배를 아예 지울 수 있는 옷은 없어요. 평소에 준비하고 관리해야 가능하지, 갑자기 근사한 몸을 보여줄 수는 없습니다. 한 사람이 가진 가능성도 마찬가지죠. 당신이 늘 준비하고 또 노력하고 있다면, 세상의 변화와 흐름은 굳이 신경 쓰지 말아요. 당신의 시작을 막을 수 있는 세상은 없으니까요.

아이의 위대한 내면을 깨우는 생각하는 산책

내 아이를 4차 산업혁명 시대를 이끄는 인재로 키우기 위해서는 반드시 '독서 교육'과 '글쓰기 교육', 그리고 '생각 교육'이 필요하다고 했다. 그 이유는 '독서'는 '유능한 사람'을 만들고, '글쓰기'는 '유연한 사람'을 만들고, '생각'은 '유연함과 유능함을 겸비한 창조하는 사람'을 만들기 때문이라고 앞에서 말했다. 독서와 글쓰기는 이미 충분히 언급했다. 이제는 본격적으로 '어떻게 하면 내 아이의 생각 근육을 강하게 만들 수 있을까?'라는 질문을 던져봐야 한다.

세상을 바꾼 수많은 창조와 혁신의 대가는 그 질문에 대한 답을 산책에서 찾았다.

'소요학파逍遙學派'로 불린 아리스토텔레스는 자연 속에서 자유롭게 산책하며 철학과 세계를 논했다. 베토벤Ludwig van Beethoven과 미국의 전 대통령 버락 오바마, 빌 게이츠Bill Gates, 《월든》의 작가 헨리 소로Henry David

Thoreau, 분석심리학의 대가 칼 구스타프 융Carl Gustav Jung은 서로 다른 일을 하며 다른 시대에 살았지만, 공통점이 하나 있다.

'자신이 진정 원하는 중요한 일에 집중할 수 있는 환경을 만들고, 그것에 몰두하기 위해 스스로 고독한 시간을 창조했다는 것'이다. 그들은 산책하면서 생각을 명료하게 정리했고, 새로운 작품을 창조할 아이디어를 얻었다.

그들뿐만이 아니다. 스티브 잡스는 생전에 "소크라테스와 한 번이라도 산책할 수 있다면 전 재산을 다 낼 수도 있다"라고 말했다. 그리고 그가 사랑한 소크라테스는 '산책에 대한 강의를 할 때 스스로 가장 행복했고 즐거웠다'라고 전해진다. 그것이 가장 좋아하는 분야이고, 자신의 지성을 일군 본질이었기 때문이다.

관성대로 사는 동안 아이가 가진 생각은 탄력을 잃는다. 늘어나기만 하고 줄어들지 않는 고무줄은 더 이상 가지고 있을 이유가 없다. 그게 바로 아이에게 산책하는 능력을 길러줘야 하는 이유다.

다음에 제시하는 네 단계 과정을 아이에게 적용하며 함께 산책을 해보라.

1. 간단하게 간식을 챙겨서 나가자

산책은 '생각하며 걷는 행위'다. 그저 생각하는 것도 아니고, 걷기만 하는 것도 아닌 둘이 하나가 되어 비로소 완성되는 예술 작품이다. 그래서 산책은 육체가 아니라 정신의 만족을 충분히 느낀 후에 끝내야 한다. 생각보다 긴 시간 산책할 수 있기 때문에, 처음에는 아이의 흥미를 끌 약간의 간식이 필요하다. 산책의 대가가 사는 독일에서는 예전부터 사과나

당근과 같은 과일을 한입에 먹기 좋게 잘라서 산책을 나섰다. 중간에 그늘에 앉아서 음식을 한 상 차려놓고 즐기는 문화에서 벗어나, 철저하게 산책 그 자체에 집중해야 한다. 아이가 좋아하는 과자나 초콜릿도 가급적 배제하라. 아이 육체에 잠시 만족을 줄 수는 있지만, 정신에는 좋지 않기 때문이다.

2. 마음과 복장까지 완벽하게 준비하라

산책은 운동이 아니다. 최대한 편안한 복장으로 가볍게 나서는 행위가 아니라, 더 나은 답을 찾기 위해 떠나는 최고의 '지적 수업'이다. 산책을 통해 영감을 얻고 풀리지 않는 문제를 풀고 싶다면, 걸맞은 복장을 해야 한다. 수업 시간에 체육복에 운동화를 신고 가는 사람은 없다. 최대한 마음을 정갈하게 하고, 옷장에서 가장 깨끗한 옷을 골라 입고 나서라. 원하는 것이 건강이 아닌 지적 자극이라면, 운동복에 운동화를 신고 최대한 편안하게 산책하려는 마음으로는 얻기 힘들다.

3. 한적한 곳에서 먼저 시작하라

보통 산책은 한적한 곳에서 자연을 만끽하는 거라고 생각하는데, 현대인에게 맞는 산책은 따로 있다. 한적한 곳에 사는 사람이 아니라면 매일 산책 때문에 그런 곳으로 일부러 찾아가기는 힘들기 때문이다. 그래도 초기에는 사방에 자연이 펼쳐진 숲속에서 시작하는 게 좋다. 처음에는 10분 정도로, 나중에는 최대 60분 정도로 맞춰서 산책한다. 아이와 일상적인 이야기를 나누며 시작하라. 산책에 익숙해지면 이제 아이의 생각을 자극할 무언가를 만들어내야 한다. 가장 적합한 방법은 '그림 그리기'

다. 숲에 떨어진 낙엽이나 기타 작은 돌 등 쉽게 구할 수 있는 것을 스스로 고르게 하고 집에 돌아와 낙엽이 떨어진 숲의 풍경이나 돌이 놓여 있는 숲의 풍경을 그리게 하라. 그냥 그림을 그리게 하면 사실 아무 생각이 나지 않아서 잘할 수 없지만, 그곳에서 발견한 무언가를 가져와서 그리면 풍경을 떠올리기 쉽다. 할 수 없다고 포기하지 말고 할 수 있는 방법을 끊임없이 찾아야 한다. 산책을 조금 더 생산적으로 만들고 싶다면 그저 무언가를 줍는 데서 끝내지 말고, "네가 주운 낙엽에서 어떤 향기가 나니?"라는 질문을 던지며 아이가 모든 감각으로 숲을 느끼게 한다. 그러면 더 완벽한 그림을 그릴 수 있을 것이다. 그렇게 아이의 산책은 멋진 그림을 그리는 예술적인 과정으로 발전한다.

4. 혼자 산책하며 성장하는 아이

숲에서 아이와 산책하며 '함께'라는 것을 가르쳤다면 이제는 '혼자'를 배우게 해야 한다. '함께'는 함께하며 가르치는 것이지만 '혼자'는 단어 그대로 스스로 배워야만 도달할 수 있다.

아이를 위한 궁극의 산책은 결국 홀로 즐기는 것이다. 장소도 외딴 지역이 아닌 아이가 사는 지역에서 고르는 게 좋다. 그래야 매일 반복하며 쉽게 산책할 수 있고, 도시의 변화와 움직임을 바라보며 시대의 흐름을 저절로 깨우칠 수 있다. 다만 차가 많은 지역에 사는 아이는 초등학교 3학년 때까지는 부모와 함께 산책하는 게 좋다. 아이가 등교를 하거나, 유치원에 등원할 때 차에 태워 보내지만 말고 조금만 시간을 내서 함께 산책하는 기분으로 나서보라.

산책은 막연하게 그냥 걷는 게 아니다. 이제는 도시에서 다양한 풍경을 볼 수 있으니, 바라보는 관점도 달라져야 한다. 숲에서 이미 전체적인 이미지를 그리는 연습을 충분히 했기 때문에 조금 더 수월하게 자신이 사는 지역을 머릿속에 그릴 수 있을 것이다. 주변에 '편의점과 세탁소, PC방이 어디에 몇 개가 있고', '비슷한 아파트이지만 다른 점이 무엇이 있는지'를 생각하며 산책하게 하라. 늘 그렇지만 처음에는 방향을 잡아줘야 한다. 그래야 홀로 산책하는 법을 깨닫고, 즐길 줄 아는 아이로 성장하게 된다.

철학자 칸트는 규칙적인 생활을 한 사람으로 유명하다. 그런 그가 자신의 생을 돌아보며 가장 아쉬워한 것이 하나 있는데, 바로 산책이다. 물론 그도 산책을 사랑했다. 하지만 그는 50세가 지난 이후부터 규칙적인 산책을 시작했다. 그래서 더 빨리 산책을 습관으로 만들지 못한 것을 안타까워했다. 그게 바로 지금 당장 아이에게 산책을 시켜야 하는 이유다. 후회를 남기지 말고 조금이라도 빨리 아이의 손을 잡고 밖으로 나가라. 다른 모든 능력은 어떤 사건이나 환경의 변화로 습득하거나 기를 수 있지만, 산책은 불가능하다. 생각하는 산책의 기술은 오직 아이를 사랑하는 부모에게서만 배울 수 있다. 게다가 게임과 스마트폰을 내려놓고 홀로 산책을 즐기는 초등학생, 생각만 해도 멋지지 않은가?

다만 기억해야 할 게 하나 있다. 산책하는 도중, 절대 아이에게 무언가를 주입하지 마라. 산책으로 아이가 갑자기 어른이 될 수 있다고 생각하지도 마라. 세상에 어른스러운 아이는 없다. 아이는 어른이 아니다. 어른스러운 척하게 만드는 교육이 있을 뿐이며 '어른'이라는 이름의 프로그램을 주입한 삶을 살고 있을 뿐이다. 아이를 새처럼 자유롭게 풀어주어

라. 산책하면서 아이는 멋진 동화를 발견할 수도 있고, 아름다운 사랑 이야기를 보고 들을 수도 있다. 바람과 햇살이 쓴 책을 읽는 아이의 기쁨을 그저 웃으며 바라보라.

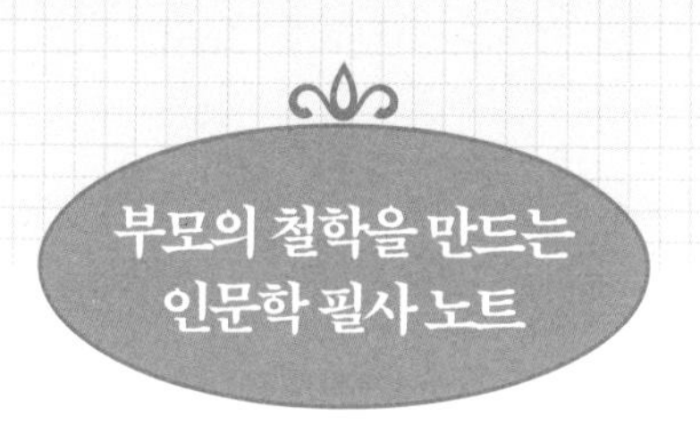

25. 부모의 공간, 아이를 위한 가장 평온한 휴식

매일 일어나 자신을 응원하고,
매일 잠들기 전 자신을 용서하세요.
그렇게 시간은 농밀하게 흘러서
세상이 주는 어떤 두려움도 이겨낼
하나의 단단하고 평화로운 공간이 됩니다.

부모 교육 포인트

아이의 마음을 쉬게 하려고 따로 공간을 찾을 필요는 없습니다. 당신의 마음속에 공간을 만들면 되니까요. 그럼 아이들은 새처럼 날아와 가장 안전하고 포근한 그곳에서 쉴 것입니다. 당신이 중심을 잡아야 할 때, 당신이 자신을 비워야 할 때, 그리고 당신이 믿고 지켜봐야 할 때를 놓치지 말고 아이에게 제공해주세요. 이 혼란스러운 일상에서 모든 것을 잊고, 아이가 가장 평온한 공간에서 잠들 수 있도록.

2장

시대 흐름에 영향받지 않는 독창적인 존재로의 성장

• • •

자기 가치를 스스로 정하는 사람으로 성장하게 돕는 놀이법

시장에서 거래하는 모든 물건에는 가격이 있다. 눈에 보이지는 않지만 사실 사회생활을 하는 모든 사람에게도 각각 가격이 정해져 있다. 하지만 안타깝게도 많은 사람이 자기 가격을 스스로 정하지 못하고 시장이 정해주는 대로 받고 있는 형편이다.

그 이유가 뭘까? 답은 간단하다.

가치와 가격 사이의 상관관계를 잘 모르기 때문이다. '내가 정할 수 있는 건 가격이 아니라 가치다'라는 사실을 알아야 한다. 세상은 당신의 가치를 보고 가격을 결정한다. 가격을 높이려고 하지 말고 가치를 높여야 한다.

세상에는 다양한 가격이 존재한다.

일단 보편적으로 많이 사용하는 '정가定價'라는 게 있는데 정가 제품을 살 때는 별 부담을 느끼지 않는다. 이미 대충 짐작하는 가격이고 시기를 타지 않기 때문이다.

무서운 건 '시가時價'다. 식당에서 '시가'라고 쓰여 있는 메뉴를 보면 일단 겁부터 난다. 예측 가능한 범위를 벗어날 수 있기 때문이다.

하지만 시가보다 무서운 게 있다. 세상이 정한 가격을 따르지 않고 스스로 내 가치를 정한 '자가自價'다. 자가는 예상 자체를 거부한다. 오직 가격을 정한 자신만이 모든 것을 제어한다.

비유하자면 정가는 대중교통이다. 버스나 지하철 등 대중교통은 이미 정해진 코스가 있다. 버스나 지하철에서 아무리 뛰어도 우리는 세상이 정해준 틀에서 벗어날 수 없다. 물론 택시는 그런 의미에서 조금 자유롭다. 조금 더 빠르게 원하는 곳에 갈 수 있다. 하지만 아예 마음 내키는 대로 갈 수는 없다. 그러나 내가 직접 모는 자가용을 타면 이야기는 달라진다. 그게 바로 스스로 자기 가치를 정하는 사람이 사는 방식이다. 세상의 영향을 받지 않으므로 가장 안전하게 살 특권도 누리게 된다. 그들에게는 공통점이 하나 있는데 그게 뭔지 알면 많이 놀랄 것이다.

바로 '사회성이 부족한 사람'이라는 점이다.

'사회성'이라는 단어는 한국에서 굉장히 민감하다. "넌 사회성이 부족해"라는 말을 들으면 그게 누구든 '네가 뭔데 나한테 그런 지적을 해!'라는 생각이 들면서 일단 기분이 매우 나빠진다. 그보다 더 기분 나쁜 상황은 사랑하는 자녀가 학교나 어떤 단체에서 사회성이 부족하다는 평가를 받을 때다.

'혹시 나중에 왕따를 당하는 건 아닐까?', '사람들이랑 어울리며 살지 못하게 되는 건 아닌가?'라는 고민에 빠져 없던 두통이 생길 수도 있다.

그만큼 우리는 지금 사회성이 중요한 세상에 산다. 그런데 그 '사회성'이라는 단어를 조금 다르게 해석해보면 어떨까?

세상을 뒤흔든 천재적인 재능을 보여준 사람은 대개 다른 이들과 잘 어울리거나 원활한 사회생활을 하지 못했던 경우가 많다. 제한된 시간에 자기가 생각하는 일을 완벽하게 해결하려다 보니 다른 데 집중할 시간을 최대한 줄이기 때문에 생기는 현상이다. 겉으로 볼 때 그들은 늘 정신이 없고 사회성이 떨어져 보인다. 하지만 우리는 그들에게 "너는 사회성이 떨어져!"라고 비난하거나 충고하지 않는다. 오히려 그들의 비범한 능력과 몰입력을 배우려고 한다. 종합해보면, 결국 사회성이란 비범한 재능을 가지지 못한 사람들이 살아남기 위해 무기처럼 장착하는 그 무엇이 아닐까?

물론 나는 사회성을 아예 무시하며 살자고 주장하는 건 아니다. 일에는 순서가 있다. 우선순위를 정해야 한다. 자기 가치를 스스로 정하는 어른으로 성장하기 위해 가장 먼저 필요한 건 '자존감'이다.

독일 작가 헤르만 헤세Hermann Hesse는《데미안》에서 이렇게 말했다.

"한 마리의 새가 새로서 태어나려면 먼저 그 알의 딱딱한 껍질을 부수고 나와야 한다."

이 문장에서 우리가 주목해야 할 부분은 '새가 새로서 태어나려면'이라는 표현이다. 껍질을 부수지 못한 새는 언제 죽을지 모를 알로 남지만, 부수고 나오면 자기 가치를 스스로 정하는 존재가 될 수 있다.

아이의 삶도 마찬가지다.

단계마다 자신을 가두고 있는 틀을 깨면 더 멋지게 성장할 수 있다. 이때 틀을 깨는 본질적인 힘으로 작용하는 게 바로 자존감이다. 내 생각을 믿고 그것을 삶에서 실천하는 아이는 자신을 가두고 있는 단단한 틀을 깰 수 있다.

자존감을 기르기 위해서는 현명한 놀이법이 필요한데 인문학의 대가를 키운 부모가 가장 자주 사용한 놀이법은 바로 '혼자 놀게 놔두는 것'이다.

부모는 아이가 혼자 놀면 '우리 아이가 사회성이 떨어지는 게 아닌가?'라며 불안해한다. 하지만 전혀 걱정할 필요가 없다. 혼자 잘 노는 아이는 약한 게 아니라 강한 마음을 가졌다. "그래도 함께 놀면서 아이에게 지속적으로 자극을 주는 게 중요하지 않을까요?"라고 묻는 부모도 있다. 사실 많은 부모가 '오늘은 뭐하고 놀아야 하나?'라는 고민을 하는 이유는 아이에게 적절한 자극을 줘야 교육적으로 좋다는 생각을 하기 때문이다. 하지만 아이의 삶에 결정적인 영향을 미치는 자극은 외부에서 오지 않고 혼자 놀 때 찾아온다. 물론 처음부터 갑자기 아이에게 혼자 놀라고 할 수는 없다. 아무리 완강하게 거부해도 아이는 부모와 함께 놀려고 떼를 쓸 것이다. 그럴 때는 과감하게 아이의 요구를 뿌리쳐야 한다. 이때가 중요하다. 밀가루 반죽을 주고 무언가를 혼자 만들게 해도 좋고, 화분을 몇 개 놓아주고 그것을 세밀하게 관찰하게 하는 것도 좋다. 관찰기록장을 하나 만들어주어 아이가 관찰한 것을 글과 그림으로 남기게 하면 더욱 좋은 결과를 기대할 수 있다. 처음에는 아무것도 안 하고 멍하니 시간만 보내겠지만, 심심한 아이는 곧 혼자 놀 궁리를 한다. 생각을 시작한다는 의미다.

인문학의 대가를 키운 수많은 부모의 삶은 우리에게 이렇게 조언한다.

"내가 홀로 당당히 설 수 있을 때, 비로소 다른 사람의 손을 잡아줄 수 있다."

자존감이 높은 아이는 자기의 생각과 감정, 원칙을 실천하며 산다. 혼자 노는 상황을 즐기며 아이는 자기의 생각과 감정에 집중한다. 그리고 함께 놀 때 배운 친구의 삶의 자세를 혼자 있을 때 실천하면서, 친구의 의견을 받아들이는 바른 자세를 배우게 된다.

이처럼 놀이를 통해서도 아이의 자존감을 높일 수 있다. 부모가 걱정해야 할 건 혼자 노는 아이의 현재 모습이 아니라, 혼자 놀 때 배워야 할 것을 배우지 못하고 세월만 흘려보낸 후 낮아진 아이의 자존감이다.

좋은 부모는 아이에게 '나는 충분히 가치 있는 사람이다'라는 인식을 마음 깊이 심어준다. 아이는 부모의 그 신뢰를 기억한다. 그 과정의 반복이 바로 한 사람의 가치를 빛나게 하는 힘의 원천이다.

세상과 소통할 줄 아는 아이로 키우는 법

100명 정도의 초등학교 저학년 아이들이 이름표 떼기 놀이를 하는 모습을 관찰한 적이 있다. 거의 모든 아이가 규칙을 지키며 즐기고 있어서 나도 모르게 '참 귀엽다'는 생각에 몰입해서 지켜봤는데, 유독 내 시선에 자주 포착된 한 여자아이가 마음을 불편하게 했다.

게임이 진행되는 30분 동안 그 아이가 내게 보여준 행동은 이랬다.

- 이를 바득바득 갈면서 반드시 이기겠다는 표정으로 경기장을 뛰어다니며 위험한 몸싸움도 마다하지 않는 '엇나간 의지'
- 30분 동안 이름표를 다섯 번 이상 뜯겼지만, 스스로 다시 등에 붙이고 경기장에 들어가 무서운 눈빛으로 놀이를 하는 '그릇된 가치관'
- 경기가 끝난 후 이름표를 한 번도 뜯기지 않은 아이들에게 상품을 줄 때 약간 눈치를 살피더니 이내 당당하게 걸어가 상품을 받는 '비도덕성'

놀이 내내 지속된 그 여자아이의 그릇된 행동을 보며 사실 무서웠다. 아이의 눈빛에서 살기를 느꼈기 때문이다. '이기기 위해서는 무엇이든 할 수 있다'라는 아이의 눈빛이 내 마음을 아프게 했다.

그 아이는 사실 '이기는 게 전부다'라는 잘못된 교육의 피해자다. 이런 아이는 나중에 결국 세상과 소통하지 못하는 성인으로 자랄 가능성이 높다. '규칙을 지켜야 놀이를 즐길 수 있다'라는 사실을 인지할 수 있게 도와줘야 한다.

'규칙은 알지만 지키지 않았다'는 아예 규칙을 모르는 것보다 최악의 상황이다. 규칙을 몰라 어리둥절한 상태로 경기장 안에 서 있는 사람은 같은 팀에게만 피해를 주지만, 알지만 이기기 위해 수단방법을 가리지 않고 모든 것을 파괴해버리는 사람은 팀이 문제가 아니라 그가 사는 지역 전체에 피해를 준다.

규칙을 알려주기 위한 가장 쉽고 빠른 방법이 대화다. 세상에는 자기 의견을 주장하는 사람이 많다. 입만 있으면 할 수 있는 아주 단순한 행위이기 때문이다. 하지만 그들에게 부족한 게 하나 있다. 바로 '설명'이다. '왜 그것을 주장하는가?'에 대한 타당한 이유를 사람들에게 자세하게 설명할 수 있어야 한다. 나는 그걸 '소통력'이라고 부른다.

단순하게 자기 의견만 내세우는 사람은 아무리 훌륭한 주장을 해도 받아들여지지 않을 가능성이 크다. 요즘에는 자기 할 말에만 집중하고 타인의 말에는 전혀 관심이 없는 아이가 많다. 가정에서도 자기 말만 하려고 가족들 입을 막는다. 정작 대답은 관심도 없고, 혼자 말하다가 끝내버린다. 전화 통화를 할 때도 마찬가지다. 자기 할 말만 딱 하고 끊어버린다. 소통할 줄 모르기 때문이다. 이런 아이는 시간이 지나면서 앞에 소개한 그릇된 행동을 하는 여자아이처럼 조금씩 변해갈 가능성이 높다.

먼저 내 의견을 주장하고 그것을 완벽하게 설명할 수 있을 거라는 자신감을 가지는 게 중요하다. 그리고 교육을 향한 열망을 담은《서민교육론》이라는 책을 내고, 1859년에 농노의 아이들을 위한 학교를 세우는 등 교육에 많은 것을 바친 톨스토이의 조언에 귀를 기울여라.

"대화를 시작하기 전에 반드시 생각할 시간을 가져라. 그리하여 당신이 지금 하고자 하는 말이 말할 가치가 있는지, 무익한 말인지, 누군가를 해칠 염려는 없는지 잘 생각해보라."

톨스토이의 조언은 다음 세 가지 실천사항을 우리에게 제시한다.

- **먼저 친구의 의견을 조용히 듣는다**

  다른 생각은 하지 않고 친구의 눈을 바라보며 이야기에 집중한다.

- **빠르게 답해야 한다는 압박감에서 벗어나라**

  바로 대답할 필요는 없다. 친구의 의견에 찬성하는지 반대하는지 결정할 충분한 시간을 가져라.

- **충분히 생각하고 또 생각하라**

  찬성 혹은 반대를 결정했다면 이제 내 주장을 설명할 수 있도록 혼자 생각하는 시간을 가져라. 속도는 중요하지 않다. 충분히 내 주장을 설명할 수 있을 때까지 혼자 생각한다.

세상 모든 일은 결국 사람과 사람 사이의 소통으로 이뤄져 있다. 만약 지금 내 아이가 친구들과 좋은 관계를 유지하지 못하고 있다면, 나중에 성인이 되어 취직해도 직장에서 진짜 실력을 보여줄 수 없는 사람으로 성장할 가능성이 매우 크다. 결국 세상일은 모두 관계에서 시작하고 끝나기 때문이다.

우리가 자녀에게 이 책의 내용을 가르치려는 이유는 내 아이가 어제보다 나은 오늘을, 오늘보다 나은 내일을 살아가는 사람이 되기를 바라는 마음에서다. 그 중심에 바로 타인과의 대화가 있다. 내가 아는 것을 일방적으로 누군가에게 전수하는 것은 인문학의 본질에서 너무나 멀리 떨어진 행동이다. 언제나 '타인과 이야기하면서 내 생각을 다듬는다'라는 생각으로 대화에 임해야 한다.

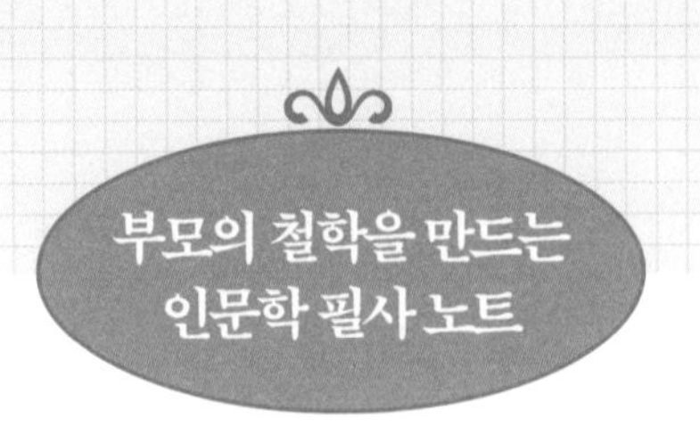

26. 부모의 확신, 길을 잃지 않고 아이와 함께 정진하는 일상

각종 분야에서 활동하는 전문가를 만나
그들의 의견을 들어보면 이런 생각이 들죠.
"뭐야 나보다 아는 것도 별로 없네."
그럼에도 그들이 전문가인 이유는 무엇일까요?
아는 것에서 그치지 않고 뛰어들었기 때문입니다.
뛰어들 가치를 본 자가 그 분야의 전문가가 됩니다.

부모 교육 포인트

확신을 갖지 못한 사람들은 무언가를 새롭게 만들면 주변에 의견을 묻게 됩니다.
"이번에 더 잘 된 것 같지 않아?"
타인이 생각한 의견도 물론 중요하지만, 확신을 갖고 있는 사람들은 흔들리지 않아요. 이미 스스로 잘 된 것을 알고 있기 때문입니다. 부모는 자신을 가장 잘 아는 '나 전문가'로 살아야 합니다. 굳이 타인의 인정이나 확인을 구할 필요가 없으며, 어떤 유혹이 찾아와도 흔들리지 않고 아이가 가야 할 길을 함께 걸어갈 수 있으니까요.

• • •

단순한 아이디어를 현실에 구현하는 힘

'그가 나오기 전까지 세상의 전기 기술은 원시적이었다.'

'그는 전기 분야에서 독보적인 성과를 냈다.'

과연 '그'가 누굴까? 에디슨Thomas A. Edison, 아인슈타인?

모두 틀렸다. 답은 현대 교류 전기의 근간을 마련한 천재 과학자 니콜라 테슬라Nikola Tesla다. 에디슨은 분명 상업적으로 크게 성공한 과학자였다. 하지만 단순한 아이디어를 '예술적인 수준'으로 현실에 구현하는 힘은 에디슨보다 테슬라가 더 크다. 보통의 과학자는 '완벽한 설계도가 완벽한 결과물을 만든다'라는 생각을 갖지만, 테슬라는 달랐다. 종이에 설계도를 그리지 않았고 마치 그림을 그리듯 순간적으로 허공에 그 복잡한 설계도를 그리며 한 치의 오차도 없이 발명을 완성했다.

하지만 그는 일반 사람에게 잘 알려진 대중적인 인물은 아니다. 최근에 전기자동차와 관련하여 '테슬라'를 자주 들어봤을 테지만, 그에 대해 자세하게 아는 사람은 많지 않다. 그는 어릴 때부터 '세상 사람의 평안을 위해 살자'는 원대한 포부를 가슴에 담았고, 평생 그것을 실천했다.

그의 삶을 더 깊이 이해하기 위해서는 다음 세 가지를 알아야 한다.

- **위대한 가치를 남겼다**

  전기 부분에서 그가 에디슨에 앞서는 이유는 지금 우리가 누리는 전기 문명의 시작인 교류 발전기와 송·배전 시스템을 개발했기 때문이다. 또한 '테슬라 코일'은 당시 60헤르츠에 불과했던 가정용 전기를 혁명적인 수준인 수천 헤르츠의 고주파로 바꿨다.

- **100년 뒤를 내다봤다**

  1901년에 이미 스마트폰 기술을 생각했을 정도로 앞서갔다.

- **모든 사물을 소중하게 대했다**

  외모는 날카로웠지만 다친 비둘기를 치료해주고 나을 때까지 보살펴줄 정도로 따뜻한 마음을 지닌 사람이었다.

과학자는 언제나 풀리지 않는 문제와 마주한다. 그럴 때마다 그는 문제를 풀 방법을 찾아내려고 애를 썼다. 많은 전문가가 그에 대해 이런 평가를 한다.

"모든 사람이 정문을 두드린다면 뒤로 돌아가 뒷문이 있는지 살피는 것이 앞서는 방법이라는 것을 보여주었다."

뒷문을 찾아내는 건 말처럼 쉬운 일이 아니다. 세상에 존재하지만 보이지 않는 것을 발견해야 하기 때문이다. 그 어려운 일을 누구보다 수월하게 해냈기 때문에 그는 100년 뒤를 내다보며 세상에 위대한 가치를 남길 수 있었다.

비결이 뭘까? 그가 남긴 모든 가치의 중심에 사물을 소중하게 대하는 따뜻한 마음이 있었기 때문이다. 관찰하고, 연구하고, 연결하고, 창조하는 그의 눈과 머리에 사물을 향한 애정이 없었다면 그는 단순한 아이디어를 현실에 구현하게 하는 다음 세 가지 방법을 실천할 수 없었을 것이다. 여기에서 중요한 것은 아이에게 그의 생각법을 교육하기 위해서는 부모가 아래 세 가지 방법을 분명히 이해하고 있어야 하므로, 세심하게 읽고 깨달음을 얻어야 한다는 점이다.

1. 시인처럼 생각한다

가장 중요한 부분이다. 앞에 언급한 사물을 소중하게 생각하는 마음 자세를 다시 떠올려보라. 그게 바로 시인의 마음이기 때문이다. 시인은 세상에 존재하지 않는 모든 것에 심장을 이식해 살아 숨 쉬게 한다. 다시 말해 시각화의 천재다. 테슬라의 모든 발명이 특별한 것은 도면을 그리거나 실제로 만들어보지 않고 시각화를 통해 발명품을 완벽하게 구현했다는 점이다. 시인처럼 생각할 수 있었던 비결이 뭘까? 그는 자서전을 통해 이렇게 고백했다.

"나는 매일 때와 장소를 가리지 않고 혼자 있으면 내가 원하는 장소로 여행을 떠났다. 새로운 장소나 도시, 나라에 가기도 했고, 가끔은 그곳에 실제로 살면서 친구를 사귀기도 했다. 그들은 나에게 실제의 삶에 있는 이들 못지않게 소중했고, 그들의 모습 또한 현실에 비해 미흡한 부분이 전혀 없었다."

믿기 힘들겠지만 그는 단순한 아이디어를 현실에 구현하는 능력을 가지게 된 열일곱 살 때까지 끊임없이 이런 식으로 여행을 떠났다.

다르게 생각하면 다르게 일할 수 있다. 그는 다른 사람과 일하는 방식이 달랐다. 아이디어를 얻었을 때 일에 바로 뛰어들지 않고, 먼저 그것을 상상으로 구현했다. 상상으로 구조를 바꾸고, 발전시키고, 장비를 작동시켜보기도 했다. 상상의 기계가 제대로 작동하지 않으면 그 문제를 상상 속 공책에 기록했다. 상상 속에서 진행한 것과 실제의 삶에서 확인한 것들은 늘 결과가 같았다. 이 방법을 통해 그는 아이디어를 빠르게 발전시키고 완벽하게 구체화할 수 있었다.

2. 현실에 지배당하지 않는다

만약 당신에게 100억이 있다면 앞으로 어떤 삶을 살 것 같은가? 괴롭혔던 직장 상사에게 사표를 던지는 상상을 하는 사람도, 화려한 곳에서 멋진 시간을 즐기는 상상을 하는 사람도 있을 것이다. 하지만 테슬라는 경제적으로 성공해서 이미 서른 살 초반에 백만장자가 되었지만 발명을 멈추지 않았다. 아니, 오히려 더 규모가 큰 실험을 한 탓에 엄청난 수입이 있었음에도 죽기 직전에는 경제적 곤궁에 시달리기도 했다.

앞서 말했지만 그는 어릴 때부터 '세상 사람을 평안하게 살게 하겠다'는 분명한 목표를 갖고 있었다. 그 목적을 이루기 위해 끝없이 그를 괴롭히는 현실과 싸웠고, 늘 이겨냈다. 돈과 명예도 그를 멈추게 할 수 없었다.

시인처럼 생각하기 위해서는 현실이 주는 무게를 이겨내야 한다. 그는 어릴 때부터 불행한 현실과 끊임없이 싸워야 했다. 장남을 잃어 정신적 상처를 가진 부모 밑에서 불안한 어린 시절을 보내야 했지만, 불안한 감정에 자신을 맡기지 않았다. 상상 속에서 다른 나라로 여행을 떠나 그

곳에서 만난 사람과 친분을 나누는 능력도 불안한 감정을 이겨내려는 마음에서 키워졌다. 자유롭게 여행을 하며 그는 상상력을 발휘하는 방법을 익혔고, 그 재능을 발명에 응용한 것이다.

하루는 나이아가라 폭포에 대한 글을 읽고는 커다란 물레방아를 만들어 그 폭포의 힘을 붙잡아보겠다는 꿈을 꾸기도 했는데 나중에 그 순간을 이렇게 기억했다.

"내가 삼촌한테 미국에 가서 이 계획을 실천하겠다고 했는데, 30년 뒤 나이아가라에서 내 아이디어가 이루어지는 것을 보았다."

현실이 주는 무게를 이겨내고 내가 보고 싶은 그것에 집중하면 결국 그 상태에 이르게 된다.

3. 아이디어를 사회의 요구와 연결하려는 노력을 멈추지 않는다

아이디어를 실현하기 위한 그의 노력은 집요했다. 다른 모든 과학자와 마찬가지로 그도 자기의 아이디어를 현실에 적용하려 할 때마다 문제에 봉착했다. 그때마다 이런 방식으로 문제를 해결해나갔다.

· 생각 속에서 생각이 나오게 한다

아이디어가 떠올라 그것으로 무언가를 창조하려는 욕구를 느끼면 여러 달 또는 여러 해 동안 그 아이디어를 머릿속에 넣고 다녔다. 서둘지 않았지만 비생산적이지도 않았다. 머릿속에 넣어둔 아이디어가 하나둘이 아니었기 때문이다.

· 너무 가깝지도 멀지도 않게 적당한 거리를 유지한다

그는 언제나 적당한 거리를 유지했다. 답을 원할 때마다 상상력을 발휘했지만, 굳이 정신을 집중하려고 하지 않은 채 조금 떨어져 그 문제에 대해 생각했다.

- **다양한 답을 검토한다**

가까이 다가가 답을 찾기 위해 노력하는 단계다. 그는 생각하고 있는 문제를 풀 수많은 해결책을 세심하게 관찰하며 비효율적인 해결책을 하나하나 지워나갔다.

- **가장 멋진 답을 찾아낸다**

하나의 해결책을 선택한다. 중요한 것은 그 선택에 강한 믿음을 갖는 일이다. 그는 언제나 이 과정에서 '가장 멋진 해결책을 얻었다'는 생각을 했다. 그리고 그 순간을 이렇게 기억한다. "그런 느낌이 들면 내가 그 문제를 정말로 해결했다는 확신이 들고, 원하는 결과를 얻은 내 모습이 그려진다."

위에 제시한 방법이 아이디어를 현실에 구현하는 사람이 일하는 방식이다. 그들은 누구나 불가능하다고 말하는 것을 한 번에 성공시키는 것처럼 보이지만, 이미 상상 속에서 수많은 실패 끝에 성공을 끝낸 상태에서 현실에서 실험으로 보여주는 것이다.

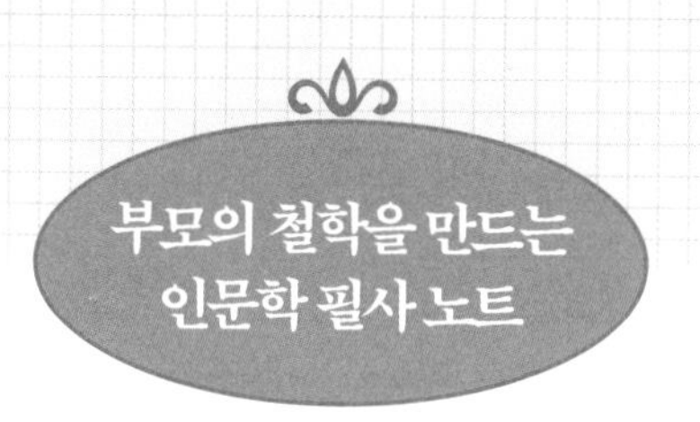

27. 부모의 깨달음, 보면 바로 알게 되는 일상의 가치

음악과 예술, 그리고 각종 콘텐츠
이 모든 것이 다 공유가 가능하지만,
오직 하나 내가 본 것만은 나만의 것이라
누구도 마음대로 공유할 수 없습니다.
나의 철학은 결국 내가 본 것의 합으로 결정됩니다.
내가 본 것을 더 깊이 생각하고 글로 쓰겠습니다.
그렇게 나의 철학은 더 깊어집니다.

부모 교육 포인트

무언가를 알기 위해서 인간은 두 가지 방법을 쓰죠. 하나는 '배우는 것'이고 다른 하나는 '보는 것'입니다. 하지만 배워서 아는 걸로는 차별화가 힘들어요. 그건 배우는 자 모두의 것이기 때문입니다. 그러나 봐서 스스로 아는 것은 차원이 다릅니다. 보는 자만 깨달을 수 있는 유일한 것이기 때문입니다.

시인의 관점을 심어주는 놀이법

우리 아이를 어떤 방법으로 교육해야 테슬라처럼 아이디어를 현실에 구현하는 사람으로 성장하게 할 수 있을까?

어릴 때, 테슬라는 우주인과의 교신을 상상했을 정도로 선을 뛰어넘는 상상력을 가졌다. 그리고 학창시절 유럽 고전 시 대부분을 외웠고, 영어와 프랑스어뿐 아니라 독일어, 이탈리어 등의 외국어를 자유자재로 구사할 정도로 뛰어난 지능을 가졌다.

이렇게 말하면 많은 부모가 '대다수 고전 시를 외우고 영어, 프랑스어, 독일어, 이탈리아어 등을 자유자재로 구사했다'라는 부분에 놀라고 부러워한다. 거기에 놀라면 결국 '우리 아이는 힘들겠지?'라는 부정적인 생각에 빠지게 된다. 다시 원점으로 돌아오는 것이다. 본질을 모르기 때문에 그렇다. 그가 그런 천재적인 능력을 발휘할 수 있었던 이유는 시를 사랑했기 때문이다. 앞에서도 언급했지만 수많은 대가는 연구하는 분야가 서로 달랐지만 시를 사랑했다. 시는 상상력을 자극하고, 보이지 않는 것을 발견하게 하고, 전혀 상관이 없어 보이는 것을 창조적으로 연결할 힘을 주기 때문에 어떤 일을 하든 가장 최적의 상태를 만들어준다.

일상에서 놀이를 통해서도 아이에게 충분히 시인의 관점을 기르게 해 줄 수 있다. 테슬라를 비롯한 수많은 인문학 대가가 이 놀이를 통해 시인의 관점을 길렀다.

바로 '만약에 놀이'다.

말을 하기 시작하고 호기심이 생기면 아이는 입버릇처럼 '만약에'를 연발하며 각종 가정을 한다.

"만약에 세계 전쟁이 일어나면 우리는 어떻게 될까?"

"만약에 지구가 지금보다 두 배 뜨거워지면 어떻게 될까?"

"만약에 내가 지금보다 키가 열 배 커지면 무슨 일이 일어날까?"

아이는 각종 가정을 하며 부모의 답을 기다린다. 이성적인 답일 필요는 없다. 하지만 많은 부모가 처음에는 몇 번 놀아주다가 이내 흥미를 잃고 "세상에 만약에는 없어!"라는 말로 놀이를 끝내고 돌아선다.

"세계 전쟁은 일어나지 않을 거야!"

"지구가 왜 갑자기 뜨거워지니!"

"걱정하지 마, 네 키가 열 배 커질 일은 없단다!"

어떤 비싼 장난감도 '만약에 놀이'보다 아이에게 창의력과 생각하는 힘을 길러주지 못한다. 최고의 놀이는 현실과 미래를 가정하고 조금씩 자기가 원하는 모습을 만들어나가게 돕는 것이다.

'가르칠 수 있는 순간을 포착하라.'

모든 일에는 때가 있다. 아이의 질문에 적당한 답을 해주거나, 방금 아이가 한 행동에서 무엇을 배울 수 있는지 알려주는 것도 때가 있다. 때에 맞춰 답해주고 생각할 무언가를 던져주는 게 중요한 이유는 아이의 호기심을 자극해 더욱 집중하게 만들 수 있기 때문이다. 무언가를 가르치기 가장 좋은 순간은 식사를 할 때다. 하루 세 번은 할 수 있고, 다양한 요리를 통해 수많은 아이디어를 제시할 수 있기 때문이다. 테슬라도 마찬가지였다. 그는 음식을 한입 먹을 때마다 부피를 머릿속으로 계산했다. 입에 들어오는 음식을 그냥 씹어 삼키는 건 동물도 할 수 있는 가장 기본적인 행위다. 테슬라처럼 부피를 계산하는 수준은 아니더라도 미세한 식감과 자극, 향기 정도는 느끼도록 집중해야 한다. 식사할 때 아이에게 하지 말아야 할 말 중 하나가 '대충 먹어'라는 표현이다. 조금 까다롭다는 생각이 들 정도로 식사에 집중하게 해야 한다. '음식을 즐기며 다양한 생각을 한다'라고 표현하면 맞을 것이다.

1. 요리를 분석하라

아이는 보통 새로운 음식에 대한 호기심은 있지만 먹으려고 하지 않는다. 그런 아이라면 일단 겉으로 보이는 음식의 모습을 관찰하게 하는 것도 좋은 방법이다. 아이와 함께 집이나 식당 테이블에 앉아서 앞에 있는 요리를 자세하게 관찰하고 다양한 질문을 던져라. "향신료는 뭐가 들어갔을까?", "식재료는 어떻게 손질했을까?" 이런 질문을 반복하면 아이가 '저걸 한번 먹어보고 싶다'라는 생각을 할 것이다. 그때를 놓치지 말고 맛을 즐기게 한다. 그리고 "어떠니? 조금 짜지 않아?" 등의 질문을 하면서 다양한 것을 느끼게 하라.

2. 아이가 스스로 자신에게 맞는 요리로 바꾸게 하라

요리에 대한 분석이 끝났다면 이제는 '어떻게 하면 아이에게 맞는 요리로 만들 수 있을까?'를 고민할 차례다. 식재료를 바꾸거나, 조리법을 조금 바꾸면 자기에게 맞는 요리로 만들 수 있을 거라는 강력한 믿음을 갖고 생각하게 하라. 테슬라가 모든 발명을 머릿속에서 한 것처럼 아이가 머릿속에서 재료를 섞어 가상으로 요리하고 맛을 보게 하라. 이때 '끝없는 질문이 더 좋은 답을 찾는다'는 사실을 아이가 마음으로 이해하게 해야 한다. 질문과 답을 반복하며 아이는 자신만의 공식을 만들어낸다. 세상이 만든 공식보다 아이가 직접 만든 공식이 더욱 위대하다.

3. 삶의 현장에서 응용하라

위의 1, 2단계를 통해 아이가 어떤 상황에서 무엇을 접해도 거기에 최대한 몰입할 힘을 길렀을 것이다. 중요한 건, 가상으로 만든 그 요리를 현실화하는 일이다. 집에서 직접 만들어보자. 작가라면 그 순간을 글로 적을 것이고, 영업자라면 이런 착상을 영업 현장에서 활용할 수 있을 것이다. 쓸모없는 생각은 없다. 순간순간이 주는 영감을 놓치지 않겠다는 강한 마음가짐이 필요하다.

식당에 들어가 메뉴판을 들여다보고 주문한 것을 그저 먹어치우는 것은 누구나 할 수 있는 원초적인 행동이다. 메뉴판을 볼 때도 '손님을 조금 더 배려하는 메뉴판이 되려면 어떻게 해야 할까?', '점심에는 어떤 세트 메뉴를 개발해야 직장인들 사이에서 입소문이 날까?'와 같은 문제를 아이와 함께 끊임없이 생각해야 한다.

시인은 모든 감각을 총동원해서 세상을 관찰하는 사람이다. 아이가 삶의 다양한 부분에서 예리한 관찰자가 되게 하라. 나를 둘러싼 세계가 어떻게 작동하는지 알아내도록 해야 한다. 아이 스스로 자기 방에 있는 가구의 위치를 바꾸고, 집 안에 있는 꽃을 가꾸게 하라. 간혹 실수도 할 것이다. 하지만 아이는 실수를 통해 진짜 감정을 느끼는 법을 배운다. 진짜 보는 법, 진짜 듣는 법, 진짜 느끼는 법을 스스로 깨우쳐야 한다. 이를 통해 아이는 자기 앞에 놓인 문제를 스쳐 보내지 않고 자기 힘으로 해결하려고 노력하는 사람으로 성장한다. 관찰자의 눈을 가지지 못한 사람은 누구나 보는 것만 볼 수밖에 없고, 자연스럽게 부정적인 마인드를 가진 사람으로 성장한다. 그의 눈에는 문제를 해결할 별다른 해결책이 보이지 않기 때문이다. 부정적인 성향을 가진 사람이 되는 데 가장 큰 영향을 주는 건 어릴 때 관찰자의 시선을 갖는 교육을 받았느냐 받지 못했냐에 달려 있다. 보이지 않으니 없다고 생각하고 단념하는 걸 반복하다 보면 아예 눈을 감고 부정하게 된다. 단순한 아이디어를 현실에 구현하는 힘은 아이에게 있지만 그 힘의 근간이 되는 시인의 관점을 갖게 하는 것은 부모의 노력에 달렸다. 아이가 길에서 낯선 곤충을 봤다면 부모는 어떻게든 그 곤충의 이름을 알려줘야 한다. 스마트폰으로 검색할 수도 있고, 그도 아니면 주변에 지나가는 사람에게 물어서라도 알려준다. 일상이 바로 변할 수 있는 최고의 기회라는 사실을 잊지 말자. "아, 몰라! 너는 왜 늘 이상한 것만 묻는 거니?"라며 아이의 질문을 넘기지 말고 진지하게 답해줘야 한다. 사소하게 생각할 수도 있지만 아이에게는 전혀 사소하지 않다. 그 사소한 것이 쌓여 아이의 삶을 결정하기 때문이다.

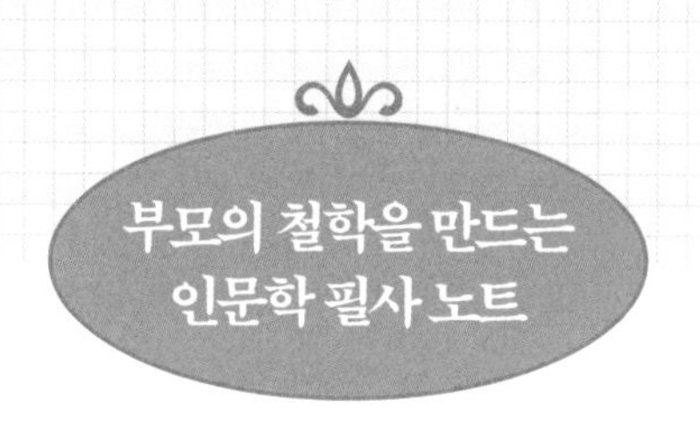

28. 부모의 최선, 아이의 일상을 움직이는 최선의 가치

한 사람의 인생을 결정하는 최선의 기준은
이 질문으로 결정이 됩니다.
"결과에 상관없이 자신을 격려할 수 있는가?"
자기만의 길을 선택한 사람은
결과에 큰 신경을 쓰지 않습니다.
남이 볼 때는 아무리 큰 실패를 했어도
그들은 자신에게 박수를 치며 격려할 수 있습니다.
어제보다 조금 더 나은 모습이 눈에 보이니까요.

부모 교육 포인트

아이 셋이 모두 물에 빠졌는데, 한 아이를 구했다고 해서 최선을 다했다고 생각하는 부모는 없습니다. 책을 읽는 마음도 그렇죠. 건성건성 읽고서 "이 책 다 읽었어."라는 말은, 물에 빠진 아이 셋 중에 한 아이만 꺼내고는 '이 정도면 충분하지.'라고 생각하는 것과 같아요. 아이는 부모에게 최고를 원하는 것이 아닙니다. 부모 자신이 할 수 있는 최선을 다할 때, 아이는 무엇이든 글쓰기든 어제보다 더 잘하려는 의지를 갖게 됩니다.

• • •

가장 도덕적인 아이가 가장 위대한 아이다

인간과 가장 유사한 유전자 정보를 가진 동물은 침팬지다. 유전자가 98.4퍼센트 동일하지만 1.6퍼센트의 차이 때문에 침팬지는 인간과 다른 삶을 살게 되었다. 혹시 이런 생각을 해본 적이 있는가?

'어떤 요인이 인간과 침팬지를 구분하는 1.6퍼센트의 차이를 만들었을까?'

침팬지가 단지 동물이라서? 답은 의외로 간단하다.

침팬지에게는 인간이 누리는 모든 것을 누릴 능력이 있다. 다양한 표정을 분명하게 짓고 포크와 나이프로 음식을 잘라 집어 먹을 수도 있다. 하지만 결정적인 차이는 '인간이 추구해야 할 최소한의 가치'를 수행할 도덕적 능력이 없는 것이다. 100퍼센트의 인간이 되기 위해서는 98.4퍼센트의 권리를 완성할 1.6퍼센트의 '인간이 추구해야 할 최소한의 가치'를 수행해야 한다. 그 안에는 책임, 배려, 희생, 봉사 등 온갖 도덕적인 덕목이 들어가 있다. 반대로 이 모든 것을 삶에서 실천하지 않는다면 인간의 모습을 한 침팬지와 다를 게 없다고 봐도 무방할 것이다.

가족 네 명의 외식 자리. 그런데 화가 난 남성이 갑자기 일어나 차를 타고 가버리더니, 이어서 엄마도 아이들만 남겨둔 채 식당을 떠났다. 대체 이게 무슨 상황일까? 설마 영화를 찍고 있는 걸까? 하지만 놀랍게도 이 모든 건 실제 상황이었다. 두 살, 다섯 살 남매는 영문도 모른 채 식당에 남고, 1시간이 지나도 부모는 돌아오지 않았다.

식당 관계자는 부모가 금방 다시 올 줄 알고 기다리다가 시간이 너무 많이 흐르자 경찰에 신고를 했다. 출동한 경찰은 CCTV에 찍힌 차량번호를 조회해 부모에게 연락했지만 아빠와 엄마는 서로 책임을 떠넘기며 전화를 끊었다. 부부가 화를 내며 싸우다가 분노를 참지 못하고 아이들을 식당에 버린 채 각자 마음 내키는 곳으로 떠난 것이다. 말도 제대로 할 줄 모르는 아이에게, 걸어서 집을 제대로 찾아올 수도 없을 정도로 어린 아이에게 이런 행동을 하는 이유는 뭘까? 아이를 인격체를 가진 동등한 인간으로 바라보지 않고, 최소한의 도덕적 가치도 수행하지 않기 때문이다. 그들은 인간의 탈을 쓴 침팬지다.

최근 일부 식당가에서 유아나 아동을 동반한 손님을 거부하는 노 키즈 존No Kids Zone을 확대 실시해 논란이 되고 있다. '아직 어리니까 괜찮아!', '애들인데 뛰어다니는 게 당연하지!'라는 생각으로 아이들을 내버려두는 것은 프랑스에서는 굉장히 몰상식한 태도다. 한마디로 침팬지와 같은 행동이다. 행동은 시간과 장소에 따라 달라져야 한다. 아이라서 무조건 눈감고 넘어갈 수 있다고 생각하면 그 아이는 평생 그렇게 살 것이며, 아이지만 지킬 것은 지켜야 한다고 생각하면 그 아이의 삶은 그날부터 아름답게 변할 것이다. 물론 쉬운 일은 아니다.

'다른 아이도 뛰어다니는데 왜 나만 뛰지 못하게 하느냐?'라는 저항과 마주할 수 있다. 하지만 부모는 이를 이겨내야 한다. 아이를 제대로 가르치지 못한 대가는 생각보다 참혹하기 때문이다. 시간이 흐르면 제대로 배우지 못한 아이도 가정을 꾸리고 자기 아이를 낳아 기르는 날이 온다. 결국, 제대로 가르치지 못하는 삶이 대대로 반복된다.

'축축한 기저귀를 음식 먹은 자리에 두고 가는 부모'

'가방에 있는 쓰레기를 모두 꺼내 테이블에 두고 가는 부모'

'식당 놀이방에서 다친 아이를 안고 소리를 지르며 싸우는 부모'

간혹 이런 모습을 본다. 남의 배려를 구하기 전에 타인을 먼저 배려하는 마음을 가져야 한다. 아이와 부모는 결코 약자가 아니다. 그들은 서로를 변하게 할 수 있는 위대한 사람이기 때문이다.

물론 아이에게도 잘못은 존재한다. 소크라테스도 이에 동의하며 한 말이 있다.

"요즘 아이는 폭군과도 같다. 부모에게 대들고, 게걸스럽게 먹으며, 스승을 괴롭힌다."

어느 시대나 마찬가지였다. 자녀교육은 어렵다. 하지만 '모든 시작은 부모'에게 있다는 사실을 기억해야 한다. 아이가 평소 하는 모습을 보면 부모의 모든 것을 알 수 있다. 온 식당을 육상 트랙을 달리는 것처럼 뛰고 건방지며 무례하게 구는 아이를 보고 '우리 아이는 참 사교성이 좋아'라며 웃어넘기는 부모가 있다. 그들에게는 "아이들을 좀 조용히 시켜달라"고 부탁해도 "시끄러운 게 싫으면 다른 데로 가시라"는 대답만 듣게 될 뿐이다.

아이를 밖에 데리고 나가지 않을 수는 없다. 아이를 사랑하는 부모라면 공공장소에서 소리 지르지 않고, 주변 사람에게 피해를 주지 않는 사람으로 키울 방법을 생각해봐야 한다. 그리고 될 때까지 시도해야 한다.

일단 아이의 집중력은 굉장히 제한적이다. 금방 풀리는 마취와도 같다. 그림을 그릴 수 있게 색연필과 종이를 줘도 곧 질릴 수 있으니 제2, 3의 대안까지 생각해놓아야 한다. 식당에 가서 주문을 하고 음식이 나올 때까지 아이와 함께 밖에 나가 있는 것도 좋은 방법이다. 아이가 무언가에 집중할 수 있는 시간이 10분이라면 10분 안에 식사를 해결할 방법을 찾는다. 물론 한시도 가만있지 않는 아이도 있다. 그런 아이는 부모가 조금 더 교육을 시켜 일정 시간 차분함을 유지할 수 있을 때까지 외식을 자제하는 것도 방법이다.

프랑스의 식당은 아이가 공공장소에서 정숙하고 침착하기 때문에 웰컴 키즈 존Welcome Kids Zone 문화가 형성될 수 있었고, 한국에서는 아이가 부모의 통제를 따르지 않고 자기 마음대로 뛰고 이것저것 만지고 다니기 때문에 노 키즈 존 문화가 형성된 것이다. 한순간에 이뤄지는 것은 없다. 모든 현실은 켜켜이 쌓아온 과거가 모여 이뤄진다.

물론 이렇게 프랑스의 예를 들면 조목조목 다른 이유를 들어 반박하는 사람도 있다.

"프랑스 부모는 길에서 유모차를 끌면서 담배까지 피우는 거 아세요?"

"어이가 없네, 아이한테 손찌검을 서슴없이 하는 나라가 프랑스인데."

"한국 식당이 프랑스처럼 코스로 몇 시간씩 나오나요? 조용한 클래식 음악이 나오는 것도 아니고, 먹는 음식 자체가 다른데 어떻게 조용히 먹나요?"

어떤 말을 해도 꼬투리를 잡고 늘어지는 사람이 있다. 그들과 말을 섞다 보면 힘이 빠지고 괜히 '내 의견이 틀린 걸까?'라는 생각이 들어 아이를 향한 교육 열정이 사라지기도 한다. 그래서 더욱 교육이 필요하다. 교육의 최고 목표는 '스스로 자신을 제어하고 통제할 힘을 길러 주는 것'이다. 무엇이든 부정적인 것은 유혹적이고 자극적이다. 빠져들기 쉽다. 거기에서 빠져나와 자기 욕망을 통제한 자만이 무언가를 선택할 권리를 누릴 수 있다.

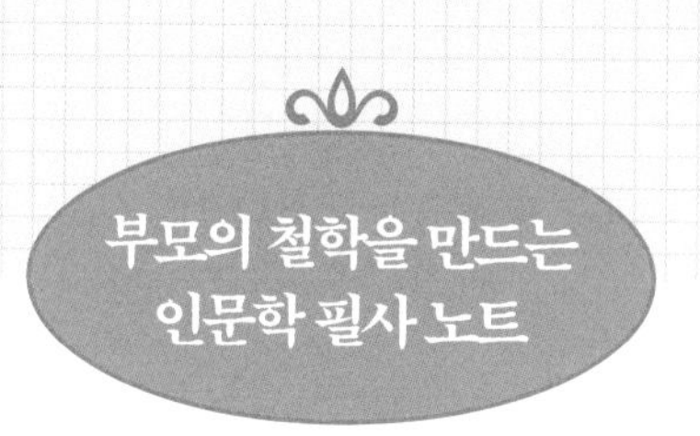

29. 부모의 무의식, 근사한 경험으로 채우는 24시간

1. 내게는 내가 원하는 것을 가질 힘이 있다.
2. 내가 가진 재능은 매우 가치 있는 것들이다.
3. 나는 나의 운명에 대한 책임을 지고 있다.
4. 나는 외부 요인이 아닌 스스로의 힘으로 승부한다.
5. 나는 나를 구성하는 것을 적절히 통제할 수 있다.
6. 내게는 이 모든 자신감을 가질 자격이 있다.

부모 교육 포인트

무언가를 성취하려면 무의식의 힘을 빌리는 게 좋습니다. 만약 일상에서 무의식을 움직일 수 있는 힘을 갖고 싶다면, 위의 여섯 가지 신념이 도움을 줄 수 있습니다. 눈물에 젖은 빵을 먹어 봐야 비로소 인생을 알 수 있는 이유는 단순히 가난과 아픔을 경험했기 때문이 아니라, 그것마저 웃으며 견딜 만한 삶의 가치를 발견했기 때문입니다.그런 부모와 함께 지내는 아이라면, 부모의 일상을 보는 것만으로 근사한 경험의 순간이 될 겁니다.

• • •

실천하는 도덕가로 키우는 톨스토이의 네 가지 가르침

잠깐 10대 초반으로 돌아가보자. 당신은 중학생이고 방금 자율학습이 끝났다. 어떤 마음이 들 것 같은가?

서둘러 학교를 벗어나고 싶을 것이다. 친구들 400명 역시 조금이라도 빨리 학교를 벗어나기 위해 좁은 계단을 뛰다시피 질주하며 한꺼번에 몰려나온다. 누군가 한 명이 쓰러지면 큰 사고가 날 수도 있는 상황에서 한 아이가 중심을 잃고 쓰러졌다. 하지만 아이들은 아랑곳 하지 않고 제 갈 길을 간다.

이 상황에서 당신이라면 어떻게 하겠는가?

이 이야기는 놀랍게도 실제로 일어난 일이다.

2014년, 중국 후난 성의 한 사립학교 복도에 핏자국이 가득했다. 야간 자율학습을 마친 중학생이 한꺼번에 폭 1미터 남짓 되는 좁은 계단에 몰리면서 압사 사고가 난 것이다. 한 명이 넘어지자 뒤따라오던 학생들이

잇따라 깔리면서 여덟 명이 숨지고 스무 명 이상이 다치는 대형참사가 발생했다. 서로 빨리 학교를 벗어나겠다고 서두르다가 생긴 어처구니없는 사고다.

한국이라고 이런 일이 생기지 않을 것 같은가? 지금 우리나라에는 오직 나를 위해 사는, 내 목표를 위해서라면 상대가 받을 고통 따위는 안중에 없는 듯 행동하는 수많은 사람이 있다. 우리가 이렇게 각박해진 결정적인 이유는 '도덕'이라는 단어를 잃어버린 삶을 살고 있기 때문이다.

이번에는 식당으로 가보자.

장사가 잘되는 식당에 가면 일일이 컵을 제공하기 힘드니 테이블 위에 겹겹이 컵을 올려둔다. 그 컵을 보며 어떤 생각을 하는가? 아니, 단 한 번이라도 컵을 보며 생각해본 적이 있는가? 가장 밑에 깔린 컵을 보며 '저 컵은 참 힘들겠다'라는 생각을 할 수 있는 사람은 타인의 고통을 더 많이 이해하고 공감할 수 있다. 도덕적인 삶을 산다는 것은 누군가의 고통을 느끼며 생각하고 행동한다는 것을 의미한다. 생명이 있는 물체든 아니든 상관없다. 도덕은 어디에든 적용되기 때문이다.

도덕적인 삶을 사는 것이 어려운 이유는 무엇 때문일까?

교육의 대가 톨스토이는 이렇게 답한다.

"도덕을 실천하기 위해서는 노력이 필요하다. 하지만 비도덕적인 일을 하지 않기 위해서는 그 이상의 노력이 필요하다."

남에게 정의를 외치는 것은 비도덕적인 일을 하지 말라고 강요하는 것이다. 물론 상대도 당신에게 "정의는 죽었다, 정의가 살아야 한다"라고 외칠 것이다. 서로에게 정의를 강요한다. 이유는 간단하다, 도덕의 잣대는 나 자신이고 정의는 상대이기 때문이다. 도덕은 나 자신의 노력이 필요하고, 정의는 상대의 노력이 필요하다. 정의는 그저 정의를 외치는 걸로 충분하다. 그걸로 자신이 도덕적인 사람이 된 것 같다는 기분 좋은 착각도 든다.

정의와 도덕에 대해 확실하게 교육해야 한다. 나를 사랑하는 마음은 도덕에서 나오기 때문이다. 우리가 사랑을 강조하지만 평생 사랑의 실체를 발견하지 못하고 허무하게 삶을 마감하는 이유는 도덕보다는 정의를 추구하기 때문이다. 사랑은 어렵다. 정의보다 도덕을 추구하는 삶이 힘든 것처럼 사랑도 그렇다.

도덕적인 사람은 자기에게 집중한다. 하지만 정의만 추구하는 사람은 나보다는 타인의 잘못에 관심이 많다. 나를 돌아보기보다는 타인의 약점을 들추며 상처를 양쪽으로 더 크게 벌린다.

자기의 삶을 살고 싶은 사람은 세상이 선으로 정한 것을 그대로 받아들이지 말고 '진정한 선이란 무엇인가?'라는 질문에 대해 치열하게 사색해야 한다. 인생에 직면하는 모든 문제에 그런 태도를 갖고 스스로 정의하고 해결해나가야 한다. 세상이 정한 정의를 그대로 받아들이는 건 자기 삶을 사는 사람의 태도가 아니다.

톨스토이는 물질적인 풍요만 강조하고 진정한 교육, 계몽은 완전히 뒷전이 된 현대 사회를 비판했다. 아이들에게 무의식적으로 일어나는 도덕적 영향이 개인과 사회에 있어서 가장 중요하다고 생각한 톨스토이는 실천하는 도덕가로 살기 위한 네 가지 지침을 삶으로 보여주었다.

1. 누구도 얕보지 마라

도덕적인 삶을 산다는 것은 모든 사람을 공평하게 대한다는 뜻이다.

요즘은 많은 아이가 부와 물질에 민감하다. 그것들로 친구의 수준을 나누기도 한다. 작은 집에 사는 친구와 저가의 옷을 입고 다니는 친구를 자기도 모르게 얕본다. 자본주의 시대를 살고 있기 때문에 물질의 유혹에서 완전히 자유를 얻는 것은 쉽지 않지만 아이가 다음 세 가지 마음 자세를 갖게 하라. 최소한의 방어 장치가 될 것이다.

- 사람에 대한 시기심을 버려라.
- 사람의 행동과 말은 언제나 선의로 해석하라.
- 사람을 믿는 마음을 잃지 마라.

이 세 가지 마음 자세가 어릴 때부터 몸에 배어 있다면 어떤 물질의 유혹에도 자신을 굳건히 지킬 수 있다.

2. 자기에게 엄격하라

도덕적인 사람들에게는 하나의 공통점이 있다.

'가난하거나 악의 유혹에 빠진 사람들에게 함부로 대하지 않는다.'

그들은 자기도 한때는 누군가의 위로를 기다리던 작고 초라한 존재였다는 사실을 안다. 답은 엄격함이다. 많은 사람이 타인에게 엄격하지만 그들은 자기에게 엄격하다.

공자는 이렇게 말했다.

"현자는 자기 자신에 대해서는 엄격하지만 남들한테는 아무것도 요구하지 않는다. 언제나 자기 처지에 만족하며, 운명에 대해 하늘을 원망하거나 남들을 비난하지 않는다. 그러므로 그는 낮은 자리에 있으면서 운명에 순종한다. 이에 반하여 어리석은 자는 지상의 행복을 찾으려다 종종 위험에 빠진다. 활이 과녁을 맞히지 못하면 궁수는 자신을 탓하지 남을 탓하지 않는다. 현자도 그처럼 처신한다."

타인에게 엄격한 사람은 결국 타인의 성공을 의심하고, 어떻게든 그 사람과 같은 수준에 도달하려 한다. 하지만 안타까운 사실은 그로 인해 자신의 도덕성이 크게 훼손될 수밖에 없다는 것이다. 아이가 핑계를 대지 않게 하라. 친구의 성공을 비난하지 않게 하라. 모든 성취가 운이 아니고 실력이었음을 알게 하라. 바로 그것이 자기에게 엄격한 사람으로 키우는 최선의 방법이다.

3. 자신이 저지른 나쁜 짓을 모두 떠올리게 하라

톨스토이는《사람은 무엇으로 사는가》에서 이렇게 말했다.

"사람은 자기의 도덕적 자주성을 포기한 순간부터, 자기의 의무를 내면의 목소리가 아니라 당파의 견해를 좇아 결정하면서, 자신이 몇 천만 명 가운데 단 한 사람에 지나지 않는다고 생각하면서, 도덕성을 잃고 어리석은 바보처럼 살게 된다."

도덕성의 포기는 나로 사는 것을 포기한다는 것과 마찬가지다. 도덕성을 잃는 순간 우리는 타인의 삶을 살게 된다.

실수는 누구나 한다. 중요한 것은 실수가 실패로 이어지지 않게 하는 일이다. 아이가 저지른 실수를 스스로 고백하게 하라. 어떤 꾸지람도 하지 마라. 그러면 다음에는 나쁜 짓을 하지 않게 될 것이다.

하지만 나쁜 일을 기억하게 해야 한다. 그래야 아이가 도덕의 중요성과 그것을 실천하며 산다는 것의 위대함을 알 것이다.

4. 매일 노력하라

실천하지 않으면 도덕은 완성될 수 없다. 일상을 도덕으로 가득 채워야 한다. 조금이라도 매일 선한 사람이 되려고 하고 도덕성을 갖추려고 노력하라. 그게 쌓여 우리에게 보이지 않는 것을 발견할 영혼의 눈이 주어진다는 사실을 잊지 말아야 한다.

아이가 그런 삶을 살게 하는 가장 강력한 기반은 그런 삶을 사는 부모의 일상을 그대로 보여주는 것에서 생긴다. 톨스토이는 이렇게 말했다.

"아이는 어른들에게 도덕의 규칙과 인간 존중에 대한 이야기를 자주 듣습니다. 문제는 무의식적으로 어른의 세계를 모방한다는 데 있습니다. 남으로부터 착취한 돈으로 살고, 그 돈의 위력으로 남을 부리는 사람들의 생활이 부도덕하다는 것은 명백하며, 입으로는 아무리 도덕을 외쳐대도 아이는 무의식적으로 그 부도덕한 영향을 피할 수 없으니 결국 평생 왜곡된 인생관으로 살거나 뼈아픈 시행착오를 수없이 되풀이한 끝에 간신히 거기서 빠져나가는 게 고작입니다."

도덕을 말하고 싶으면, 일단 도덕적인 삶을 사는 모습을 보여줘야 한다. 물론 힘들고 어렵다. 하지만 그럼에도 우리가 도덕적인 삶을 선택해야 하는 이유는 분명하다.

'인간이 가진 모든 능력은 도덕에서 시작하고, 도덕으로 완성된다.'

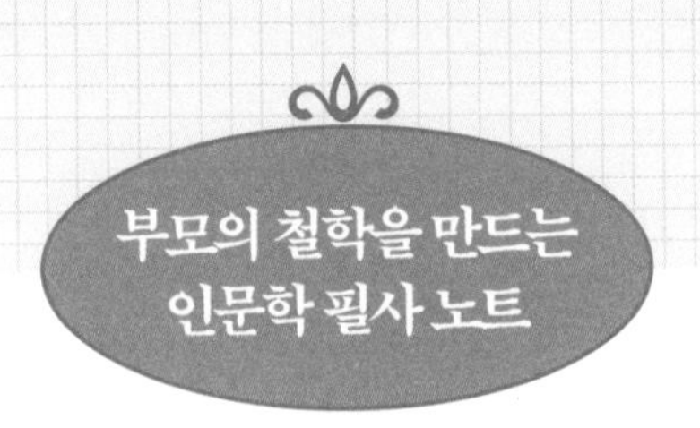

30. 부모의 감각, 부모의 언어는 아이의 철학이 됩니다

모든 부모는 이미 지혜롭습니다.
중요한 것은 분노의 먹이가 되지 않는 것이죠.
분노는 당신을 막다른 길로 안내하는
세상에서 가장 못된 조언자입니다.
아무리 당장 말하고 싶더라도,
그것이 당신을 완전히 떠난 후에
차분한 상태에서 입을 여는 게 좋아요.

부모 교육 포인트

"다 너 생각해서 하는 말이야.", "나 아니면 누가 이런 이야기 해주냐.", "내가 말하지 않으려고 했는데."
말이 지나치게 많거나 쉽게 분노하고 이런 말을 자주 내뱉는 사람은 내면이 약할 가능성이 높아요. 가장 나쁜 언어는 절반은 진실이고 나머지 절반은 가짜일 때입니다. 절반의 진실을 욕망을 이루는데 이용했기 때문입니다. 부모는 늘 언어를 연구하고 섬세하게 관찰해야 합니다. 일상에서 부모가 구사하는 언어는 곧 아이의 살아갈 철학이 되기 때문입니다.

생각과 배움의 과정을 사랑하라

모든 교육의 시작은 사랑이다

퇴계 이황이나 세종대왕, 서애 류성룡, 고산 윤선도, 다산 정약용 등 한국의 대표적인 위대한 인물을 비롯해 괴테, 루소, 벤저민 프랭클린Benjamin Franklin, 톨스토이, 제임스 밀 등 서양의 위대한 인물의 공통점은 자녀교육에 누구보다 열성적이었다는 것이다. 하지만 그들 모두 자녀교육을 성공적으로 마무리하지는 못했다. 사회적으로는 성공했으나 관계에서는 실패한 사람도 있었고, 둘 다 성공했지만 도덕적으로 실패한 사람도 있었다. 물론 세 부분에서 모두 성공한 사람도 모두 실패한 사람도 존재한다.

그들의 모든 것을 우리가 배울 필요는 없다. 상황도 다르고 실패한 이들도 많기 때문이다. 하지만 단 하나 자녀를 향한 뜨거운 사랑은 반드시 배워야 한다. 언제나 시작은 사랑이다. 그들은 모두 자신이 사는 나라에서 결정적인 역할을 하는 중요한 자리에 있었다. 명성도 높았으며, 그만큼 해야 할 일도 많았다. 하지만 시간을 아껴 조금이라도 더 자녀에게 투자하려고 노력했다. 아니, 그건 분투에 가까웠고 투자가 아니라 사랑이었다.

세상에서 가장 무서운 말은 뭘까?

나는 아직 충분히 확인하지 않은 채 그저 상대를 비난하기 위해 자주 사용하는 표현을 하나 알고 있다.

'만약 이게 사실이라면.'

'만약'이라는 말에는 두 가지 마음이 담겨 있다. 하나는 '누군가를 험담하는 사람으로 비치면 안 된다'라는 자신을 보호하려는 마음이고, 나머지 하나는 '평소에 너를 안 좋게 보고 있었는데 마침 잘됐다'라는 혐오의 마음이다.

험담은 할 필요도 없고 해서도 안 된다. 하지만 그래도 정말 하고 싶다면 '만약'이라는 단어가 지워질 수 있도록 치열하게 확인해야 한다. 정말 100퍼센트 자기 말에 책임질 수 있을 때, 상대에 대해 말해야 한다.

비트겐슈타인 역시 자신이 모르는 말은 하지 말라고 강조했다. 소크라테스도 마찬가지다. 많은 인문학의 대가가 그것을 강조한 이유가 무엇인지 아는가?

세상에 존재하는 수많은 사람이 배움 그 자체를 사랑하는 삶을 살기를 바랐기 때문이다. 진정한 배움은 사랑 안에 존재한다. '험담'이라는 단어를 수많은 노력과 시간으로 희석하면 '조언'이 남는다.

그렇게 세상에서 가장 무서운 말이 가장 따뜻한 말이 된다. 따뜻해지기 위해서는 멈추지 않는 사랑이 필요하다. 그게 바로 그들이 사랑을 강조한 이유다. 이 책에 나온 수많은 인문학 대가는 자기의 삶을 통해 우리에게 이렇게 조언한다.

"자녀교육의 방향을 고민하고 있는가? 아이를 사랑하는가? 뜨겁게 사랑한다면 방향은 걱정하지 마라. 뜨거운 사랑은 저절로 길을 찾아가기에 길을 잃을 염려도 없으니까."

#1.

열두 살 때부터 영화감독이 되기로 결심한 스필버그Steven Spielberg는 무엇이든 보기만 하면 카메라로 찍는 시늉을 했다. 그의 어머니는 선물로 카메라를 사주며 이렇게 말했다.

"너는 참 특별한 아이란다. 이 카메라로 네가 찍고 싶은 걸 모두 찍어보렴."

어머니의 사랑은 카메라를 사주는 것에서 멈추지 않았다. 그가 찍은 엉터리 영화에 언제나 단골 배우로 출연했다. 하루는 급하게 집으로 뛰어 들어온 스필버그가 어머니에게 이렇게 외쳤다.

"정말 무서운 공포 영화를 찍으려고 해요. 그런데 문제가 있어요. 부엌 벽에서 끈적끈적하고 붉은 액체가 흘러나오는 장면을 찍고 싶은 데 방법이 없을까요?"

보통 엄마라면 '쓸데없는 짓 그만하고 공부나 좀 해!'라고 응수했을 것이다. 하지만 그녀는 하루 종일 생각에 빠졌다.

'어떻게 하면 아들이 구상한 장면을 만들어줄 수 있을까?'

마침내 답을 찾은 그녀는 다음날 버찌 서른 통을 사 와 큰 냄비에 넣고 푹 삶았다. 버찌는 몇 시간이 지난 후 끈적끈적하고 붉은 액체가 되었고, 스필버그는 그 액체를 벽에 발라 원하는 장면을 찍을 수 있었다. 물론 부엌은 엉망이 되었다. 하지만 그녀는 그저 웃었다. 부엌의 버찌 얼룩을 지우는 데 무려 1년이 걸렸지만 그녀는 한 번도 자신의 행동을 후회하지 않았다. 어머니는 아들이 좋아하는 물건을 사주는 데서 멈추지 않고, 아들이 원하는 것을 하나하나 성취하도록 모든 것을 바쳐 도왔다.

#2.

아버지에게 천재교육을 받고 자란 존 스튜어트 밀은 굉장히 조숙했다. 어린 시절에 언어, 역사, 과학 분야에서 최고 수준의 교육을 받았지만 불행하게도 이 교육이 그의 감정적인 소질을 발전시켜주지는 못했다. 배움은 이성과 감성이 적절하게 조화를 이뤄야 한다. 그것에 실패한 그는 청소년기에 심한 우울증을 경험해야 했다. 정신병에 걸릴 정도로 악화된 그의 삶을 구한 건 시였다. 그는 훗날 "내가 심각한 우울증으로부터 회복될 수 있었던 이유는 워즈워스 시의 힘에 있었다"라고 말했다. 워즈워스William Wordsworth의 시는 그의 감정을 사랑으로 충만하게 만들어주었다.

시인은 세상을 사랑하는 사람이다. 우리는 그들이 쓴 시를 읽으며 그 안에 숨은 깊은 의미도 느낄 수 있지만, 가장 중요한 건 그들이 세상을 바라보는 사랑을 느끼고 받아들이는 일이다. 존 스튜어트 밀은 다행히 시로 사랑을 배웠고, 진정한 지성인으로 거듭날 수 있었다. 인간의 사랑을 탐구하는 데 평생을 투자한 빅터 프랭클Viktor Frankl은 죽음의 수용소를 경험한 후 이런 글을 남겼다.

"사랑은 다른 사람의 인간성 가장 깊은 곳까지 파악할 수 있는 유일한 방법이다. 사랑하지 않고서는 어느 누구도 그 사람의 본질을 완전히 파악할 수 없다."

지성인은 사람을 사랑하고 그 사랑을 실천하는 사람이다. 사랑은 지성인의 삶으로 갈 수 있는 유일한 길이다.

배움을 사랑하는 사람은 알고 싶어서 배운다고 하지만 배움을 사랑하지 않는 사람은 필요해서 배운다고 말한다. '알고 싶다'와 '필요해서'라는 말은 느낌 자체가 다르다. 전자에서는 절실함과 존경이 후자에서는 계산적인 마음이 느껴진다.

사람도 마찬가지다. '당신을 알고 싶어요'와 '당신이 필요해요'라는 말에 따라 대하는 자세가 달라진다. 알고 싶다는 사람에게는 마음을 주고 싶지만, 필요하다는 사람에게는 마음이 가지 않는다. 배움도 그렇다. 그게 바로 내가 배움을 사랑해야 한다고 말하는 이유다.

괴테는 이렇게 말했다.

"앎에 대한 사랑이 없으면 지식을 얻을 수 없다. 그 사랑과 열정이 강하고 생생할수록 지식은 깊고 완벽하다."

비록 지금 아무것도 모르는 사람일지라도, 무언가를 사랑하고 있다면 그는 존재한다. 반대로 수많은 지식을 갖춘 사람이라도 지금 이 순간 사랑하고 있지 않다면 그는 존재하지 않는다.

내가 이번 책에 쏟아부은 노력에 적정선을 정하지 않은 이유도 바로 거기에 있다. 최고의 노력을 아낌없이 사용하는 것이 자녀를 사랑하며 성장을 돕고자 하는 이 세상 모든 부모를 위한 최소한의 예의라고 생각했기 때문이다.

아이를 사랑 안에서 자유롭게 풀어주어라

아홉 자녀를 둔 톨스토이 부부는 매일 저녁 아이들과 함께 식사하고, 엄마 아빠가 가정교사가 되어 공부를 가르쳤다. 자유로운 교육을 통해 진짜 배움을 얻을 수 있다고 믿었기에 유모를 따로 두지 않고 아이들과의 모든 삶을 부부가 함께 만들어나갔다. 톨스토이에게 교육은 무엇보다 소중하고 창조적인 일이었다.

그것을 증명하는 사례가 하나 있다.

그의 저택 큰 마당 한쪽에는 아주 특별한 놀이 장소가 있었다. 그는 자유로운 교육을 위해 아이들이 눈썰매를 탈 공간을 직접 만들어 주었다. 러시아는 기후 특성상 긴 겨울을 보내야 하는데, 아이들이 지루하지 않게 보내면서 운동도 할 수 있게 배려한 것이다. 이처럼 톨스토이는 자녀에게 매우 자상한 아버지였다. 집필에 몰입할 때는 아이들이 작업실 근처에 얼씬도 못하게 했지만, 집필을 하지 않을 때는 최대한 함께 시간을 보내려 노력했고, 특별한 기준으로 선택한 다양한 책을 직접 읽어주기도 했다. 매일 아침, 소설을 쓰기 전에 아이들과 함께 체조를 하며 건강한 정신을 가질 수 있도록 노력했는데, 아홉 명의 자녀는 모두 아버지와의 시간을 소중히 여겼고, 아버지가 세상에서 제일 위대한 사람이라고 생각했다.

'아, 얼마나 멋진 일인가!'

"부모님은 정말 위대한 분들입니다. 존경합니다"라는 말은 자녀가 부모에게 할 수 있는 최고의 찬사가 아닐까?

부모가 가장 두려운 순간은 언제일까? 어렵게 키운 아이가 커서 명예와 부를 쌓았지만, 자신이 성장하기까지 부모의 사랑이 있었음을 몰랐을 때가 아닐까?

부모를 바라볼 때마다 아이 마음에 저절로 이런 생각이 들어야 한다.

'부모님은 내가 많은 돈을 벌기 전부터, 높은 자리에 앉기 전부터, 어떤 이유도 없이 나를 사랑한 유일한 사람이다.'

자식의 존경을 받았던 톨스토이는 그 비결을 이렇게 말했다.

"만약 어떤 사람이 미래에 더 특별한, 더 큰 사랑을 베풀기 위해서라는 명분으로 현재의 극히 작은 사랑의 요구에는 응하지 않아도 된다고 생각한다면, 그 사람은 자기는 물론이고 다른 사람까지 속이는 것이며, 결국 자신 외에는 아무도 사랑하지 않는 것이다."

'사랑'이라는 단어는 '나중에'라는 의미를 담고 있지 않다. 오직 현재, 바로 이 순간이 사랑을 실천하기 가장 좋은 때다.

어떤 이는 '사랑은 고통'이라고 말한다.

하지만 고통은 어디에서 오는가? 사랑하는 그것을 가지려는 욕심에서 온다. 사랑 그 자체는 순결하고 아름답다. 사랑은 소유를 허락하는 것은 아니다.

아이를 기르는 부모의 마음이 아픈 이유는 무엇인가?

아이의 삶을 소유하려 하기 때문이다. 아이의 시간과 행동, 영감까지도 통제하려 하기 때문이다. 당신이 아무리 아이를 사랑한다고 말해도, 그 마음이 아이에게 전해지지 않으면 그 사랑은 사랑이 아니다.

사랑 안에서 자유롭게 풀어주어라.

부모 가슴에 아이를 향한 사랑이 뜨겁게 끓고 있고, 아이에게 그 온기가 전해지는 순간 비로소 세상에서 가장 완벽한 교육이 시작된다.

'교육이란 사랑을 전하고 그것을 느끼는 일이다.' 지금 그대 앞에 선, 당신의 아이에게 그것을 전하라.

내 아이의 미래를 위한 부모 인문학 수업

1판 8쇄 발행 2021년 1월 28일
개정판 7쇄 발행 2023년 7월 19일

지은이 김종원
펴낸이 고병욱

기획편집실장 윤현주 **책임편집** 김지수 **기획편집** 조상희
마케팅 이일권 함석영 김재욱 복다은 임지현
디자인 공희 진미나 백은주
제작 김기창 **관리** 주동은 **총무** 노재경 송민진

펴낸곳 청림출판㈜
등록 제1989-000026호

본사 06048 서울시 강남구 도산대로 38길 11 청림출판㈜ (논현동 63)
제2사옥 10881 경기도 파주시 회동길 173 청림아트스페이스 (문발동 518-6)
전화 02-546-4341 **팩스** 02-546-8053
홈페이지 www.chungrim.com **이메일** life@chungrim.com
블로그 blog.naver.com/chungrimlife **페이스북** www.facebook.com/chungrimlife

ISBN 979-11-979143-2-4(03590)